中国社会科学院生态文明研究智库—中共山东省委党校（山东行政学院）黄河研究院重大专项成果

山东省伦理学与精神文明建设研究基地资助项目

中共山东省委党校（山东行政学院）创新工程"美丽中国建设原创性贡献的哲学研究"支撑项目

美丽中国建设的哲学思考

王艳峰◎著

中国社会科学出版社

图书在版编目（CIP）数据

美丽中国建设的哲学思考／王艳峰著 . —北京：中国社会科学
出版社，2021.10
ISBN 978 - 7 - 5203 - 9258 - 7

Ⅰ.①美… Ⅱ.①王… Ⅲ.①生态环境建设—研究—中国
Ⅳ.①X321.2

中国版本图书馆 CIP 数据核字（2021）第 205074 号

出 版 人	赵剑英
责任编辑	喻　苗
责任校对	胡新芳
责任印制	王　超

出　　　版	中国社会科学出版社
社　　　址	北京鼓楼西大街甲 158 号
邮　　　编	100720
网　　　址	http://www.csspw.cn
发 行 部	010 - 84083685
门 市 部	010 - 84029450
经　　　销	新华书店及其他书店

印　　　刷	北京明恒达印务有限公司
装　　　订	廊坊市广阳区广增装订厂
版　　　次	2021 年 10 月第 1 版
印　　　次	2021 年 10 月第 1 次印刷

开　　　本	710×1000　1/16
印　　　张	25.5
字　　　数	266 千字
定　　　价	129.00 元

凡购买中国社会科学出版社图书，如有质量问题请与本社营销中心联系调换
电话：010 - 84083683

序　言

走向人与自然和谐
共生的现代化

徐伟新[*]

　　在中国，生态环境问题曾经并不突出。随着资源枯竭、能源危机、环境恶化等现象的出现，生态文明建设逐渐为社会所重视，学术研究升温，学术研讨增多。党的十九大报告把"美丽"中国写入强国目标，把"强起来""美起来"列入国家战略，可以说，没有"美丽"的现代化不能称为真正的现代化。党的十九届五中全会做出新的部署，提出到2035年生态环境根本好转，美丽中国建设目标基本实现。建设"美丽"中国是一场带有历史性、系统性、根本性的绿色变革，是长远大计、千年大计、根本大计，必将带来生产方式、生活方式、思维方式、价值观念、制度设计等全方位革新和深刻变化。

---

　　[*] 作者系原中央党校副校长、教授。

一

建设"美丽"中国，是时代提出的新课题。面对新中国成立初期一穷二白的落后状况，我们党在十一届三中全会之前突出强调"物质文明"建设，到党的十二大正式提出物质文明、精神文明"两位一体"；党的十六大提出物质文明、政治文明、精神文明"三位一体"，把"促进人与自然的和谐"作为全面建设小康社会的目标之一；再到党的十七大，提出经济建设、政治建设、文化建设、社会建设"四位一体"布局，同时把生态文明作为一项重要的战略任务；党的十八大提出经济建设、政治建设、文化建设、社会建设、生态文明建设"五位一体"总体布局；党的十九大提出五大文明，确定"建成富强民主文明和谐美丽的社会主义现代化强国"目标；党的十九届四中全会把"生态文明制度体系"列入国家治理体系的重要组成部分；党的十九届五中全会提出"建设人与自然和谐共生的现代化"的新论断。从历史的进程来看，生态文明建设的地位越来越凸显，体现了我们党发展理念和发展方式的深刻转变，是生态文明建设的重大理论进展与实践创新。

建设"美丽"中国，是马克思主义生态理论发展的新成果。马克思主义生态观认为自然先于人类而存在。自从有了人类，自然就打上了人类实践活动的印记，自在自然由此转化为人化自然。马克思讲："他周围的感性世界决不是某种开天辟地以来就直接存在的、始终如一的东西，而是工业和社会状况的产物，是历史的产物，是世世代活动的结果。"① 一方面，人首先需要在自然界中生存，人的活动需要遵循自然规律；另一方面，在改造世界的实践中，人将自己的意志、观念、力量作用于自然界，把自在自然转变为人化自然。正是由于人的这种对象性活动，世界发生了翻天覆地的变化。"工业的历史和工业的已经生成的对象性的存在，是一本打开了的关于人的本质力量的书"②，讲的正是人类通过劳动使世界打上了人的意志的烙印。恩格斯在《自然辩证法》一书中，针对资本家为了追逐剩余价值最大化而不惜摧毁自然的做法提出警示："我们不要过分陶醉于我们人类对自然界的胜利。对于每一次这样的胜利，自然界都对我们进行报复。每一次胜利，起初确实取得了我们预期的结果，但是往后和再往后却发生完全不同的、出乎预料的影响，常常把最初的结果又消除了。"③ 马克思恩格斯关于自然史—人类史的广阔理论视域是美丽中国建设思想的主要理论来源和美丽中国建设实践的分析框架。

　　建设"美丽"中国，是适应国内外经济社会发展大势的新要求。新时代中国的社会主要矛盾已发生重大变化，中国经济在快速发展的同时，资源"瓶颈"和环境压力不断加大，生态产品供给的不充分是生态文明建设的突出问题。党的十九大报告指出："人民美好生活需要日益广泛，

---

　　① 《马克思恩格斯文集》第 1 卷，人民出版社 2009 年版，第 528 页。

　　② 《马克思恩格斯文集》第 1 卷，人民出版社 2009 年版，第 192 页。

　　③ 《马克思恩格斯文集》第 9 卷，人民出版社 2009 年版，第 559—560 页。

不仅对物质文化生活提出了更高要求，而且在民主、法治、公平、正义、安全、环境等方面的要求日益增长。"①满足人民群众对于健康的美好生活需要，亟须建设美丽中国。自进入工业文明时代以来，随着财富的增加，人类也加剧了对自然的掠夺和破坏。如果人类触动了生态环境运行的底线，自然就会通过台风、洪涝灾害、火灾、流感、新冠肺炎疫情等各种灾难来警告人类。保护生态环境是全球面临的共同挑战，如果14亿人口的中国这个最大的发展中国家，通过推进美丽中国建设而实现人与自然的和谐，必将造福人类。

建设"美丽"中国，是超越资本主义工业文明形态的新文明。西方生态主义在全球生态危机的背景下产生，指明了生态环境危机与资本主义制度及社会运行之间的机制性联系，有助于唤醒公众的生态意识。习近平同志深刻揭示出人与自然是一个有机的生命系统，既不是以自然为中心也不是以人类为中心，而是从人与自然的整体性关联、协同进化的高度把握人与自然的关系，引领"美丽中国"建设的正确发展方向。

二

当前，以美丽中国作为专门研究对象的深度研究成果

① 习近平：《决胜全面建成小康社会　夺取新时代中国特色社会主义伟大胜利——在中国共产党第十九次全国代表大会上的报告》，人民出版社2017年版，第11页。

尚不多，理论对实践的指导性有待加强。本书作者立足于"中国特色社会主义进入新时代"的历史条件，以新时代中国的历史性变革作为美丽中国建设的现实依据，社会主要矛盾的历史性变化作为美丽中国建设的现实基础，大国走向强国的历史性趋向作为美丽中国建设的时代坐标。在全球生态治理的空间视域中，揭示美丽中国建设的时代性、民族性与实践性的基本特征，进而厘定"美丽"中国之意蕴。作者运用马克思主义"自然史—人类史"的系统性思想对美丽中国建设的思想渊源做出辨析和考察，揭示其与人民群众美好生活需要的关系，论证其历史必然性与价值合理性。在揭示美丽中国建设的哲学基础之上，提炼建设美丽中国的重要原则，即遵循真善美相统一、物的尺度和人的尺度相统一、科学性和价值性相统一的应然逻辑。由此回到现实中提出构建美丽中国的基本路径，从而实现理论研究与实践创新的融合。作者根据重大国家战略的问题导向，希冀对党的十九大提出的"美丽"中国做出哲学视角的回答，并为21世纪中叶建成"美丽"强国提供有益的启示。

本书作者对生命共同体、自然价值、和谐共生、绿色财富、生态为民、人类命运共同体等理论创新要素进行了提炼，形成了以马克思主义生态思想为主要学理支撑，充分吸纳传统中国文化元素，具有鲜明中国特色的生态理论体系。比如，深入挖掘了习近平同志"自然生态是有价值的，保护自然就是增值自然价值和自然资本的过程"的自然价值思想；"保护生态环境就是保护生产力，改善生态环境就是发展生产力"①，把生态要素纳入生产力系统的绿色生产力的思想；既要解放和发展人的劳动生产力，还要解放和发展自然生产力两者统一的思想；论述了生态优势与经济优势辩证统一、在一定条件下可以相互转化的客观规律；等等。

那么，如何破解"不美丽"的现实问题呢？作者指出，要放在更为宽广宏大的视野中来理解。实现人与自然的和谐，首先是要实现人与人关系的和谐。人与自然关系的实质是人与人、人与社会、人与自身的规范约束问题，其背后的深层机制是复杂的利益关系。正如马克思恩格斯在《德意志意识形态》中所指出的："历史可以从两方面来考察，可以把它划分为自然史和人类史。但这两方面是不可分割的；只要有人存在，自然史和人类史就彼此相互制约。"② 解决生态环境危机，实现人与自然之间的真正和解，必须达成人与人关系的真正和解。生态危机实质上是人类社会的危机。所以，既要从人与自然关系的维度研究人与人的关系，更要从人与人的关系维度解读人与自然的关系，从人与社会（人）、人与自身的矛盾中寻求人与自然的和解。深入人与自然关系背后来破解其困境，是最见作者功力之处。

三

本书是王艳峰博士在毕业论文基础上多次修改的最新

① 《习近平关于社会主义生态文明建设论述摘编》，中央文献出版社 2017 年版，第 4 页。
② 《马克思恩格斯文集》第 1 卷，人民出版社 2009 年版，第 516 页。

成果。全书主要采用历史与论证相结合、历史必然性与价值合理性相结合、工具理性演绎与价值理性判断相结合的方法，展开哲学视域中对美丽中国建设的研究，凸显了问题意识和对现实的关切。本书的出版是作者在马克思主义哲学领域研究的又一硕果，我们可以在行文中看到他对哲学原著和原理的精当运用和扎实功底，对他的成长我感到由衷的高兴！

从"美丽"强国目标提出不久就敏感捕捉到了学术前沿并作为博士论文选题，再到深入进行理论探索并以优秀博士论文毕业，到现在凝结成这样一部研究"美丽"的中国式现代化的学术专著，其间需要巨大的理论勇气、辛苦的付出、深厚的家国情怀和强烈的使命感。希望作者百尺竿头、更进一步，在本领域继续潜心研究、精耕细作，推出更多更好的力作！

建设美丽中国、实现中华民族永续发展，在中华民族伟大复兴战略全局中，具有鲜明的问题导向和重大的时代价值。王艳峰博士的著作以哲学视角解读"美丽"中国的重大国家战略，通过对经典文本和哲学史的梳理，揭示了"美丽中国"论题所蕴含的人与自然、人与人、人与社会、美丽中国与美好生活需要等多重关系，具有理论价值与实践意义。在本书即将付印之际，我很高兴为各位读者推荐该书，兹以《走向人与自然和谐共生的现代化》为序。

2021 年仲秋于海淀大有庄

前　　言

　　20 世纪，罗马俱乐部站在人类能否存续的高度反思人与人、人与自然的关系，生态伦理和环境正义日益成为全球理论热点。当前人民群众的美好生活需要同生态环境恶化的矛盾凸显，顺应时代发展要求，党的十九大把"美丽"确定为 21 世纪中叶中国建成社会主义现代化强国的主要目标之一。本书立足"中国特色社会主义进入新时代"的历史条件，从人民的美好生活需要切入美丽中国建设理论，论证其历史必然性与价值合理性，旨在实现理论创新与实践创新的融合。这既回应了中华民族伟大复兴的时代需要，也是建构和提供破解全球生态问题的中国智慧和中国方案。

　　近代以来，中国迎来了从站起来到富起来再到强起来的历史性飞跃，在这一过程中，人民的生活追求发生着质的变化，特别是党的十八大以来，习近平总书记提出，人民对美好生活的向往，就是我们的奋斗目标。美好生活意味着人民既要过上物质富裕的生活，也要过上环境优美的生活，更要过上人与人之间和谐友爱的生活。新时代的中国，进入新发展阶段，也面临着发展起来后的诸多问题，人民群众的需求提档升级，社会主要矛盾由人民日益增长的物质文化需要同落后的社会生产之间的矛盾转化为人民日益增长的美好生活需要和不平衡不充分的发展之间的矛盾，尤其是人民群众对美好生活的向往与生态环境恶化之间的矛盾日益显现。

建设美丽中国是新时代中国的重大课题，党的十九大报告顺应时代潮流，把"美丽"作为社会主义现代化强国的建设内容之一，这与党的十八大报告要求把生态文明融入经济建设、政治建设、文化建设、社会建设的各方面和全过程一脉相承。美丽中国建设既是时代提出的任务，也是人民群众对美好生活的向往，更是新时代中国特色社会主义的重要特征之一。解决中国社会转型中自然环境的不美好与经济社会发展的不平衡不充分的现实问题，回归"美起来"与"强起来"的正题，正是中华民族与世界人民实现永续发展的必然抉择。

建设美丽中国，重在厘清"美丽"之意蕴。"美"既指称美的感觉和美的事物，更内含"品质"与"善"之美，体现人的需要多样性与超越性的维度。新时代，社会主要矛盾发生了历史性变化，人民的生活需要出现了多样化的趋势，超越了"物质"与"文化"的传统需求领域，不仅体现在量上，更凸显了质的、多样化的需求，对绿水青山的生态产品的需求以及民主、法治、公平、正义、就业、医疗、食品安全等社会需求提出了更高的要求。因此，"美丽"不仅指优美的生态环境，还包括和谐的社会关系和美好的精神需求等，这些都是满足人民美好生活需要和建设美丽中国的题中应有之义。

　　本书的核心主线是"新时代中国如何实现人与自然和谐共生的现代化"，即社会主义生态文明新时代的中国如何解决好社会（人）与自然和谐共生的关系，兼具"美"的自然属性和"善"的社会属性，内含了人与自然、人与人（社会）、人与自身的多重关系。要言之，美丽中国是新时代中国人民对美好生活需要的对象化，是按照"美的规律"来建造的对象化活动，是社会（人）与自然良性互动的发展状态，是满足人的需要的对象化的实践过程，以达到人与自然、人与人的和解，最终指向生态公平正义和人的自由个性的全面发展。本书立足于狭义生态文明对美丽中国进行研究，进而建设包含自然之美、社会和谐之美、人文化成之美、国民身心之美、生活幸福之美等在内的美丽中国的多维度综合。

　　本书立足"中国特色社会主义进入新时代"这一现实背景，通过对美丽中国建设时代依据的把握，阐明当今建设美丽中国的历史条件不同于过往环境保护的特殊之处，即新时代中国的历史性变革是其现实依据，社会主要矛盾的历史性变化是其现实基础，大国走向强国的历史性趋向是其时代坐标。在合作共赢的全球治理观的视域下，中国履行"共同但有区别"的责任观，坚持"义重于利"的义利观，遵循"人类命运共同体"的价值观。美丽中国建设时空维度内在统一于人的生存发展视域中，呈现了时代性与过程性相统一、民族性和世界性相统一、实践性与理论性相统一的基本特征。此为第一章的主要内容。第二章在党的十八大和十九大报告提出美丽中国概念的基础上，运用马克思主义经典作家关于"美"的论述及其语义学与语用学，提出了"美丽中国"的基本内涵，为建设"美丽"强国提供了理论前提。美丽中国建设的提出，有着深厚的理论渊源，它继承和发展了马克思恩格斯生态思想，充分吸纳了中国传统文化的生态智慧，并批判地吸收了生态学马克思主义理论的合理成分，第三章是厘清美丽中国建设的主要思想渊源。在此基础上，第四章梳理了党的十八大前后美丽中国建设思想的形成历程，梳理其实践层面的逻辑脉络，从历史逻辑的维度统观其历史地、渐进地形成的过程。第五章是本书的理论主体章，将美丽中国建设的思想内容概括为人与自然和谐共生的存在论、生态兴则文明兴的历史观、以人民为中心的价值论和"绿水青山就是金山银山"的发展观，以阐明美丽中国之内蕴，这也是习近平美丽中国建设对马克思主义生态文明理论的独创性贡献。第六章站在人类永续发展的高度，寻求美丽中国建设的应然逻辑和思想保障，即遵循真善美相统一、物的尺度和人的尺度相统一、科学性和价值性相统一，进而提出建设美丽中国的基本路径，梳理了生态文化培育、物质基础保障、系统治理责任、制度法治体系、生态安全屏障五方面作为建设的基本方面。本书试图建构自然之平衡基础上的社会之向善、人文之臻美、身心之平和的美丽中国图景，剖析其"实然"状态，寻求达到真善美相统一的最高境界即"应然"状态的现实路径。

建设美丽中国并非空中楼阁，既顺应时代发展大潮流，又符合人民群众的根本利益需求，是在物质文化健康发展的基础上，着力满足人民群众对生态环境和社会多方面需要的高品质需求。把握好人民群众对美好生活需要与建设美丽中国的关系，把美丽中国的美好图景诉诸建设美丽中国的伟大实践中，从而实现哲学社会科学理论创新与中国特色社会主义实践创新的有机融合。本书认为，通过塑造具有审美意识和审美能力的"生态人"，即具有理性思维、合理需要、简约生活、生态精神的生态人，推动中国社会发展走绿色发展道路，经由绿色发展的中国道路走向强国目标，走向和谐共生的生态文明社会。

目　　录

绪　　论

一　研究缘起及意义

从国际上看，全球问题方兴未艾，人与自然、人与社会以及人与自身的关系问题始终是影响国际社会安全与稳定、世界人民生存与发展、人类文明进程与前景的主要因素。罗马俱乐部从人类能否存续和发展的视角来审视全球帝国时代的世界，以系统的和社会整体的观点为理论根据，站在理性、历史和人类的高度反思人与人、人与自然的关系。其中，罗马俱乐部的创始人佩西（Pecci Aurelio）认为，人类本身的素质和缺陷在一定程度上导致了当前的困境，要实现人类的自我拯救，需要发动具有全球意识、热爱正义与憎恶暴力为基础点的"新人道主义"人类革命，从而"把个人与整个人类联系起来，把人类的现在和将来联系起来，把人类的行动和目的联系起来……发展一种敏锐的全球意识，来构成我们全人类的本质。"[1] 梅萨诺维奇（Mesarorc M.）和佩斯特（Pestel E.）在《人类处在

---

[1]　［意］奥雷利奥·佩西：《人类的素质》，薛荣久译，中国展望出版社1988年版，第151页。

转折点》中提出了全球伦理学，旨在实现人与人、人与自然之间的动态平衡和有机协同。由此开启的一系列旨在促进生态持续、经济发展、社会进步、清洁生产、代际公平、文化重塑的可持续发展倡议与行动是建设美丽中国的时代背景和世界潮流，具有重要的可资借鉴的意义。

从国内来讲，站在新的历史起点上，党的十九大报告指出，我们要建设富强、民主、文明、和谐、美丽的社会主义现代化强国。这是继党的十八大报告提出的"建设美丽中国，实现中华民族永续发展"的基础上，进一步将"美丽"作为中华民族伟大复兴、建设现代化强国的价值目标，是对"资源约束趋紧、环境污染严重、生态系统退化"的自然环境问题的时代回应，是对人民群众对物质文化"量"的需要转向"质"的需要即"民主、法治、公平、正义、安全"等美好生活向往的回应，是对新时代广大人民群众精神文化需求的回应，充分体现了建设美丽中国在新时代中国的重要性、必要性和迫切性。

美丽中国是与富强中国（经济）、民主中国（政治）、文明中国（文化）、和谐中国（社会）相并列的社会主义现代化强国的重要目标之一，旨在达到人与自然的和谐共生、人与人的和谐共存。党的十八大报告要求"把生态文明建设融入经济建设、政治建设、文化建设、社会建设各方面和全过程"①，这就是说，建设美丽中国，既是建设生态学意义上的优

---

① 习近平：《在十八届中央政治局第一次集体学习时的讲话》（2012年11月17日），载《十八大以来重要文献选编》（上），中央文献出版社2014年版，第77页。

美的人化自然环境，同时也是建设和谐的人文环境、社会环境，是外在美与内在美的统一，是自然美、社会美、精神美一体化建设的有机整体。这是实现中华民族伟大复兴的题中应有之义，是对新时代建设中国特色社会主义提出的更高目标要求。建设美丽中国的时代课题，反思了人与自然、人与社会以及人与自身的关系，彰显了中国特色社会主义的理论与实践，体现了未来中国发展的前景和人民群众对美好生活的向往与追求。本书研究"美"的元素构成的美好图景，美丽中国的实践指向与路径选择，对于提高经济社会绿色高质量发展和实现"三对关系"的和谐发展，对于实现中华民族永续发展和更好发展提供了启示和借鉴。因此，本书的研究对建设美丽中国的实践具有重要的理论价值与现实意义。

（一）美丽中国建设研究的理论意义

首先，是中国现实发展的需要。中国用短短几十年的时间，走完了西方数百年的历程，取得了中国特色社会主义建设的阶段性胜利。在生产力上，从短缺经济时代走向总体小康，城镇化进程加快发展，由要素和投资规模驱动转向创新驱动拉动经济的增长；在生产关系上，从计划经济转向社会主义市场经济，从平均主义逐渐走向"分配正义"；在意识形态上，由于社会阶层、利益主体、生活方式、思想观念等日趋多样化，由打破思想僵化转为解决思想分化、寻求最大共识为导向的意识形态；在现代化发展程度上，由西方整体上主导世界到逐渐显现东方大国的主体性，具有了话语权和规则制定的特点；在国际外交政策上，由被动回应国际外交挑战与"理论辩护"走向积极参与全球治理，向全世界阐释中国道路、中国理论、中国制度和中国文化。与此同时，中国面临诸多发展起来的问题，包括环境污染、生态破坏等问题，中国特色社会主义建设事业面临巨大的挑战。鉴于以上多重叠加的社会转型现实，亟须以中国社会发展的现实问题为导向，加深哲学社会科学的研究。

其次，是人与自然和谐发展的需要。按照马克思"三形态"理论，"人的依赖关系（起初完全是自然发生的），是最初的社会形式。以物的依赖性为基础的人的独立性，是第二大形式。建立在个人全面发展和他们共同的、社会的生产能力成为从属于他们的社会财富这一基础上的自由个性，是第三个阶段。第二个阶段为第三个阶段创造条件。"① 在不同的阶段里，人与自然的关系已经或正在经历着"服从自然—改造自然（塑造支配）—和谐共生"的变化过程，"和谐共生"是人类的奋斗目标。当前，随着以科技力量作为中介的人类改造自然能力的显著增强，经济增长迅速，然而对自然环境破坏严重，人自身心理上的疏离感、孤独感明显增强，公众的公平感、获得感并没有随着经济的增长而同步增强，对此种社会现象进行深入研究并寻求解决途径，成为当前哲学社会科学研究的重要使命。

最后，是人类自身健康发展的需要。随着社会的复杂多变，人的精神问题频发，诸如信仰危机、道德失范、人性异化等问题日益凸显。经济全球化在增强人的独立生存

① 《马克思恩格斯全集》第30卷，人民出版社1995年版，第107—108页。

能力的同时，不断强化着人对物的依赖性，使得人容易将物质财富作为人生的终极目标。这种人与物的异化关系产生了物质财富较以往时代更为充裕，而人们却普遍感受比之前更为匮乏的强烈反差，物质主义、经济主义、消费主义、享乐主义的泛滥导致了人的价值的贬低和人的尊严的沦丧，造成人的发展的片面性。弗洛姆认为，"这种待价而沽的异化人格必定丧失了许多尊严感……这样的人几乎完全丧失了自我感，不再感到自己是一个独一无二的、不可复制的实体。"[①] 如何从人与自身的关系中，寻求人与自然、人与社会（人）关系的和解，需要哲学社会科学做出科学解答。

（二）美丽中国建设研究的现实意义

第一，是破解当代世界性难题的普遍诉求。当前，地球不能承受资源枯竭之危、环境污染之病、气候变化之困，如果任由其发展下去，人类文明将面临崩塌的危险。依照联合国统计数据，2018 年全球人口约为 75 亿，按照预测中值，到 2050 年估计达到近 100 亿，到 2100 年达到近 110 亿。与此形成鲜明对照的是，物种种群正在减少，物种灭绝速度也在加快。目前，42% 的陆地无脊椎动物、34% 的淡水无脊椎动物和 25% 的海洋无脊椎动物濒临灭绝。1970 年至 2014 年，全球脊椎动物的种群丰度平均下降了 60%。在"一切照旧"设想下，到 21 世纪中叶空气污染造成的过早死亡人数将在 450 万至 700 万之间，可被

---

① 艾里希·弗洛姆：《健全的社会》，孙恺祥译，贵州人民出版社 1995 年版，第 113 页。

改变的恶劣环境条件导致约 25% 的全球疾病和死亡。按目前的进展，世界将难以如期实现包括气候变化、生物多样性丧失、水资源短缺、过量养分丧失、土地退化和海洋酸化等《2030 年可持续发展议程》和 2050 年之前国际商定的各项环境目标。① 从历史上看，一个文明的湮灭，有多重原因，最为主要的是支撑文明的生态基础的丧失。两河流域文明、印度文明、玛雅文明等在远古时代都曾经是水草丰美的宜居之地所创造出来的光辉灿烂的文明，但是由于水源匮乏、沙漠化等自然环境作用机制的变化，这些文明终将衰落甚至消失。人类的活动与文明的发展是一个逐步演进的过程，从人类产生到当今时代，沿着原始文明、农业文明、工业文明、生态文明依次展开，在不同的阶段人类对环境影响是不同的。在人类生活的 250 万年里，绝大多数时间即前 249 万年，人类活动对环境的影响比较小，与生态系统的其他动物相差不大。农业革命以来，人类对生态环境的影响加大，人通过农业生产，与自然的关系处于一种相对的平衡状态中，对自然产生了朴素的热爱，对土地有天然的亲近感。工业革命以来，基于征服自然的基本理念，地球生态环境遭到严重的破坏。资本主义生产关系下的工业文明造成文明危机，根源在于其所倡导的生产方式、生活方式与消费方式都存在严重的缺陷，认为自然资源无价和无限，可无偿使用，为了实现资本利润最大化，对工人和自然进行双重盘剥，肆意丢弃工

---

① 全球环境展望：https：//wedocs. unep. org/bitstream/handle/20. 500. 11822/27652/GEO6SPM_ CH. pdf? sequence＝3&isAllowed＝y。

业废物，埋下了社会危机和自然危机的种子，这种缺陷表征了人与自然之间关系的异化。以绿色发展为核心理念的文明发展模式是对工业文明的扬弃、变革与创新，希冀建构一幅新的世界图景，对严重偏离文明发展轨道的工业文明进行矫正，要求彻底转变无计划生产的经济方式，革除以浪费资源、牺牲环境为代价来发展经济的弊端，注重经济的高质量发展，实现经济发展、资源利用和环境保护之间的协调。

第二，是呼应人民群众对美好生活的向往。生态文明建设回应了新时代满足社会个人新需要的时代需求。新中国成立以来的 70 余年，特别是改革开放 40 多年来，我国取得了历史性成就，经济发展突飞猛进，已经稳步成为世界第二大经济体，总体上实现了小康，我们正在走近实现中华民族伟大复兴的宏伟目标。当前，我们面临的历史方位，就是人民群众在站起来、富起来后，如何在"强起来"的新时代，满足"美起来"的迫切需求。这个需求，党的十九大报告描述为："人民美好生活需要日益广泛，不仅对物质文化生活提出了更高要求，而且在民主、法治、公平、正义、安全、环境等方面的要求日益增长。"① 例如，在环境方面，就是"人民群众对清新空气、清澈水质、清洁环境等生态产品的需求越来越迫切，生态环境越

---

① 习近平：《决胜全面建成小康社会　夺取新时代中国特色社会主义伟大胜利——在中国共产党第十九次全国代表大会上的报告》，人民出版社 2017 年版，第 11 页。

来越珍贵"。① 民主、法治、公平、正义、安全、环境等，都是涉及政治性、社会性、精神性的，而其需求只能通过民主、法治、公平、正义、安全、环境等方面的供给来实现。生态文明建设是我国高质量发展、绿色发展的时代需求。面对我国相对发展起来以后进入"整体转型升级"的新的历史时期，遇到的错综复杂的难题，主要体现在人与物、人与人、人与社会、人与其精神世界的矛盾之中。在新时代，中国共产党带领人民群众建设美丽中国，就是要破解当前中国发展面临的矛盾。

　　第三，是推动中国特色社会主义建设健康持续发展的现实需要。社会主义生态文明建设是中华民族永续发展的必然选择。自文艺复兴以来，西方国家一方面摆脱了基督教对人类的深刻束缚，另一方面人类自我中心的观念进一步得到强化，人的自觉性得到张扬，人类开始破除宗教和自然力量的束缚，积极为自己的生存发展寻找理论支点。笛卡尔从"我思故我在"出发，探寻精神与自然的统一；培根提出"知识就是力量"，引导人们了解自然，使自然服从人类的需要；洛克提出"对自然的否定就是通往幸福之路"，强调借助科学技术的力量把人类从自然的束缚中解放出来；康德提出"人是自然的立法者"，进一步高扬了人类的主体性；黑格尔"最高理性"的提出，确立了人类理性的权威，成为人类中心主义的完成者。在人类与自然"主

---

　　① 习近平：《在中央经济工作会议上的讲话》（2014 年 12 月 9 日），载《十八大以来重要文献选编》（中），中央文献出版社 2016 年版，第 243 页。

客二分"的理念指导下，随着人类中心主义旗帜的高扬，西方资本主义进入了高歌猛进的开发时代，在不到一百年的时间里创造的生产力比过去一切时代的全部生产力还要多，还要大。与此同时，在资本逻辑的推动下，全球化的浪潮，使得人类栖身的地球遭受严重破坏，形成了数个世纪以来的全球性环境问题和生态危机。西方走了一条"先污染后治理"的道路，如今西方发达国家本国环境与生态问题的改善实质是以其他国家的环境与生态的恶化为代价的。西方社会失去了率先建设生态文明的机会。中国的发展，有西方的前车之鉴。中国传统生态文化中有"天人合一""道法自然""众生平等""兼相爱、交相利"等文化基因，中华民族有条件也有可能率先走上生态文明建设之路。党的十八大以来，以习近平同志为核心的党中央高度重视生态文明建设，这是关乎中华民族永续发展的"千年大计"和"根本大计"。不但不会重蹈西方国家的覆辙，而且在发展中走绿色崛起之路的中国必将为人类的发展提供新的选择，提供新的发展方案，从而为人类的发展做出新的伟大贡献。因此，建设美丽中国的理论与实践，既具有世界各国的共性特征，又具有中国的个性特色，无疑会给世界文明的健康可持续发展贡献中国智慧、提供中国方案。

二 研究的学术起点

（一）国外理论界的研究状况

随着生态危机的日益凸显，生态研究逐渐成为学界热点。本研究始于 20 世纪 70 年代，相关研究成果有：美国生物学家蕾切尔·卡逊（Rachel Carson）的《寂静的春天》

（1962），保罗·埃里希（Paul Ehrlich）的《人口炸弹》（1968）与伽雷特·哈丁（Garrett Hardin）的《公地悲剧》（1968）。此后，巴里·康芒纳（Barry Commoner）的《封闭的循环——自然、人和技术》（1974）、卡洛琳·麦西特（Carolyn Merchant）的《自然之死》（1979）、约翰·缪尔（John Muir）的《我们的国家公园》（1980）、艾伦·杜宁（Alan Durning）的《多少算够——消费社会与地球的未来》（1992）、芭芭拉·沃德等的《只有一个地球——对一个小小行星的关怀和维护》、缪尔的《我们的国家公园》（1999）、万以诚等编的《新文明的路标》（2000）、比尔·麦克基本（Bill Mckibben）的《自然的终结》（2000）等相继发表。这些研究成果主要集中于可持续发展理论、西方马克思主义、生态中心主义（生态整体主义）、生态后现代主义、风险社会理论和生态现代化理论等。

1. 可持续发展理论

1972年，联合国第一次人类环境会议通过《人类环境宣言》，标志着可持续发展思想的萌芽，同年，罗马俱乐部发布《增长的极限——罗马俱乐部关于人类困境的报告》。国际自然保护同盟于1980年首次提出"可持续发展"概念（《世界自然资源保护大纲》）。1987年，世界环境与发展委员会发布《我们共同的未来》，第一次明确了可持续发展的内涵："既能满足当代人的需要，又不对后代人满足其需要的能力构成危害的发展。"[①] 这个报告以"可持续发展"为

---

① 世界环境与发展委员会：《我们共同的未来》，王之佳等译，吉林人民出版社1997年版，第52页。

基本纲领，从满足当代和后代的需要出发，把生态环境和
经济发展这两个紧密相连的问题作为一个整体加以考虑，
认为"贫穷是全球环境问题的主要原因和后果"，"可持续
发展战略旨在促进人类之间以及人类与自然之间的和
谐"①。大部分发展中国家和工业化国家在财力上的差距正
在扩大，"这种不平等是地球上的主要'环境'问题，也
是主要的'发展'问题"②。生态环境问题只有在社会和
经济可持续的发展中方能得到有效解决。首次人类环境会
议 20 年之后的 1992 年，《里约环境与发展宣言》与《21
世纪议程》在联合国环境与发展大会上获得通过，制定
了人类社会可持续发展战略。与这些生态实践并行的是
理论的发展与进步。生态学家首先提出"可持续"一词，
强调自然的可持续性。国际组织强调社会作用，世界自
然保护同盟、联合国环境规划署等发表《保护地球——
可持续生存战略》提出，"在不超出支持它的生态系统的
承载能力的情况下改善人类的生活品质"。科学家着重科
技，斯帕斯认为："可持续发展就是转向更清洁、更有效
的技术……尽可能减少能源和其他自然资源的消耗。"联
合国环境发展会议 1989 年发表《关于可持续发展的声
明》提出："走向国家和国际平等；要有一种支援性的国
际经济环境；维护、合理使用并提高自然资源基础；在

---

①　世界环境与发展委员会：《我们共同的未来》，王之佳等
译，吉林人民出版社 1997 年版，第 80 页。

②　世界环境与发展委员会：《我们共同的未来》，王之佳等
译，吉林人民出版社 1997 年版，第 308 页。

发展计划和政策中纳入对环境的关注和考虑。"Griggs 等学者提出，可持续发展是指既满足当代人需要，又能保护满足当代人和后代人福利需求的地球生命支持系统的发展……可持续发展的目标包括：繁荣的生活、可持续的食品安全、可持续的安全饮用水、全新清洁能源、健康和富有活力的生态系统以及可持续的社会治理。消除贫困和饥饿，提高健康和福利水平以及建立可持续的生产和消费模式是实现可持续发展的原则。Costanza 等学者提出实现可持续发展的三个条件：一是建立评价人类福利和生态系统健康状况的总指标，该指标应体现人类共同繁荣、发展成果共享以及生态可持续发展的目标；二是构建人与自然综合系统的动态模型；三是探索人类对可持续发展目标形成共识的创新途径。① 总的来看，可持续发展就是要实现经济、生态与社会可持续性的和谐统一的发展。

2. 西方马克思主义

西方马克思主义主要包括早期西方马克思主义、法兰克福学派、生态学马克思主义（生态社会主义）。早期西方马克思主义主要有（匈牙利）格奥尔格·卢卡奇（Lukacs Gyrgy）的《历史与阶级意识》（1968）和《社会存在本体论》（1971），（意大利）安东尼奥·葛兰西（Antonio Gramsci）的《狱中札记》（1971）。法兰克福学派，主要有霍克海默（Max Horkheimer）的《传统的和批

---

① 杨世迪、惠宁：《国外生态文明建设研究进展》，《生态经济》2017 年第 5 期。

判的理论》（1937），霍克海默和阿多诺（T. W. Adorno）的《启蒙辩证法》（1947），马尔库塞（Herbert Marcuse）的《论历史唯物主义的基础》（1932）、《理性与革命》（1941）、《单向度的人》（1964），施密特（Alfred Schmidt）的《马克思的自然概念》（1962）和哈贝马斯（Jurgen Habermas）的《作为"意识形态"的技术与科学》（1968）。其中，卢卡奇和马尔库塞都对恩格斯的自然辩证法进行了批评。卢卡奇在《历史与阶级意识》中提出了"自然是一个社会范畴"，并在《社会存在本体论》中区分了"自然存在、无目的性的第一自然和社会存在的第二自然"①。葛兰西的《狱中札记》从实践哲学的视角发展了经典马克思主义。施密特在其著作《马克思的自然概念》中系统研究了马克思的自然观，对恩格斯的自然辩证法的批评最为系统。生态学马克思主义研究的主要代表人物有：（加拿大）本·阿格尔（Ben Agger）、威廉·莱斯（William Leiss），（美国）詹姆斯·奥康纳（J. O'Connor）、约翰·贝拉米·福斯特（John Bellamy Foster），（法国）安德瑞·高兹（Andre Gorz），（英国）戴维·佩珀（David Pepper），（德国）瑞尼尔·格伦德曼（Reiner Grundmann）等，本书将在第三章第三节详细论述其代表作品和理论内容，这里不再赘述。

3. 生态中心主义

"生态中心主义"是一个统称，是根据一些西方生态

---

① 参见董强《马克思主义生态观研究》，博士学位论文，华中师范大学，2013 年。

哲学的代表人物及其思想的共性而对其进行的命名。国外关于生态问题的研究出现了分化：一条线是生态学马克思主义，另一条线是生态中心主义（主要是环境伦理学）。实际上，将这些西方生态哲学的代表人物及其思想统称为"生态中心主义"是不全面的。因为，"生态整体主义"（Ecological holism）、生物中心主义（biocentrism）与"生态中心主义"（ecocentrism）对于环境主义和生态主义的研究各有侧重。

20世纪初，涌现出一批相关论著，主要有德国学者阿尔贝特·史怀泽（A. Schweizter）的《文明与伦理》（1923），美国学者奥尔多·利奥波德（Aldo Leopold）的《沙乡年鉴》（1949），亨利·戴维·梭罗（Henry David Thoreau）的《瓦尔登湖》（1854）。20世纪七八十年代，是生态中心主义发展的黄金阶段，主要研究成果有：澳大利亚学者约翰·帕斯莫尔（John Passmore）的《人对自然的责任：生态问题与西方传统》（1974），美国学者霍尔姆斯·罗尔斯顿（Holmes Rolston）的《哲学走向荒野》（1986）和《环境伦理学》（1988），保罗·沃伦·泰勒（Paul Warren Taylor）的《尊重自然：一种环境伦理学理论》（1986）。生态中心主义（西方生态哲学）是在属于自然科学的生态学基础上产生的，以求"是"作为宗旨和取向，不能虑及人类的根本利益，需要走向一种趋"善"的人文科学，因此，诞生于18世纪的生态学走向了环境伦理学（文化主体的人），"大地伦理"和"深生态学"等理论将"生态中心主义"推向顶峰。

环境伦理学的思想主要有以下几个。（1）奥尔多·

利奥波德的"大地伦理"（Land Ethics）理论。他在代表作《沙乡年鉴》中提出，人作为自然的一部分，不应为了自身的利益肆意索取自然，其理论前提是人应尊重自然的内在价值，履行维护自然平衡的责任与义务，与自然和谐共存、共同发展。① 维护自然界的平衡是人类行为的评判标准，自然界经过长时期的演化成为一个动态平衡与相对稳态的系统，处于金字塔顶部或底部的生物在生态系统中不可或缺，有着内在的联系，孤立的、以经济利益为基础和导向的保护主义体系是片面的与短视的，若自然界缺少了无经济价值的生物，环境的健康运行是不可能的。② 总体上看，大地是一个共同体，包括土壤、水、动植物等。人是共同体中平等的一员，根据"主体高于客体"的价值原则，人类应该服从生态系统，尊重每一个成员的生存权利，保护生物共同体的和谐、稳定与美丽（自然的内在价值）。（2）阿尔贝特·施韦泽的敬畏生命生态思想。他从生态学、神学和人道主义的立场出发，反对残害一切生命的暴力行为，倡导尊重生命、敬畏生命。③ 他试图将伦理规范扩展到一切生命，表达了对生命的虔诚与畏惧，认为一切生命都有自己的生命意志，在自发的状态下产生、生长与毁灭，唯有人具有自

---

① ［美］奥尔多·利奥波德：《沙乡年鉴》，侯文惠译，吉林人民出版社 1997 年版，第 194 页。

② 参见胡建《马克思生态文明思想及其当代影响》，人民出版社 2016 年版。

③ 参见李永杰、刘青为《论人与自然和谐共生思想的生态哲学意蕴》，《马克思主义哲学论丛》2018 年第 4 期。

觉利用道德律规范应对自然律，用精神的力量对抗生命本能。敬畏生命，作为一种口号，面对诸多质疑和责难，而其反映的尊重自然的思想是生态伦理学中的重要思想资源。（3）罗尔斯顿的"自然价值论"（内在价值论）。他将"大地伦理"发展为"地球伦理"（Earth Ethics），他从荒野的整体性、系统性出发，站在生态整体主义的立场上定位人类在自然中的位置。罗尔斯顿认为，自然价值具有客观性，是不依赖于人的目的自然生成的。自然具有创造性，人类是自然的创造物，自然价值离不开人的主观揭示，亦即自然价值需要人类的感知和评价。价值领域是一个纵横交错的立体化系统，不同的价值主体均有其自利的与自组织的内在价值，但在交互作用中价值主体间还有利他性的工具价值。自然具有内在价值的同时，对人不仅具有满足人的生存与发展的基本需要的工具性价值，在价值群落中，还具有使自然生态系统内部互利性得以运行的系统价值。"一种伦理学，只有当它对动物、植物、大地和生态系统给予了某种恰当的尊重时，它才是完整的。"① 在整个自然界中，人类被赋予了维护生态系统完整、和谐和美丽的终极职责，处于自然价值的最高层级，拥有"利他"的道德能力。因此，"人类也是完全可以改造他们的环境的。但这种改造应该是对地球生态系统之美丽、完整和稳定的一种补充，而

---

① ［美］霍尔姆斯·罗尔斯顿：《环境伦理学》，杨通进译，中国社会科学出版社 2000 年版，第 261 页。

不应该是对它施暴"①。罗尔斯顿提出的"自然价值论"是在认识自然价值问题上的重要进展，为正确坚持人的主体尺度与自然的客观规律尺度的统一提供了重要的理论依据。（4）阿伦·奈斯（Arne Naess）的"深生态学"理论。相对"浅"生态学在不放弃人类利益和功利的前提下改善人与自然关系的人类中心主义理念行为，"深"生态学否定人对自然的主宰，认为全球性的生态危机不是"天灾"，而是"人祸"，是人在征服自然、掠夺财富与消费主义等理念支配下肆意向自然索取的结果②，要求尊重自然的内在价值，珍惜资源，节约能源，反对浪费，利用技术实现再循环。此外，认为人类凭借"直觉"思维方式就能体悟"生态中心平等主义"，自然物"自我实现"水平的高低依赖于其他个体自我实现的程度，其自我认同包含着与其他个体的认同，总体上，人类能否正常发展依赖于大自然和谐稳定的格局。（5）其他理论研究。梭罗在《瓦尔登湖》中提出，大自然是"人类之母"，由"有灵"的万物构成，人是生命共同体的成员，人要与自然和谐共生。克莱门茨认为，"生物演替—顶级群落"现象表征着生物进化的规律，形成整体平衡、动态协同的组织结构。其他的理论还有布金克的生态有机主义、卡普拉的有机系统生态正义理论、泰勒的生物中

---

① ［美］霍尔姆斯·罗尔斯顿：《哲学走向荒野》，刘耳、叶平译，吉林人民出版社 2000 年版，第 30 页。

② 参见李永杰、刘青为《论人与自然和谐共生思想的生态哲学意蕴》，《马克思主义哲学论丛》2018 年第 4 期。

心主义、克莱顿的心灵生态正义理论、克利考特的生态伦理正义等。

可见，生态中心主义强调的是生态的整体主义、自然的内在价值、人与自然的和谐共生等，对于建设生态文明具有重要的借鉴意义。实际上，人类不得不消费自然对象以维系生命的存续，这是生物学事实，而自然也不可能成为人的主体，故不能忽视人类有高于自然万物的源于自觉理性的主体意识。利奥波德的"反人道主义"的价值取向最终只能使保护环境流于形式，不能在具体实践中得以实现。

生态中心主义脱胎于西方主流生态伦理思想，与生态学马克思主义同为西方绿色思潮的重要组成部分，都对资本主义"极端人类中心主义"进行抨击，是对由于过分强调改造自然的对象化活动，超出了自然的承载阈值，严重威胁到人类生存根基的自戕行为的否定。但二者旨趣不同，其实质是后现代主义与马克思主义的区别。"红绿派"中的一些社会民主主义者和马克思主义者组成生态学马克思主义。在这两条线中，生态学马克思主义把生态问题不仅看作认识问题，更看作社会问题，而生态中心主义只把生态问题看作认识论问题。[①] 具体表现在：前者认为资本主义制度是生态危机的根源，后者对马克思主义基本立场大多持否定态度；前者认为人与自然关系不合理的背后是人与社会关系的不合理，人对自然的支配根源在于人对人

---

① 参见董强《马克思主义生态观研究》，博士学位论文，华中师范大学，2013 年。

的支配，后者重视批判人类中心主义和生态伦理观念；前者依靠社会正义、生态经济、生态理念等路径，进而废除资本主义制度来解决，后者通过对自然的价值伦理关系、环境正义来解决；前者旨在建立生态社会主义，后者崇尚回归田野。

"生态中心主义"是西方生态伦理学的主流话语，对生态后现代主义影响很大。西方生态伦理学认为自然具有工具价值（自然的有用性）和内在价值（intrinsic value），亦即事物自在或自为的价值。自然具有内在价值，就是说不是为他者存在的，而是为"我"存在的。与之相伴的是，自然具有权利，利奥波德在1940年提出生物权利问题，而早在20世纪60年代，克拉伦斯·莫里斯就要求把法律权利授予鸟兽、池塘、森林等，自然权利要求人对于自然的、道德的、法律的要求。人作为自然的最高代理人，承担维护自然的道德责任。人对自然环境的呵护与维系，就是对人自身的呵护与维系，人对自然环境的破坏则会直接影响到人自身生存状况的好坏。生态中心主义的一个显著特征就是解构主体性，要求消解人的主体性而顺从于自然，把生态问题的成因归结为人类中心主义，要求用生态中心取代人类中心。佩珀认为："应当责备的不仅仅是个性'贪婪'的垄断者或消费者，而是这种生产方式本身；处在生产力金字塔之上的构成资本主义的生产关系。"① 资本主义的生产方式本身

---

① ［英］戴维·佩珀：《生态社会主义：从深生态学到社会正义》，刘颖译，山东大学出版社2005年版，第133页。

是"人类的尺度"异化使用的结果，而要解决这个问题，就不能绕开问题本身，要"重返人类中心主义"，因为也只有人才能履行对自然万物的道德义务。人类中心主义并不必然导致生态危机，只要变革了现行的资本主义制度，人的贪婪与物欲也会相应消失。

生态中心主义认为自然生态系统是一个整体，其中的任何事物都处于相互联系与相互依存之中，人类只是其中的一个部分，自然的整体价值超越人类的价值；生态整体具有先在性，自然地规定了人的本性，生态整体的和谐、稳定和美丽是"最高的善"，人类应当遵从"大地共同体"亦即整体生态系统，尊敬包括土壤、水、植物和动物等非生命，因为这构成了整体的生物共同体。他们认为，科技是反生态的，借助于科学技术，人类盲目地改造自然，将自然切割、组合，生成了自然不能吸纳不能降解的"没有去处"的人工制造物，现代工具理性、经济理性及其指导下的科技构成了生态危机的本质。因此，生态中心主义崇尚荒野，要求"回到丛林中去"和无政府主义。生态学马克思主义认为，科技既有正面影响又有负面影响，其本身是中性的、无对错之分，关键是其背后所承载的社会制度。资本主义工业文明因其利润最大化取向，大量生产、奢侈消费，导致了生态灾害与问题，物质主义与消费主义的盛行要求人类不但不能放弃"人类尺度"，恰恰需要"重返人类中心主义"，因为只有人能够承担道德义务。"后现代主义的那种反人类中心主义、反理性主义、反科学技术的理念贯穿于环境保护之中，造成了极大的混乱，环境保护运动变成了敌视人类、敌视理性、敌视科技的运动"①，批判科技就是把它从资本的控制下解放出来，让科技服务于人类本性和满足人的合理需要，归根结底要去除的是资本主义条件下的异化劳动和异化消费的生存方式。生态中心主义以自然价值与自然权利作为理论前提，要求停止借助科技来无限发展生产力的工业文明，大机器工业一方面大量消耗自然资源与能源，另一方面产生大量的固体废弃物和废气，技术统治下的自然成为单纯的原料来源与可供计量的具有市场价值的商品。人通过科技的力量和媒介将自己的意志加诸自然，自然的价值和权利被剥夺，"生物圈平等主义"不复存在。生态学马克思主义认为，生态中心主义敌视科技，是"把征兆当作根源"，反科技、反增长、反生产的理论主张，实则是以人类生存与发展的权利换取生态的稳定与平衡的不明智之举。生态社会主义应当是经济、政治、生态全面和谐发展的社会，经济上采取混合性经济模式，合理使用科技并实现经济的适度增长，变利润导向为满足人们的合理需要的生产，生活上个人通过自由自觉的劳动探求自然规律并发展个人的自由个性，提升公共服务能力与审美情趣，并在文化意识方面，建立健康丰富的文化需求模式。

　　总体上看，生态中心主义与生态学马克思主义争论的焦点是对于现代主义的态度。生态中心主义消解人的主体性，批判理性主义、敌视科学技术、否定世界有本体论本源和人的本质存在、否定工业文明，是激进的思

---

　　①　陈学明：《评生态学的马克思主义与后现代主义的对立》，《天津社会科学》2002 年第 5 期。

想流派，透视了现代社会的弊病。生态学马克思主义不否定现代化本身，不全盘放弃现代化的成果；不一般化地反对人类中心主义，反而高扬人类中心主义以破解其表现形式即资本主义的弊病，其目标是建立生态社会主义，找到直接解决问题的指向本质的实际行动以克服生态危机。

4. 生态后现代主义

"后现代主义"（Postmodernism）是一种社会与文化思潮，产生于 20 世纪 60 年代，在七八十年代得到发展，90 年代形成全球性的影响力。一般认为，尼采、海德格尔与后期维特根斯坦的哲学构成后现代理论话语的思想渊源。尼采批判了理性主义的人本主义，认为人的本质是生命及其意志。海德格尔认为虚无主义的根源在于"忘在"，亦即对人的生存意义的遗忘。他认为，技术表现为对自然与世界的掠夺和统治，人把征服自然视为个人主体性的确证，技术"座架"下对自然提出蛮横无理的要求，使自然服从于人的目的，并对主体本身也进行摆布，于是提出了拯救地球与主体的双重要求，定位人为"存在的看护者"，不是把自己作为存在的"主人"，而是作为存在的"邻居"，把它们对象化。维特根斯坦的哲学要求放弃传统理性主义的思维方式，走向语境主义与历史主义的思维，并由同一性的思维转向多样性与差异性的思维。生态主义，特别是生态中心主义同后现代主义具有历史上的共时性与思想观点的一致性。建设性后现代主义与解构性后现代主义共同构成生态后现代主义（ecological postmodernism），成为后现代主义的理论争议点与生发点。解构性后现代主义，主要代表有德里达（Jacques Derrida）、福柯（Michel Foucault）、拉康（Jacques Lacan）、利奥塔（Jean Francois Lyotard）等。建设性后现代主义（constructive postmodernism）的主要代表有小约翰·科布（John B. Cobb, Jr.）、大卫·格里芬（David Ray Griffin）、查伦·斯普瑞特奈克（Charlene Sprenak）等。总体上看，建设性后现代主义的观点主要是，在本体论上，批判机械自然观，坚持有机整体论；在价值论上，拒斥现代性，反对经济主义（物质主义）的价值观，坚持自然的"内在价值论"；在认识论上，反对人类中心主义的"主客二分"，坚持"整体主义"的思维方式，倡导一种生态学意义上的彻底的非二元论。

第一，批判机械自然观的有机整体论。一般认为，西方的自然观包括机械论、有机论与神学自然观。有机论自然观在西方古来有之，荷马史诗《伊利昂纪》和《奥德修记》中把自然万物视为有生命的、有意志的存在，斯多葛派也把宇宙看成理智的、有秩序的。到近代，机械论一直占据主流，培根、洛克、霍布斯、笛卡尔都持有机械论的观点。霍布斯认为，世界可以拆零，在认识各个部分之后就可以对自然界总体进行认识，他不把世界看成有机联系的整体，而是一个个孤立的个体。笛卡尔的方法是把世界拆分并根据因果关系进行安排，进而形成宇宙论的图示。斯宾诺莎试图用自然一元论消弭机械论的二元论，但没有形成完整的理论，莱布尼茨的有机论是作为一种折中调和的理论形态出现的，康德的"星云假说"打开了形而上学思维方式的一个缺口（恩格斯评），其三大批判的自然目的论把自然视为合规律与人的双重目的的整体系统。经由歌德、荷尔德林，谢林的自然哲学突破了人类自我中心与主客之分。黑格尔的《自然哲学》，认为自然界是活生生的整体与过程，是概念的变化，交织着机械论与有机论的矛盾。在历史上，机械论与有机论缠绕交织。及至现代，阿尔弗雷德·诺夫·怀特海（Alfred North Whitehead）构建了过程论的有机自然观，他抛弃了永恒存在的实体思维，标举建立相互联系的关系思维，认为自然是有机体与过程的合一，自然与生命不可分离，为生态后现代主义的相互联系世界观提供了哲学基础。小约翰·科布、大卫·格里芬与查伦·斯普瑞特奈克在怀特海哲学的影响下提出自己的有机论自然观。不同于机械论自然观，他们认为自然不是人类索取的对象，其具有内在价值，自身具有目的因；针对二元论与人类中心主义，他们提出个体的人与躯体、自然环境、家庭、文化的关系是构成性的关系，人不能在自然资源损耗殆尽后独立存在；批判了还原论和"主客二分"的论调，既强调自然万物是主体和客体的合体，人与自然共为整体，又指认生命价值高于岩石价值，人类具有其他万物所不具备的能力。有机论自然观把人类视为自然的有机组成部分，把自然看作生命体，反对人类"君临自然"，其许多原则是通向生态伦理的重要桥梁，具有生态伦理思想的特质。有机论把自然看成相互关联的整体，看重自然的整体价值，指认人作为地球自组织系统的一个生存单元，自然不属于人类，而人类属于自然，人类的欲求与价值的追寻要符合自然的整体价值，地球上生物的内在价值就是要维护自然生态系统的完整、稳定与美丽，保护人类生存与发展的根基。在方法论上，既反对只从感性知识出发，缺乏主观能动性的机械论的僵化分离的形而上学理论态度，又反对悖逆客观规律，把自然视为外在目的论的恣意妄为的实践态度。

第二，反对经济主义的内在价值论。在建设性后现代主义看来，经济主义事实上已经成为一种宗教，查伦·斯普瑞特奈克描述了现代性的表现形态，居于其中之首的是经济主义（物质主义），认为人的"经济人"的假设是现代性假设的核心，表现在对待自然的态度上，就是把自然视为无价值的和完全外在的东西，只是人工具理性地对自然资源取用的对象。小约翰·科布认为，建设生态文明的本质特征是人类的幸福而不是经济增长。当前，无论国家还是个人，都将经济上的富裕作为终极目标，这是生态文明建设的最大障碍，伴随着经济作为社会进步的动力带来了生态灾难。斯普瑞特奈克认为，人与物、人与人之间不是外在的偶然性的关系，而是内在的、构成性的关系，"普遍的或宇宙论的格式塔并不销毁一个原子、一个细胞、一个有机体或一个生态系统的格式塔。……都将嵌入更大的背景之中"[1]，从而人与世界成为一个宏大的关联的整体系统。技术异化与消费文化是经济主义的重要表现形式。现代文明中把技术视作幸福生活、社会进步与发展完善的表征，失去道德与伦理约束的技术成为贪欲的附庸，媒介技术遮蔽了人们的真实需求和真实情感，消费文化成为消费主义之下的经济增长的工具。针对经济主义下技术与消

---

[1]　王治河：《斯普瑞特奈克和她的生态后现代主义》，《国外社会科学》1997 年第 6 期。

费异化的现实，建设性后现代主义不同于现代主义的机械思维、征服自然、控制肉体、还原主义、法人经济的模式，相应地，也不同于解构性后现代主义对于缺失思维、自然谬误、去除肉体、权力与语言游戏、后资本主义的思路，标举宇宙过程、视自然为主体、相信人类经验，把科学看成复杂的事物，关注生态与社区。① 建设性后现代主义就是要抛却人对自然的工具性思维，代之以关系性思维，反思"增长型经济"的模式，淡化自我利益，转向"稳态经济"，去除技术的异化与统治，使技术回归人文情怀并朝向服务人类的方向发展，使人与人互利共存的社会关系取代人与人之间的物质关系，增强人的能动性与创造性。

第三，倡导生态学意义上彻底的非二元论。建设性后现代主义的非二元论思想是建立在对人类中心主义的批驳基础之上的。后者的基本理论态度是：人类关注自然的价值旨归是满足人类生存与发展的最终目的，把人看作比自然界的其他事物更高的价值，不论做出多少有益于自然的政策性规范或是实践的限定，最终还是指向了人类自身。建设性后现代主义颠覆了人类中心主义，认为生态中的"自我"是宇宙的一部分，对地球万物具有义不容辞的责任，人类社会应被置于更广阔背景的自然中去，回归与自然融合的真实的自我成为生态后现代主义的重要主题。大卫·格里芬认为现代社会的生态危

---

① 王治河：《斯普瑞特奈克和她的生态后现代主义》，《国外社会科学》1997 年第 6 期。

机在最终意义上说是由于二元论的思想体系，主张建立主体性的"返魅"有机论世界观，认为任何分离、二分都将导致价值与事实、人与自然的分离，具体表现为现代社会的具体学科与追求终极价值的理论相分离，工业技术化社会中的个人分裂为社会机器的零部件，缺乏主体价值，人与人之间的关系趋向实利和功利。在这样的社会中，人成为自然的主宰和万物的尺度，人的行为准则扩充为万物的标准，人类统治、征服、宰制自然的欲望高扬了人类中心主义，使生态危机日趋严重。长期禁锢西方哲学思想的二元对立思维，将精神与物质、感性与理性、自我与他人、心与物、精神与肉体相分离，在这样的思维模式下，竭泽而渔式地对待自然，工具理性地使用技术，对自然万物的生命漠然对待，人的精神处在失落与无处安放的境地，"这种分化不仅是对于人类精神也是对于作为整体的社会的解构"[1]。斯普瑞特奈克认为，解构性后现代主义本质上还是现代性的，没有从二元对立角度加以批判，建设性后现代主义拒斥这种对立，秉持生态整体主义的法则，其目标旨在保存差异，鼓励多元，将人类与地球整体相连，"我们的场、我们的根基、我们的存在就是宇宙"[2]。建设性后现代主义就是要超越人类中心主义与非此即彼的二元论模式，倡导多元

---

[1]　欧阳康：《建设性的后现代主义与全球化——访美国后现代思想家小约翰·科布》，《世界哲学》2002 年第 3 期。

[2]　［美］查伦·斯普瑞特奈克：《真实之复兴：极度现代的世界中的身体、自然和地方》，张妮妮译，中央编译出版社 2001 年版，第 85 页。

而不是一元，认为事物各有其特殊性，要求放弃理性、权威的现代性偏见，标举社群主义以摆脱公认范式的压制，用彻底的生态主义观念与生态世界观面对世界。在一定意义上，建设性后现代主义是将生态作为本体论的角度来设定的，人既是以与地球对立形态出现的原子个人，也是人与自然统一关系中的个人，是彻底的生态学的非二元论。建设性后现代主义是一种文化反映，站在生态的维度来思考问题，以极端的方式探求当前文化与生态危机的实质，把生态作为终极价值指向，反对本质与中心、理性与权威、宏大叙事，摒弃了二元对立思维，倡行差异化、多元化、游戏化，凸显了内在价值、人体个性与主观直觉，赋予人以真实性的情感，培育人对自然"诗意地栖居"的地球家园感，倡导人的小宇宙与地球大宇宙的结合，打破了人们的身心隔阂，是对资本逻辑生活下的人们身心分裂的一种有益回拨，具有革命性意义。

建设性后现代主义将自然具有"内在价值"的直觉，无限制地推广到整个生物圈，存在将事实与价值、"是"与"应当"、存在论与价值论的混同，规定人类的实践活动只能在"生存"的层级上，杜绝为了类的"发展"而改造自然活动，其极端"生态中心主义"的理论逻辑导致走向"生态法西斯主义"，这不是解决问题的适宜方式。在理论上，建设性后现代主义阻隔了现代化与环境污染的必然性联系，其生态伦理学说局限于"生态中心主义"与"人类中心主义"的狭隘视角，实质上是以社会意识阐明社会存在的唯心主义学说，没有从历史的逻辑来分析产生当前时代生态意识的社会存在基础，不能把人的生活与生态的因果联系结合起来，不能阐明人与自然关系的实质，也就不能相应地找出解决生态危机的有效途径。在实践上，保护环境须臾不能偏离人的尺度，不能没有科技理性。历史地看，人类以科学技术和理性思维作为凭借和手段，把握客观实际的规律和属性，从而获得改造世界的成功实践。科技在生态问题上具有二重性，一方面，科技的力量一旦被资本和贪欲所左右，就起到了破坏地球生态的作用；但另一方面，人类把希望寄托在使科学技术发挥作用上，希望借其扭转当前环境污染的现状。建设性后现代主义要求人类与科技理性指引下的生活方式彻底决裂，这势必造成因失去凭借和手段而使建设生态文明成为一种乌托邦式的空想，与之相对的是，现代性的当代展现形式之一是公共性，具有批判性、生成性与主体间性的基本特征，是解决生态问题的好的理论思考方式。总体上看，建设性后现代主义的理论建构在资本制度的前提下，把现存的社会制度看作不证自明的现实存在，在一定程度上，是对现存社会制度的改良，其理论困境的根源是马克思科学实践观的遮蔽与缺失，其缺陷只能用历史唯物主义加以矫正，即用唯物史观与自然观辩证统一的视角，通过社会存在决定社会意识的理论脉络，来阐明资本这一"以太"深刻影响了人的生产、消费与思维方式，进而对于环境造成的深刻影响，也只有以社会制度、社会关系作为切入口，才能找到合理解决现存问题的有效途径。

此外，还有风险社会理论、生态现代化理论、苏联20世纪20年代理论等相关理论。1986年德国社会学家乌尔里

希·贝克的《风险社会》，1989 年英国社会学家安东尼·吉
登斯的《现代性的后果》是这一思想的主要代表作。他们
认为，现代社会的各种风险是与文明进程和不断发展的现
代化紧密联系的，风险是现代社会与前现代社会的一个根
本差异。当今世界是一个包括生态破坏在内的高风险社会，
其中核辐射和核污染、臭氧层被破坏、森林面积减少、土
地退化与沙漠化、石漠化、粮食危机、淡水危机、能源危
机、气候变暖、物种灭绝加速等是当前我们面临的生态风
险的表现。要解决现代化过程中的风险，应该在对现代化
进行反思的基础上进一步现代化，通过重构社会的理性基
础和进行制度转型来规避风险。① 生态现代化理论最早出现
于 20 世纪 80 年代，由德国学者马丁·耶内克（Martin Jan-
icke）、约瑟夫·胡伯（Joseph Huber）等提出。20 世纪 90
年代，荷兰学者阿瑟·莫尔（Arthur P. J. Mol）、美国学者
戴维·索南菲尔德（David A. Sonnenfeld）使其得到迅速发
展。克服环境危机，实现经济与环境的双赢，在资本主义
制度下，只能通过进一步的现代化或者“超工业化”来实
现，并在这一理念的指导下进行经济重建与生态重建。② 苏
联 20 世纪 20 年代理论，主要研究有普列汉诺夫的《马克思
主义基本问题》（1908），布哈林的《历史唯物主义理论》
（1921）。其中，普列汉诺夫提出了自然环境对人类历史发

① 参见燕芳敏《中国现代化进程中的生态文明建设研究》，
博士学位论文，中共中央党校，2015 年。

② 方世南：《建设人与自然和谐共生的现代化》，《理论视
野》2018 年第 2 期。

展的作用，自然条件影响劳动生产力，认为地理环境是促进生产力发展的第一个推动力，通过制约生产力状况影响人类社会的发展，决定着人的生产活动、生产资料的性质，决定着生产部门的分布（仅限于 19 世纪的俄国），决定着生产力的较快或较慢的发展。他关于地理环境的一系列论述，是建设生态文明的重要理论基础。

总体上看，国外研究的问题意识较浓，有些观点富有启发性；不足之处是，囿于"二元对立"的思维方式，生态学马克思主义试图用生态社会主义取代科学社会主义，生态中心主义消解人类主体意识，建设性后现代主义以社会意识解释社会存在，需要用历史唯物主义加以矫正。对中国特色社会主义实践的理论研究，用当代中国马克思主义引领正确的方向就显得尤为重要。

（二）国内理论界的研究状况

"美丽"中国是建成社会主义现代化强国的重要目标，以其作为相关对象的研究成果可谓汗牛充栋。截至 2021 年 3 月 3 日，中国知网以"美丽中国"作为关键词的相关文献资料共 14965 条，期刊文章 9730 条，相关的博士硕士论文 763 条；读秀"知识"栏目有 45770 条，中文图书 37322 种，中文期刊 119206 篇。国家图书馆数据期刊库检索，仅 2012—2018 年，与"美丽中国"相关的中文专著、文章就达 310 条、专著 103 部、博士硕士论文 34 篇。其中，以"美丽中国"为关键词的图书作品分类广泛，通俗读物、科普类读物、诗集、摄影集，甚或有各种画册、纪念册、纪录片等占了绝大部分。相比之下，学术专著和专题论文的研究并不多。主要有以下几个方面。

1. 关于"美丽中国"的提出背景与意义

就"美丽中国"的提出背景而言,秦书生等①认为,建设美丽中国有国际和国内双重背景,既是提升国际影响力与树立生态大国良好形象的需要,又有利于满足人民群众的生态环境诉求,回应了我国资源短缺和环境恶化的现实状况。沈满洪②认为,全面建成小康社会是"五位一体"的全面小康,建设美丽中国是其必然要求,也是改变资源环境严峻形势的紧迫要求,还能促进各地美丽区域建设的适时提升。学界普遍认为,"资源约束趋紧、环境污染严重、生态系统退化的严峻形势"和中国当前的基本国情是美丽中国建设提出的现实依据。就美丽中国建设提出的意义来说,李建华、蔡尚伟③认为,美丽中国概念的提出,标志着党立足新的历史起点从国家发展战略层面来思考和布局,"建设什么样的生态中国,怎样建设生态中国"是中国特色社会主义的重要问题,对实现中华民族伟大复兴的目标具有重要的理论和实践价值。

2. 关于美丽中国的基本内涵

陈华洲、徐杨巧④在《美丽中国三个层次的美》

① 秦书生、胡楠:《习近平美丽中国建设思想及其重要意义》,《东北大学学报》(社会科学版)2016年第6期。

② 沈满洪:《努力建设美丽中国》,《中共浙江省委党校学报》2012年第6期。

③ 李建华、蔡尚伟:《"美丽中国"的科学内涵及其战略意义》,《四川大学学报》2013年第5期。

④ 陈华洲、徐杨巧:《美丽中国三个层次的美》,《人民日报》2013年5月7日第7版。

（2013）一文中提出，美丽中国由三个层次的"美"构成，第一层次是自然环境之美、人工之美和格局之美；第二层次是科技与文化之美、制度之美、人的心灵与行为之美；第三层次是人与自然、环境与经济、人与社会的和谐之美。田宪臣①提出，美丽中国基本内涵包含自然之美、发展之美、和谐之美、责任之美四个维度。王晓广②认为，美丽中国首先指称的是"天蓝、地绿、水净"，体现了人与自然和谐之美的人化自然环境，他进一步指出，美丽中国表征的不仅是一种优美宜居的自然生存环境，同时又是完美的自然环境和社会环境的结合，是一个以生态文明建设为依托，实现经济繁荣、制度完善、文化先进、社会和谐的全面发展的社会。李建华、蔡尚伟③认为，美丽中国概念的内涵包含三个层次：第一个层次，生态文明的自然之美，是美丽中国的基本内涵和根本特征；第二个层次，融入生态文明理念后的物质文明的科学发展之美、精神文明的人文化成之美、政治文明的民主法制之美，这既是美丽中国的重要内涵，也是建设美丽中国的基础条件和重要保障；第三个层次，社会生活的和谐幸福之美（即美好生活）。

3. 关于美丽中国的关系研究

关于美丽中国与绿色发展理念的关系研究。2015 年，

---

① 田宪臣：《建设生态文明　绘就美丽中国》，《学习论坛》2013 年第 1 期。

② 王晓广：《生态文明视域下的美丽中国建设》，《北京师范大学学报》2013 年第 2 期。

③ 李建华、蔡尚伟：《"美丽中国"的科学内涵及其战略意义》，《四川大学学报》2013 年第 5 期。

中国 21 世纪议程管理中心可持续发展战略研究组共同推出《美丽中国的基础·中国绿色财富报告》，从绿色财富的研究视角对实现美丽中国的基础和梦想进行深入探讨，书中借鉴国际学术界的研究成果与发展经验，对中国发展绿色财富的含义进行了界定，对中国绿色财富的发展态势、中国绿色产业投资状况与产业发展路径提出了良好的建议。胡鞍钢、周绍杰[①]在《绿色发展：功能界定、机制分析与发展战略》中提出，对于中国现代化的下半程而言，绿色发展战略是必须遵循的发展战略，必须把绿色发展作为"五位一体"建设的抓手。针对京津冀地区曾经出现的森林生态赤字加剧的历史教训，提出要进一步打造京津冀协同发展的生态共同体，从合作与升级两方面入手，进行顶层设计，通过分工与合作，实现区域生态建设红利的共享共赢。

美丽中国与经济发展的关系研究。严耕[②]认为，生态环境既有创生万物的能力，也是社会生产力的基础条件，因此，鲜明地提出了"生态环境是双重生产力"，这对于在实践中扭转"唯 GDP 论"，发展绿色科技、循环经济，完善生态文明制度，调动全社会力量，建设美丽中国，具有特别重要的意义。陈建成、于法稳[③]主编

[①] 胡鞍钢、周绍杰：《绿色发展：功能界定、机制分析与发展战略》，《中国人口·资源与环境》2014 年第 1 期。

[②] 严耕：《生态环境是双重生产力》，《北京日报》2013 年 8月 12 日第 19 版。

[③] 陈建成、于法稳：《生态经济与美丽中国》，社会科学文献出版社 2015 年版。

的《生态经济与美丽中国》深入探讨了国内外生态经济理论与方法、生态保护与建设、生态系统服务等领域面临的关键问题，为推动生态建设成为经济转型新的增长点提出了绿色发展、美丽乡村、新型城镇化建设、现代农业等新思路。

关于美丽中国与中国传统文化的关系研究。蒙培元[①]认为，中国哲学是在人与自然的和谐中发展人文精神，根本精神是与自然万物建立内在的价值关系，以亲近、爱护自然为职责。"天人合一论""生""仁"以及科学理性与情感理性的统一，有利于克服现代性与前现代性的二元对立，实现生态文化和现代社会的有机结合。任俊华、刘晓华[②]较为系统地考察了儒、道、释、墨等中国古代的生态伦理思想，剖析了《周易》《管子》《黄帝内经》等生态伦理智慧，寻求与现代生态伦理文明的转化机制及其当代价值。乔清举[③]在《天人合一论的生态哲学进路》中认为，当代生态哲学和生态科学研究，正在从不同侧面向"天人合一"这一古老原则回归，并结合当代生态哲学和生态科学的新进展，对"天人合一"从物理、价值、本体、功夫、境界、知识六个方面进行了新的

---

① 蒙培元：《人与自然——中国哲学生态观》，人民出版社2004年版。

② 任俊华、刘晓华：《环境伦理的文化阐释：中国古代生态智慧探考》，湖南师范大学出版社2004年版。

③ 乔清举：《天人合一论的生态哲学进路》，《哲学动态》2011年第8期。

解释。乔清举①在《论儒家生态哲学的范畴体系》中提出，"气""通""生""时""道"是人在自然互动中形成的对自然界的认识，同时也是人类行为的规范，其中包含着自然对于人的行为的制约，这是其生态意义所在。

从中国梦视角进行美丽中国研究。曾建平②认为，"中国梦"包含着美丽中国这个向度，美丽中国是"中国梦"的一个非常重要的内涵。张云飞③认为，走向生态文明新时代，建设美丽中国是实现中华民族伟大复兴"中国梦"的重要内容。只有坚持人民的主体地位，生态文明建设的成果由人民共享，才能凝聚起强大的社会合力，顺利实现美丽"中国梦"。

4. 关于建设美丽中国的制度机制

对美丽中国制度建设的研究。朱智文、马大晋等④认为，要围绕实现美丽中国这一目标，以中国生态文明建设制度改革为主线，借鉴国内外生态文明建设的成功经验，探索建构符合本国实际的生态文明制度体系，建立中国生

---

① 乔清举：《论儒家生态哲学的范畴体系》，《道德与文明》2016 年第 4 期。

② 曾建平：《中国梦与美丽中国》，《井冈山大学学报》（社会科学版）2014 年第 3 期。

③ 张云飞：《实现"美丽中国梦"的主体选择》，《理论学刊》2014 年第 6 期。

④ 朱智文、马大晋：《生态文明制度体系与美丽中国建设》，甘肃民族出版社 2015 年版。

态文明建设长效机制。郭亚红[①]认为，要理顺中央政府和地方政府的有效衔接，形成科学合理的制度体系，并避免人换制变，保持制度的适度稳定和不断传承。

关于实现美丽中国的政策考评体系研究。汪天文、王维国[②]的《美丽中国与顶层设计》一书，从文明发展的历史维度，研究分析了社会和谐状态与风险状态的社会解析理论，阐述了文明的困境、线路、转向与制度决定论，探讨了美丽中国建设的顶层设计、空间模型、时间规划等问题。谢炳庚等[③]在《基于生态位理论的"美丽中国"评价体系》一文中，用模型建构和数据分析的方法，构建了基于生态位理论的美丽中国的生态建设评价体系，并以湖南省为例开展实证研究，提出美丽中国生态位及生态位宽度存在空间差异，具体表现为东部地区大于中西部地区，变化趋势呈现先增加后减少的特点，因此，保护生态环境、发展生态经济是建设美丽中国的最佳选择。严耕[④]在《生态文明评价的现状与发展方向探析》一文中提出，党的十八大以来党把生态文明提到了前所未有的高度，而生态文明评价是有效考核手段和制度建设的抓手，应紧抓当前历

---

① 郭亚红：《"美丽中国"生态文明制度体系建构与实践路径选择》，《理论与改革》2014年第2期。

② 汪天文、王维国：《美丽中国与顶层设计》，国家行政学院出版社2014年版。

③ 谢炳庚、陈永林、李晓青：《基于生态位理论的"美丽中国"评价体系》，《经济地理》2015年第12期。

④ 严耕：《生态文明评价的现状与发展方向探析》，《中国党政干部论坛》2013年第1期。

史机遇，理顺体制机制，完善评价体系，提升评价效果。

5. 关于建设美丽中国理论及综合性研究

关于环境伦理的研究。曾建平①从自然价值和自然权利两个视角分析了自然中心论，以此为基础阐发了西方生态伦理的公正和可持续性的相同理念，从而提出了洁净生产、合理消费和适度人口作为西方生态伦理的主要规范。他还探讨了其与东方传统生态智慧的融合问题。曾建平②进而认为，环境公正是社会公正的重要组成部分，是生态文明建设的基本内容，并从时空维度把环境公正分为国际环境公正、族际环境公正、域际环境公正、群际环境公正、性别环境公正和时际环境公正六个方面加以阐释。李培超③认为，物质累积起来的人类文明具有不可持续性，人既栖居于自己所创造的文化世界中，也生存于自然世界中。走向多元论的环境伦理学具有应用性的品格，是解决环境问题的有效药方。杨通进④认为，环境问题是整个人类的问题，需要唤醒人们的良知，发挥人们潜在的道德能力。人类要解决好现代社会的环境问题，需要处理好人与自然、当代人与后代人、当代人之间特别是国家之间的关

---

① 曾建平：《自然之思：西方生态伦理思想探究》，博士学位论文，湖南师范大学，2002 年。

② 曾建平：《环境公正：中国视角》，社会科学文献出版社2013 年版。

③ 李培超：《伦理拓展主义的颠覆：西方环境伦理思潮研究》，湖南师范大学出版社 2004 年版。

④ 杨通进：《环境伦理：全球话语，中国视野》，重庆出版社2007 年版。

系。用整体主义的视角研究了包括种际伦理、代际伦理和代内伦理的伦理关系。孙道进[①]则从本体论、认识论、价值论、方法论等"元理论"出发，揭示出人类中心主义与非人类中心主义的理论困境，试图找出理论困境的认识论症结。此外，余谋昌的《生态伦理学——从理论走向实践》、郑慧子的《走向自然的伦理》等也从不同的角度探讨了生态环境的伦理问题。

马克思主义生态理论研究。张云飞[②]在《试论生态文明的历史方位》一文中，认为生态文明不是取代工业文明的新的文明形态，而是贯穿所有文明形态（从渔猎社会到农业文明、工业文明和智能文明）始终的一种基本结构。马克思恩格斯在现代文明史上最早批判了作为机械发展观典型形态的资本主义生态破坏性，对社会发展和自然生态系统的关系做了整体性把握，科技生态化、人类思维向辩证思维的复归，以及社会主义制度下对社会和自然关系的协调是解决生态问题的必由之路。马克思恩格斯的辩证发展观就是生态发展观，是马克思主义社会发展理论的重要构成，在全球性问题日益严重的今天，这种生态发展观是我们建构可持续发展理论的指导思想。郇庆治[③]认为，基于多样性的研究视角，中国生态文明建设从一开始就不是

① 孙道进：《环境伦理学的哲学困境——一个反驳》，中国社会科学出版社 2007 年版。

② 张云飞：《试论生态文明的历史方位》，《教学与研究》2009 年第 8 期。

③ 郇庆治：《多样性视角下的中国生态文明之路》，《人民论坛·学术前沿》2013 年第 2 期。

单向度的生态恢复或环境保护问题，而是"一"与"多"的辩证统一，是全面、协同、可持续发展的社会主义现代化的内在组成部分。他认为"两山"论是社会主义生态文明观的主要含义在中国背景和语境下的形象化表达，要通过大力推进社会主义生态文明建设，逐步解决严重生态环境问题。"两山"论的实践就是一条有效解决人与自然、社会与自然关系的现实道路。龚天平等①提出了生态价值观引领、技术创新驱动、生态治理制度体系保障、参与全球治理系统整合的社会主义生态治理观，具有鲜明的环境正义价值取向。其国内环境正义意蕴主要体现在：保护生态环境，保障人民绿色福祉，促进和维护人民的环境人权；落实生态治理制度体系，维护和促进国内环境正义；通过建立生态补偿制度来实现区域环境正义；采取切实举措，助力实现城乡环境正义；保护生态环境，造福子孙后代，以便实现代际正义；其国际环境正义意蕴主要体现在：推动构建人类命运共同体。

关于生态学马克思主义的研究。中国学者于20世纪90年代开始研究生态学马克思主义，最初研究的重点只在于评介生态学马克思主义代表人物的主要理论观点。近年来，随着我国生态问题日益严重，中央对于生态文明建设高度重视，大力推进"五位一体"总体布局。国内学者对生态学马克思主义的研究也不断升温，在判定生态学马克思主义学科性质、研究生态学马克思主义与生态社会主义

---

① 龚天平、饶婷：《习近平生态治理观的环境正义意蕴》，《武汉大学学报》（哲学社会科学版）2020年第1期。

的关系、推介代表人物及其观点、观照生态现实问题等方面，均有一批学术成果。邹绍清、孙道进①在《唯物史观视野中的生态学马克思主义》一文中系统梳理了生态学马克思主义的发展脉络及历史逻辑，认为实现生态社会主义是解决生态问题全球化的深层主张，对于科学发展、社会和谐、环境友好有重要的借鉴作用。但总的来说，还存在一些问题：第一，关于生态学马克思主义的学科性质，学界尚未形成定论，对于厘清它与生态社会主义的关系，存在很大困难；第二，注重研究代表人物的思想，缺乏对生态学马克思主义发展史的整体把握；第三，多数关于生态学马克思主义的当代价值的研究成果较为零散和笼统，没有就某一问题进行深入研究。

关于生态哲学与环境哲学的反思研究。卢风②在《论生态文化与生态价值观》一文中，认为对比中国传统文化，采用文化分析方法，可以看出现代文化的反自然倾向，因此现代文化是不可持续的。生态危机正是由现代文化引发的最严重的危机，克服这一危机要在理念层面超越个人主义、物质主义、经济主义、消费主义、科学主义和人类中心主义，在制度层面上必须限制市场的作用，在技术层面上必须实现由征服性技术到调试性技术的转向。叶

---

① 邹绍清、孙道进：《唯物史观视野中的生态学马克思主义》，《马克思主义研究》2012年第3期。

② 卢风：《论生态文化与生态价值观》，《清华大学学报》（哲学社会科学版）2008年第1期。

平①认为，对生态危机的哲学反思引发关于人与自然关系
的哲学范式的转变，倾向于非人类中心主义的新的生态哲
学的理论建构，提出要把自然的生存与人类的生存关系纳
入伦理考虑。因此，要确立非人类中心主义的生态伦理学
和法学基础上的人与自然关系的决策意识。卢风②在《整
体主义环境哲学对现代性的挑战》一文中指出，整体主义
环境哲学援引自然科学成果建构了全新的伦理学，但尚未
触及现代性的深层信念——独断理性主义。唯有彻底摒弃
独断理性主义的完全可知论和知识统一论，我们才会真正
敬畏自然、保护自然。他认为，吸纳了整体主义环境哲学
合理成分的马克思主义哲学将指引我们摒弃科技万能论，
超越物质主义，建设社会主义生态文明。郑慧子③在《环
境哲学的实质：当代哲学的"人类学转向"》中提出，环
境哲学开启了哲学通向"人类学时代"的大门，环境哲学
的产生源于人们对日益严重的生态问题的反思，并找到了
如此普遍的人类生存实践需要的出场方式。

6. 关于建设美丽中国的基本路径

关于建设美丽中国的实践研究，廖福霖④等在《建设

---

① 叶平：《生态哲学的内在逻辑：自然（界）权利的本质》，
《哲学研究》2006 年第 1 期。

② 卢风：《整体主义环境哲学对现代性的挑战》，《中国社会
科学》2012 年第 9 期。

③ 郑慧子：《环境哲学的实质：当代哲学的"人类学转
向"》，《自然辩证法研究》2006 年第 10 期。

④ 廖福森等：《建设美丽中国理论与实践》，中国社会科学出
版社 2014 年版。

美丽中国理论与实践》一书中，把美丽中国建设与生态学、经济学、社会学、文化学、管理学、美学融合，围绕新时期出现的新危机、可持续发展的新"瓶颈"、人民群众的新期待、现代化建设的新格局、走向生态文明新时代、开启中华民族伟大复兴"中国梦"的新里程等方面展开对美丽中国的研究。不仅如此，还从思想政治教育等角度入手进行美丽中国的道德、伦理研究。刘湘溶等[①]认为，在生态文明基本理论的基础上，要从推进思维方式的生态化、经济发展方式的生态化、科学技术的生态化、城乡建设的生态化、消费方式的生态化、人格的生态化六个方面来构建中国的生态文明。关于美丽乡村研究，赵建军、胡春立[②]认为，美丽乡村建设是建设美丽中国的起点和重点，而乡村文化是美丽乡村的"根"与"魂"。要通过留住乡村文化的传承载体、重塑农民"以乡土为本"的价值观、以文化惯性保持乡村文化多样性、乡村文化与城市化双赢等方式，填平城乡二元的文化鸿沟，为美丽中国建设提供源源不断的动力。

以美丽中国为视角探索地域发展的研究。各地区对美丽中国研究热情高涨，纷纷把建设美丽中国作为地方经济转型、地区科学发展的新的增长点，以极大的热情开展和推动美丽中国的研究。比如，林默彪主编的《美丽中国的

① 刘湘溶等：《我国生态文明发展战略研究》，人民出版社2013年版。
② 赵建军、胡春立：《美丽中国视野下的乡村文化重塑》，《中国特色社会主义研究》2016年第6期。

县域样本·福建长汀生态文明建设的实践与经验》一书，梳理了长汀水土流失治理的历史和经验，提出了长汀环境建设的总体规划和顶层设计，把打造"生态家园"作为长汀产业经济转型升级的重要抓手。宋国诚的《美丽中国的浙江实践·台湾学者看浙江》一书，重点考察了浙江环境治理方面的成就，对祖国大陆实行"美丽中国美丽乡村"工作在浙江所取得的硕果进行深入观察和系统梳理，总结实践经验。梁君思的《美丽中国视野下的可持续减贫与绿色崛起研究》一书，通过赣南农村贫困现状和生态困难的分析，探讨了现阶段影响我国赣南农村贫困地区可持续减贫与绿色崛起的制约性因素，并提出了应对策略。可见，地方性美丽中国的研究涉及领域之广、话题之多、热情之高涨、形式之多样，相较于哲学社会科学其他的学术课题，无疑是最热烈的，是学术与实践紧密结合的课题。这些专题性、地方性的分类分块研究，为美丽中国建设的深入研究提供了丰富的材料和论证案例。

对国外生态理论的研究。郇庆治、马丁·耶内克[①]在《生态现代化理论：回顾与展望》一文中指出，技术革新、市场机制、环境政策和预防性理念是生态现代化的四个核心因素。生态现代化以市场为基础，其方向是有成效的，但需要有明确的结构性解决方案，可持续发展才可能取得

---

① 郇庆治、马丁·耶内克：《生态现代化理论：回顾与展望》，《马克思主义与现实》2010年第1期。

真正成功。孙道进①在《哲学座架下的"人类中心主义"梳理》一文中从哲学四大"版块"的维度，对人类中心主义进行批判和祛魅，认为这对于建构和完善环境伦理学、建设环境友好型社会，都具有"元"理论意义。

美丽中国与世界生态理论的关系研究。潘家华②在《环境成本：新的贸易壁垒?》一文中，针对现代西方国家以环境成本为幌子，构筑贸易壁垒、实施贸易制裁的做法，提出要采用相应政策，比如甄别环境保护与绿色保护主义，建立新的权威机构，防治保护主义者对环境政策的滥用，认识贸易措施在环境政策中的作用等。他同时提出，在顶层设计上加强生态文明的体制机制建设，比如制定生态文明促进法、建立相应的考评体系，组建领导小组和顾问委员会，等等，否则生态文明建设无法落到实处。

总体来说，学者们的普遍研究，对美丽中国的多层次研究丰富了我们对建设美丽中国的认识，使美丽中国逐渐成为研究的热点问题，相关学术观点对本书的研究具有一定的启发性，具有丰富的理论与实践价值。但整体而言，在新时代条件下，以美丽中国作为专门研究对象的系统性研究不多；现有研究多是作为一种建设性的对策或宏观性的背景，概念使用存在泛化现象；政策性宣传文章较多，理论探索尚待深入，理论对实践的针对性需要加强。具体

---

① 孙道进：《哲学座驾下的"人类中心主义"梳理》，《南京林业大学学报》（人文社会科学版）2006 年第 4 期。

② 潘家华：《环境成本：新的贸易壁垒?》，《国际经济评论》1996 年第 2 期。

而言，存在一些研究的不足：一是理论深度有待深入。现有的理论研究，有古代"天人合一"等生态思想的研究，也有关于"生态学马克思主义"的专门研究，但大都停留在理论的整理或引介阶段。生态文明建设方面着墨较多，美丽中国的研究主要是作为一种建设目标、宏观背景来研究。以美丽中国作为背景和视域的文章和学位论文比较多，但概念使用泛化，直接以建设美丽中国作为研究对象的论文较少，大多数学者缺乏对建设美丽中国的理论探索。二是系统性有待加强。当前，研究的著作和成果不少，但是缺乏系统的、整体的、综合的论述。有些研究只是从文明的发展历程加以研究，或研究生态文明建设，或研究中国的绿色发展道路，或对人与自然的矛盾与困境作较为简单的路径解读。这对于一个完整的美丽中国来说，都只是一个侧面或一个角度，过于分散，不能形成一个有机的系统。三是缺乏精准的问题意识。目前已有的研究主要是对美丽中国内涵的解读等阐释性研究，以政策性宣传文章为主，直接研究运用到中国现实问题的凤毛麟角。"是什么"研究较多，但概念界定还有待进一步深入；"怎么办"研究不够深入；而"该不该办"基本上则阙如，亟须在系统观的指导下从经济、制度到文化、观念等全方位的转变。四是存在理论与实践"两张皮"的现象。有的研究针对性不强、缺乏具体的、可实操的路径取向。有的没有理论支撑，仅就一时一地的操作方法和措施做简要总结，缺乏实操性和推广性，没有实现事实判断与价值判断的有机结合。

三　研究目的及方法

本书从新时代人民的美好生活需要切入美丽中国建设理论，运用唯物史观研究新时代如何建设"美丽"的中国，并运用马克思主义"自然史—人类史"系统性思想对美丽中国建设的思想渊源做出辨析和考察，全面分析新时代美丽中国建设的历史方位、主要内涵、思想渊源、哲学基础，在揭示美丽中国建设的哲学基础之上，提出建设美丽中国的重要原则和构建美丽中国的基本路径，论证其历史必然性与价值合理性，从而实现理论创新与实践创新的融合，希冀为21世纪中叶建成"美丽"强国提供有益的启示。

本书不囿于人与自然关系的角度，在人与自然关系的基础上揭示了美丽中国背后的人与人、人与社会以及人与自身的关系，从而从自然观的层面上升到社会历史观的层面。马克思从"人与物"的关系揭示出"人与人"的关系，同样，生态的变化来自主体的活动。人按照自身的内在尺度不断地改变自然，使其满足人的需要和发展，所以美丽中国建设必将深深地打上人类活动的烙印。因此，考察美丽中国，不是只从人与自然的关系，而是在系统思维的指导下，审视并挖掘人与他人以及人与自身的关系。进而，论证美丽中国建设的合理性与现实性，为其寻求哲学依据。美丽中国建设是新时代中国特色社会主义建设的重要内容，是新时代实现人民群众对美好生活向往的重要途径，具有现实必然性，符合绝大多数人的愿望。"美"是人类之永恒追求，"为了人"是美丽中国建设的价值取向，追求人与自然、人与人、人与社会的和谐共生，实现人的自由全面发展和人的幸福是人类的永恒话题，更是社会主义的本质要求。美丽中国建设，是新时代中国特色社会主义的时代课题，是社会主义现代化建设的内在要求，是建设"人类命运共同体"的中国方案。在建设美丽中国的征程中，既要系统全面认识和创新实践方式，又要破解实践难题，把描绘美丽中国的美好图景诉诸美丽中国建设的伟大实践中，从而实现哲学社会科学理论创新与中国特色社会主义实践创新的有机融合。

本书综合运用了多种研究方法，如"从后思索"与系统联系相结合、问题导向与文本研究相结合、历史必然性与价值合理性相结合、从抽象上升到具体与"普照的光"相结合、工具理性演绎与价值理性判断相结合、历史探究与逻辑分析相结合、比较研究法、经验研究法等多种方法。

"从后思索"与系统联系相结合。马克思认为："人体解剖对于猴体解剖是一把钥匙。"① 历史已然过去，但是不会消失，会以浓缩的、变形的方式再现于现实生活之中。现实是历史的延伸，通过现实一定程度上可以再现历史。同样，通过高级形态来分析低级形态，从未来形态回溯当下形态，这会为我们的研究提供更为宽广的视野。恩格斯指出："历史从哪里开始，思想进程也应当从哪里开始，而思想进程的进一步发展不过是历史过程在抽象的、理论

---

① 《马克思恩格斯全集》第 30 卷，人民出版社 1995 年版，第 47 页。

上前后一贯的形式上的反映。"① "美丽"是历久弥新的话题，需要镜鉴过往的历史，借鉴以往的理论成果，并立足当下实践，研究未来的美好图景。本书从多个维度系统地审视美丽中国建设，既分析整体，又分析其要素；既展望未来的向度，又回溯过去的历史；既阐释多个维度，又注意相互之间的内在关联，最终是以未来中国的应然状态为坐标系审视当下中国的发展路径。

问题导向与文本研究相结合。美丽中国是一个目标，更是实然中国的应然面貌。美丽中国建设既是一个理论的问题，更是一个现实的问题。因现实的问题导向，使得理论更能引向深入和具体。本书在现有文献材料基础上进行研究，特别是研读马克思、恩格斯、列宁、毛泽东、邓小平等经典作家的文献，精研习近平最新的相关思想论述，找到经典理论的生发点及其与当下现实的中介和纽带，实现灵活运用经典作家经典文本和有针对性地解决中国当下问题的有机统一，体现了理论的穿透力和学理的支撑作用。马克思指出："从抽象上升到具体的方法，只是思维用来掌握具体，把它当作一个精神上的具体再现出来的方式。"② 并将其概括为："两条道路"，即"在第一条道路上，完整的表象蒸发为抽象的规定；在第二条道路上，抽

---

① 《马克思恩格斯文集》第 2 卷，人民出版社 2009 年版，第 603 页。
② 《马克思恩格斯全集》第 30 卷，人民出版社 1995 年版，第 42 页。

象的规定在思维行程中导致具体的再现。"① 如何实现"美丽"既是本书的问题导向，又是本书的生发点、逻辑起点和"以太"。本书结合马克思主义哲学、生态学、美学等学科，从人与自然、社会（人）以及人与自身的不同向度，找到人与自然表象背后的人与人、人与社会的因果联系，从而从人与人、人与自身的原点找到解决问题的方法，在"美丽"这一"普照的光"的指导下，形成建设美丽中国的理论图景与实践路径指向。

历史必然性与价值合理性相结合。对于价值合理性的评价会因立场的不同而见仁见智，价值合理性是历史必然性的前提，现实性是二者的纽带，只有符合必然性的事物才是合理的和现实的。建设美丽中国的实践中，其结合点是对于其合理性的指认，即人民群众是建设美丽中国的主体和目的，"为了人"是美丽中国建设的价值取向，以最终实现共同富裕和全体人民的自由全面发展。中国内生性与开放性并举的发展模式引发了世界经济史上前所未有的经济增长，这是不同于西方新自由主义的中国创造，这为更高质量的发展奠定了坚实的物质文化基础。与此同时，改革开放40多年来的发展成就也存在发展中的"代价"问题，生产力得到发展的同时，也带来了生态、环境、能源、资源、气候等现实问题，存在发展不平衡不充分等现实问题。因此，要破除理想中的中国与当前现实中的中国之间的樊篱，立足新时代中国的国情，正确判断当前处于

---

① 《马克思恩格斯文集》第8卷，人民出版社2009年版，第25页。

新时代历史方位的中国的主要矛盾的变化，探究美丽中国的实然与应然之本源何以可能，寻求达到真善美相统一的最高境界的人类永续发展的美丽中国。美丽中国的价值判断具有合理性，美丽中国的实施路径具有历史必然性，二者有机统一。

工具理性演绎与价值理性判断相结合。理论负载着价值，现实渗透着理论。"美起来"作为中国未来的发展趋势和人类发展的美好愿景，蕴含着人类的价值取向。人在自在世界和自为世界中驰骋，人类正在运用智慧和科技深刻改变着自然的环境形态，正在将世界变为人属世界和属人世界。马克思指出："一个对象，只有当它为我们所拥有的时候，就是说，当它对我们来说作为资本而存在，或者它被我们直接占有，被我们吃、喝、穿、住等等的时候，简言之，在它被我们使用的时候，才是我们的。"①换言之，一个对象只有和我们融为一体时，才为我们所拥有。然而现实中，人往往是把单一的、片面的，甚者只将有用性的工具理性作为我们的全部理性，这是与人与人的本真关系相背离的。"为了人并且通过人对人的本质和人的生命、对象性的人和人的产品的感性的占有，不应当仅仅被理解为直接的、片面的享受，不应当仅仅被理解为占有、拥有。人以一种全面的方式，也就是说，作为一个完

----

①　《马克思恩格斯文集》第 1 卷，人民出版社 2009 年版，第 189 页。

整的人，占有自己的全面的本质。"① 这是人类发展的价值追求，即克服工具理性，走向价值理性。为此，我们有必要在系统论的框架内厘清工具理性与价值理性的关系。工具理性是价值理性的物理支撑，价值理性是工具理性的约束和规范；价值理性是体，工具理性为用；人是人的目的，其他都是实现目的的手段。当然，手段和目的的区分只是相对的，一个事物是另一个事物的目的，它同时也是别的事物的手段，这体现了从手段与目的、初级与高级、差异与统一的关系中加以界定和区分的尺度。当前人类的实践活动到底是人类的福音还是灾祸，究竟会成为人类解放和幸福的新路径，还是会成为奴役人类的新枷锁，这就要从工具理性与价值理性的张力中体现，要在工具理性演绎与价值理性判断中生成。因此，探讨和研究建设美丽中国要坚持工具理性演绎与价值理性判断相结合的方法，为建设"美丽世界"提供中国智慧和中国方案。

---

　　① 《马克思恩格斯文集》第 1 卷，人民出版社 2009 年版，第 189 页。

第一章

美丽中国建设的历史方位

　　建设美丽中国是党的十九大报告确定的目标任务，是新时代中国特色社会主义建设的题中应有之义。"新时代"这个重大的历史性判断"深刻揭示了中国特色社会主义向何处去、世界社会主义向何处去、人类文明向何处去的重大问题，不仅关系到如何分析和确定当代中国的发展方位、主要矛盾、发展目标和发展方略，而且关系到如何判断和把握科学社会主义的发展前景和人类历史的发展趋势"[①]。这个新时代内蕴两个层面的含义。一是经过改革开放四十多年的发展，我国进入了一个新的时代，面对新的问题和时代任务，"党的十九大作出的中国特色社会主义进入新时代的重大判断，主要是针对中国特色社会主义的现实发展，就当代中国进入一个新的发展阶段、中国特色社会主义处于新的历史方位而言，是就我国朝向新的奋斗目标、中华民族比历史上任何时候都更加接近实现伟大复兴而言，是立足于历史与现实、着眼于未来并对未来发展趋势和发展

---

　　① 金民卿：《中国特色社会主义新时代的历史坐标》，《云南社会科学》2018 年第 5 期。

方向的科学预测而言。这个'新时代',针对中国特色社会主义的发展,有明确的时空方位,有特定的意蕴指向"①。二是我们将要开创一个新的时代即强起来的时代,需要我们在实干中创造一个新的美丽中国时代。这个新时代的主要特点是高举中国特色社会主义伟大旗帜,奋力建设富强民主文明和谐美丽的社会主义现代化强国。

第一节 美丽中国建设的时间之维

新时代的中国从改革开放 40 多年伟大实践中走来,从中华人民共和国成立近 70 年的持续探索中走来,从中国共产党领导人民进行伟大社会革命 97 年的实践中走来,从近代中华民族由衰而盛 170 多年的历史进程中走来,从中华文明 5000 年的传承和发展中走来,从世界社会主义思潮 500 年风云激荡中走来。② 我们经历了风风雨雨,在长期实践中不断摸索人类社会发展的正确方向。马克思曾在致斐迪南·多梅拉·纽文胡斯的信中讲道:"在将来某个特定的时刻应该做些什么,应该马上做些什么,这当然完全取决于人们将不得不在其中活动的那个既定的历史环境。"③ 新时代的中国经历了改革开放 40 多年的伟大实践

---

① 商志晓:《"新时代"的由来、确立与达成——科学把握中国特色社会主义新的历史方位》,《东岳论丛》2018 年第 6 期。

② 徐伟新:《科学认识新时代中国的历史方位》,《学习时报》2018 年 5 月 21 日第 1 版。

③ 《马克思恩格斯文集》第 10 卷,人民出版社 2009 年版,第 458 页。

和新中国成立 70 年的持续探索，有古今中外国家治理的正反两方面的经验，不断摸索人类社会发展的正确方向。党的十八大以来，国家面貌和国际地位发生了深刻变化，"解决了许多长期想解决而没有解决的难题，办成了许多过去想办而没有办成的大事"①。我国取得了历史性成就，产生了历史性影响。社会生产力水平显著提高，总体上达到小康水平，我们比历史上任何时期更接近实现中华民族伟大复兴的目标，这就是在新时代条件下中国的历史性变迁，就是当前我们所处的历史环境。认清这个时空坐标系，有了明晰的时空感，前进的方向才不会迷失。

一　新时代中国的历史性变革是美丽中国建设的现实依据

新时代中国特色社会主义是在新中国成立以来特别是改革开放以来的接力奋斗的基础上产生的。第一代中央领导集体带领中国人民完成了中国革命，赢得了民族独立和人民解放，建立了独立的、较为完整的工业体系，创建了社会主义制度，提供了基本的政治前提和制度基础，解决了"站起来"的现实问题。第二代中央领导集体面临贫穷和发展动能不足的问题，从"阶级斗争"思维转向解放和发展生产力，通过发展经济和改革开放走上了社会主义现代化建设的新征程，及至党的十八大以前的较为和平与稳

---

①　习近平：《决胜全面建成小康社会　夺取新时代中国特色社会主义伟大胜利——在中国共产党第十九次全国代表大会上的报告》，人民出版社 2017 年版，第 8 页。

定的国际环境，中国特色社会主义在发展中不断开辟新境界，既通过科学发展促进社会和谐，又通过构建和谐社会推动科学发展，基本上解决了"富起来"的历史性任务。党的十八大以来，中国顶住了来自多方面的压力，取得了改革开放与社会主义现代化建设的伟大成就。我国的经济建设、民主法治建设、思想文化建设、生态文明建设成效显著，全面深化改革举措频出，人民生活质量显著提高，全方位外交格局开创新局面，强军兴军、港澳台工作、全面从严治党等方面均取得全方位、开创性的成绩和深层次、根本性变革。中国的面貌焕然一新，中国的国际地位显著提高，党和国家事业发生历史性变革，中国迎来了"强起来"的新时代。这个"新时代——后物欲时代的来临意味着人的幸福已经不能单纯靠物质财富的增加来获得，物欲满足带给人的快乐越来越有限。由此，以往的建立在物质匮乏基础上的全部价值观、思维方式乃至管理理念、制度设计等，都必须随之更新换代。那些单纯以满足人的物欲为目标的生产，那些单纯以物质财富的增加为目标的规划，那些以为有了钱就能实现人生幸福的价值观，都注定要失败。后物欲时代并不是人们没有了物欲，也不是物质生产不再重要，而是物质生产的艺术创造，是以美的形式的实现"①。在这个前提下，"党的十八大提出了美丽中国建设，社会主义现代化建设的内涵也更加丰富，中国特色的社会主义现代化国家不仅是富强民主文明的，更

---

① 张建云：《新时代的内涵阐释》，《学术界》2018 年第 9 期。

是和谐美丽的"①。党的十九大提出了"加快生态文明体制改革，建设美丽中国"② 的战略目标。"美丽中国建设始终是新时代中国特色社会主义生态文明建设的基本考量"③，面向"后半程"的历史任务，是中国共产党第二个百年目标的核心目标之一，是解决新时代社会主要矛盾和问题的主要抓手。

中国改革开放所取得的历史性成就是中国特色社会主义走进新时代、建设美丽中国的基本依据。中国的改革开放不断赋予社会主义以新的时代内涵，进而把中国特色社会主义推向新的更高境界，是"整体转型升级"的发展，是融经济、政治、文化、社会、生态"五位一体"总体布局的整体谋划。进入新时代，在价值取向上，更加注重以人民为中心，由片面注重 GDP 的见物不见人的做法走向自觉的"共享"发展理念，把"人民对美好生活的向往"作为奋斗的价值取向，公平正义的人与社会和谐关系与和谐共生的人与自然的美丽中国建设成为新时代的重要奋斗目标。在生产力上，以人民群众对美好生活的向往为核心，以创新驱动代替以往通过加大要素与投资规模来驱动生产力发展的传统方式，主动适应经济发展新常态，注重提升自主

————————

　　①　金国坤：《从"新时期"迈向"新时代"：宪法视角下的改革开放 40 周年》，《新视野》2018 年第 5 期。

　　②　习近平：《决胜全面建成小康社会　夺取新时代中国特色社会主义伟大胜利——在中国共产党第十九次全国代表大会上的报告》，人民出版社 2017 年版，第 50 页。

　　③　赵巍、崔赞梅：《习近平新时代中国特色社会主义生态思想的丰富内涵与逻辑理路》，《河北学刊》2018 年第 4 期。

创新能力，推进供给侧结构性改革，开辟生产力发展的新路径。在生产关系上，注重人与人之间的公平正义，由提倡一部分人先富起来到更加注重共同富裕、共享发展成果，讲求分配正义和全体人民的获得感、幸福感的提升。在权力运行上，遵循权为民所用原则，由国家主导体制转向中国共产党领导下推进国家治理体系和治理能力的现代化，理顺并有效发掘国家、政党、市场和社会的整体动能，意在让制度更加成熟定型。在治理方略上，由注重"摸着石头过河"和重点突破的非均衡发展转变为注重顶层设计和社会全面协调发展，"四个全面"、"五大发展理念"、全面深化改革，体现了新时代治国理政的特征。在现代化发展程度上，由整体上对西方国家的依附性到显现主体性，改革开放初期，中国需要融入西方发达国家制定的既定规则进行现代化建设，随着改革开放走向深入，中国更加强调内生性与自主性，注重向世界贡献中国主张和中国智慧，具有了"议题设置"的特点。在国际外交政策上，由被动回应国际外交挑战与"理论辩护"走向积极参与全球治理，向全世界阐释中国特色社会主义道路、中国理论、中国制度、中国文化，讲好中国故事，传播中国声音，倡导"一带一路"，构建人类命运共同体，引领全球和平发展的潮流，维护合作共赢的世界秩序。进入新发展阶段，中国走在了由大国走向强国的历史征程上，中国特色社会主义向全世界焕发出强大的生机活力，站在了独立性、主动性、世界性、引领性的新的历史起点上，向世界证明了科学社会主义的魅力和顽强生命力，并为希冀发展本国经济又能保持独立自主的国家提供了借鉴和道路选择。

"三个意味着"①，是对新时代中国历史性变革的总体概括。与此同时，也积累了一系列的矛盾和问题，"经过改革开放40多年的现代化积累，新时代生态治理虽然面临诸多遗留性、不可预见的挑战，但也处在最有能力实现、最为接近美丽中国理想的机遇期"②。这就需要敢于碰硬骨头，敢于涉险滩，突破利益固化的樊篱，通过全面深化改革推动社会主义制度的自我完善与发展。任何时候都不能忘记，社会主义初级阶段与世界最大发展中国家在相当长的时间里是中国的基本国情，是想问题做决策的前提和基础，违背这一国情是不明智的做法，不能达到预期效果。综合全面地看待新时代中国的历史性成绩与发展基点，对于建设美丽中国具有重要的意义和价值。

二 社会主要矛盾的历史性变化是美丽中国建设的现实基础

中国特色社会主义进入新时代，其重要依据是社会主

----

① 党的十九大报告指出，中国特色社会主义进入新时代，意味着近代以来久经磨难的中华民族迎来了从"站起来"、"富起来"到"强起来"的伟大飞跃，迎来了实现中华民族伟大复兴的光明前景；意味着科学社会主义在二十一世纪的中国焕发出强大生机活力，在世界上高高举起了中国特色社会主义伟大旗帜；意味着中国特色社会主义道路、理论、制度、文化不断发展，拓展了发展中国家走向现代化的途径，给世界上那些既希望加快发展又希望保持自身独立性的国家和民族提供了全新选择，为解决人类问题贡献了中国智慧和中国方案。
② 吴海江、徐伟轩：《习近平新时代生态文明思想的三重逻辑》，《思想教育研究》2018年第9期。

要矛盾的转变。对于我国社会主要矛盾的定位，历史上经历了否定之否定的变迁历程。鸦片战争以来，我国社会主要矛盾在不同的历史时期呈现出不同的形态，呈不断演变之势：由半殖民地半封建时代的帝国主义与中华民族的矛盾以及封建主义与人民大众的矛盾，发展为新中国建立以后的人民对于建立先进的工业国的要求同落后的农业国的现实之间的矛盾。中国共产党从成立到发展的整个历史进程中，始终贯穿一条逻辑主线即围绕社会主要矛盾的变化调整路线、方针和政策，不断致力于社会主要矛盾的解决。1949 年新中国刚成立，工人阶级与资产阶级、社会主义与资本主义道路的对立是我国社会的主要矛盾。社会主义三大改造完成后，党的八大（1956 年）明确提出，我国社会的主要矛盾是人民对于建立先进的工业国的要求同落后的农业国的现实之间的矛盾即人民对于经济文化迅速发展的需要同当前经济文化不能满足人民需要的状况之间的矛盾。这个认识是符合当时中国发展实际的。然而，党的八届三中全会提出，无产阶级和资产阶级的矛盾，社会主义和资本主义道路的矛盾，仍然是我国社会的主要矛盾，从根本上改变了八大的方针。对此，党的十一届三中全会根据广大人民群众的意愿和中国社会主义建设的实践要求，拨乱反正，党的十一届六中全会（1981 年）在深入反思的基础上，把社会主要矛盾表述为"人民日益增长的物质文化需要同落后的社会生产之间的矛盾"，并连续 36 年作为制定党的路线方针政策的重要依据。中国共产党从成立到发展的整个历史进程中，始终贯穿一条逻辑主线即围绕社会主要矛盾的变化调整路线、方针和政策，不断致力于社会主要矛盾的解决。进入新时代以来，党的十九大依据当前的新的现实，对社会主要矛盾做出了新表述，即社会主要矛盾发展为人民日益增长的美好生活需要和不平衡不充分的发展之间的矛盾。其中，"人民日益增长的美好生活需要"是解决社会主要矛盾的动力之源，"不平衡不充分的发展"是能动的、主导的一方，是矛盾的主要方面。不平衡，是从发展的地域、领域、范围来讲的；不充分，是从发展的质量、效益、层级来讲的。不平衡不充分的发展决定了中国仍然处于社会主义初级阶段，仍然是一个发展中国家，社会主义初级阶段的总趋势与总体判断没有变化，但所处的子阶段发生了变化，矛盾的主要方面从生产的"规模"与人民需要的不相匹配转变为"质量"的不匹配，满足人民对美好生活的需要，要着眼于从根本上改变我国"不平衡不充分的发展"现状，这也是美丽中国建设的关键。

在此，我们有必要对新时代社会主要矛盾的转变进行一个逻辑的分析。改革开放之初，我国生产力低下、经济状况薄弱、文化产品匮乏，人民群众热切期望能满足物质文化生活的需求，对小康生活充满了热切期望。随着生活水平的整体提升，人民的生活需要出现了多样化的趋势，超越了"物质"与"文化"的传统需求领域，不仅在量上，而且在质上提出了更加多样化的需求，对于绿水青山、环境友好、就业、医疗、教育等社会需求提出了更高要求，以往所讲的"物质文化需要"与"落后的社会生产"二者的矛盾已无法表征当前社会的真实状况，主要矛盾的转化成为客观事实。这是在总体上满足"吃喝住穿"

基本需求后与之同步发展起来的另一方面的历史活动，用马克思的话来讲就是"满足需要的活动和已经获得的为满足需要而用的工具又引起新的需要"①。在解决人民群众对物质文化需求的同时，我国的物质财富相对丰富了，但"不平衡不充分的发展"却成为当前我国社会主要矛盾的主要方面，人民群众对物质文化"量"的需要转向了"质"的需要的现实，决定了我们必须依然坚持以经济建设为中心，在继续推动发展的基础上，努力提升发展质量和效益，实现高质高效、公平公正与更可持续的绿色发展，使改革成果惠及全体人民，不断提升人民的满意度和幸福感，这是历史发展的需求。对于新时代社会主要矛盾的转变，还需要明晰几个基本问题：一是社会基本矛盾和社会主要矛盾的关系。社会矛盾有内在矛盾和外在矛盾之分。马克思主义认为，生产力与生产关系、经济基础和上层建筑的矛盾运动是社会的基本矛盾，属于内部矛盾，是较为稳定不易变化的，而社会主要矛盾既可能是内在矛盾，也可能是外在矛盾，是随着时代条件不断发生变化的。我国社会主要矛盾随着社会发展的变迁也相应地发生改变，符合历史唯物主义和辩证唯物主义的逻辑。二是社会主要矛盾的"变"与"不变"（量变与质变）。当前，社会的主要矛盾不是根本性的变化，而是部分的、阶段性的质变，是在形态上所发生的转化，"两个没有变"仍是我国的基本国情，社会主义初级阶段发生了阶段性质变，

---

① 《马克思恩格斯文集》第 1 卷，人民出版社 2009 年版，第 531 页。

根本性质依然未改变。新时代并非独立的社会形态，仅仅是社会主义初级阶段的某个具体发展阶段，当前的主要矛盾是在"物质文化需要"基础上的转型升级版，在主要矛盾阶段性转变中，不是由原来的某一次要矛盾取代主要矛盾成为新的主要矛盾，而是原有的主要矛盾的主次方面发生了转化，使主要矛盾呈现了不同于原有状态的新形态。在承认"质的不变"的同时，我们不能忽视社会发展过程中出现的"量变"，也正是在把握"阶段性部分质变"的基础上，党的十九大才做出了社会主义进入"新时代"的全新判断。[①] 三是社会主要矛盾转化的理论判据。判断新时代社会的主要矛盾，"一是要根据原有的主要矛盾的两个方面发生的变化作为判据，二是要根据社会各种矛盾之间主导被主导、支配被支配关系的比较分析作为判据"[②]。一方面，判定社会的主要矛盾的主要方面。当前我国社会存在诸如人民内部矛盾，敌我之间的阶级矛盾，生态需要与物质需要的矛盾，重工业与轻工业、农业之间的矛盾，沿海经济和内地经济的矛盾，中国和外国的矛盾，美好生活需要和不平衡不充分的发展的矛盾等诸多矛盾。在这些矛盾中，我们判定为人民日益增长的"美好生活需要"和"不平衡不充分"的发展为新时代的主要矛盾，究其原因，就是这一对矛盾对其他社会矛盾起着主导和支配

---

① 刘同舫：《新时代社会主要矛盾背后的必然逻辑》，《华南师范大学学报》（社会科学版）2017 年第 6 期。

② 庞元正：《新时代我国社会主要矛盾转化需要深入研究的若干问题》，《哲学研究》2018 年第 2 期。

的作用，而且这种主导和支配的地位又是其他各个矛盾所不能取代的。另一方面，要以供给与需求理论作为分析框架。当前主要矛盾的主要方面，是供给方的问题，即解决社会生产效率与质量不高的问题。马克思超越黑格尔和费尔巴哈之处就在于还原到人的需求和供给原点来建构理论，"在一定意义上说，唯物史观就是研究人类活动的两个根本方面，即人的需要和供给的关系及其内在矛盾运动的理论"①。唯物史观是马克思从研究供给方与需求方的关系中抽象出来的，其关于社会基本矛盾的理论背后是需求和供给关系。党的十九大报告关于社会主要矛盾的变化揭示出，从物质文化的需要到美好生活的需要只能通过供给来实现，即提供满足人民群众需求的物质文化生产等生活需求。党中央对我国社会主要矛盾变化做出的科学判断，是对党的十三大提出的我国社会主义初级阶段没有改变前提下的阶段性新特征的提炼，是人民群众对富强中国、民主中国、文明中国、和谐中国、美丽中国需要的积极回应，是对经济与社会发展的质量和效益的新需要的自觉满足，体现了人民群众对我国从"站起来"到"富起来"的伟大历史性飞跃的自豪感，同时也表征了对我国由"富起来"到"强起来"这一伟大历史跨越的美好向往。准确定位新时代社会主要矛盾，其革命性意义就在于能够为国家调整发展战略、提升发展质量与促进人的自由全面发展、社会全面进步

①　韩庆祥、陈曙光：《中国特色社会主义新时代的理论阐释》，《中国社会科学》2018年第1期。

做出正确指引。党中央对我国当前主要矛盾的科学论述，表征了对我国由"富起来"到"强起来"这一伟大历史跨越的美好向往，总的来说，这一重大历史判断符合历史逻辑、实践逻辑与理论逻辑，是美丽中国建设的理论原点。

在我国社会主要矛盾的不断发展变迁过程中，我们党始终不忘初心、牢记使命、勇于担当，通过领导新民主主义革命和社会主义革命取得伟大胜利，通过领导社会主义建设和改革取得巨大成就，不断推进不同时期社会主要矛盾的解决。习近平美丽中国建设思想是以解决当前社会主要矛盾为动力，反映了人民群众对美好生态环境的迫切要求。新时代，充分满足人民群众生态环境方面的需要是一个全方位的动态过程，必须始终以马克思的辩证唯物主义和历史唯物主义为指导。马克思在《德意志意识形态》中曾指出，人类社会的存在首先需考虑现实人的现实需要，需要的满足离不开物质生活条件的生产。所以，新时代，人民群众对美好的生态环境的需要，主要表现在生产和生活两大方面。一方面，我们需要继续解放和发展生产力，这是实现美丽中国建设的现实前提，但是这一生产力必须摆脱之前单纯追求物质利益的片面发展，必须为生态文明建设做出贡献，不仅要满足当代人的现实需求，而且要充分考虑后代人的可持续发展，绿色高质量的发展才有益于人的自由而全面的发展。另一方面，人民对美好生活的向往，重点在"美好"。何谓"美好"？良好的生态环境只是人们最基本的生存需求，人民得以安居乐业才是目的和指向。除此之外，"美好"还包括美好的心境，这是人作为人的最根本特征，这是美丽中国建设的应有之义，不仅要自然美，而且要社会美、心灵美。新时代，社会主要矛盾的解决是实现美丽中国建设的重要抓手，只有解决了社会主要矛盾，实现了人民群众对美好生活的向往，才能实现人民的思想道德美、社会和谐美，进而促进国家制度美，彰显中国特色社会主义的伟大魅力。新时代社会主要矛盾的解决进程，同时就是"美丽中国"建设的进程，是同一个历史过程的两个方面。

三　大国走向强国的历史性趋向是美丽中国建设的时代坐标

邓小平将社会主义初级阶段分为"先发展起来"的阶段和"发展起来以后"的阶段①，"新时代"对应的是第二阶段。经过改革开放 40 多年的接力奋斗，我国生产力实现了巨大跃升，当前我国的经济总量跃升至世界第二位，对全球经济贡献率超过 30%，超过美、日和欧元区贡献率的总和，居世界第一，毫无疑问，中国站在了由"富"变"强"的历史基点上，"强起来"成为新时代的动力源泉。习近平指出："从形成更加成熟更加定型的制度看，我国社会主义实践的前半程已经走过了，前半程的主要历史任务是建立社会主义基本制度，并在这个基础上进行改革，现在已经有了很好的基础。后半程的主要历史任务是完善和发展中国特色社会主义制度，为党和国家事

---

① 《邓小平年谱（1975—1997）》（下），中央文献出版社 2004 年版，第 1364 页。

业发展、为人民幸福安康、为社会和谐稳定、为国家长治久安提供一整套更完备、更稳定、更管用的制度体系。"①在这里，前半程是从 1956 年到党的十八大以前的历史发展阶段，后半程是从党的十八大到 21 世纪中叶的新时代发展阶段，是统筹推进"五位一体"总体布局、协调推进"四个全面"战略布局，进而完善和发展中国特色社会主义制度、推进国家治理体系和治理能力现代化的中国特色社会主义的新的历史时期。新时代，一方面，要"牢牢把握社会主义初级阶段这个基本国情，牢牢立足社会主义初级阶段这个最大实际，牢牢坚持党的基本路线这个党和国家的生命线、人民的幸福线"②，时刻记住中国所处的历史阶段，不能沾沾自喜、好高骛远，做不切合国家实际的事。另一方面，要实现高质量的发展，抓住时机提升国家综合实力，后发国家要在时空压缩的情境下以时间追赶空间，实现富强、民主、文明、和谐与美丽同时具备的现代化国家。美丽中国建设是新时代中国特色社会主义现代化强国建设的应有之义。新时代讲求质量的发展，要求以绿色发展理念为指导，实现"生态现代化"为核心的现代化建设与生态环境保护的良性互动。

美丽强国建设为中国新时代的发展定标定向。总体来看，未来的中国是物质产品丰富而高质量的发展，是世界

---

① 《习近平关于全面深化改革论述摘编》，中央文献出版社 2014 年版，第 27 页。

② 习近平：《决胜全面建成小康社会　夺取新时代中国特色社会主义伟大胜利——在中国共产党第十九次全国代表大会上的报告》，人民出版社 2017 年版，第 12 页。

经济发展的主要动力；人民凸显成为价值主体，获得感幸福感增强；社会主义在中国充满活力，成为发展中国家走向现代化的路径选择；中国国际地位与影响力显著增强，更多地向世界贡献中国方案与中国智慧。具体来说，起码包括以下三个方面。一是实现共同富裕。人民幸福，是中国共产党一以贯之的奋斗目标，就是要提升人民的获得感和幸福感，全体人民共创共享发展成果。建设生态文明，就是要使人民享受蓝天、绿水、青山，呼吸新鲜空气，喝上放心干净的水，吃上放心安全的食物。这就是民生，好的生活环境的主要目的是达到人与自然的和谐共生。而"共生"最终服务于"大众创业、万众创新"的人民实践，是要使百姓有舒畅顺心的工作，有长远可期的事业；是要使人民在党的领导下，共同参与对国家事务和社会事务的治理，充分享有国家主人翁的政治地位；是要全体人民共享改革发展成果。这就是说，自然环境的治理与优化，解决好人与自然的关系的生存环境最终服务于全体人民"共创""共治""共享"的和谐社会环境，最终指向人民的幸福。二是实现中国梦、美丽强国梦。习近平在十八届中央政治局常委参观"复兴之路"展览时就提出了"中国梦"，它整合国家、民族和个人梦想为一体，凝聚了全体人民的最大公约数。实现社会主义现代化和中华民族伟大复兴，是鸦片战争100多年来中国人民的深切愿望，是中国共产党90多年来孜孜奋斗的主题，是中华人民共和国70多年来的永恒主题，是改革开放40多年来的主线，凝聚了几代中国人的夙愿，体现了中国共产党的初心和使命。三是日益走近世界舞台中央，为全人类做出更大贡献。古代的中国，是四大文明古国，曾经有辉煌的历史，经济、政治、科技、文化诸方面都领先于世界，古代的汉唐、宋明盛世更是在世界上独占鳌头。然而，明末以后，特别是清朝末年，夜郎自大、闭关锁国、思想禁锢，科技文化远远落后于时代，最终被西方发达资本主义国家强行叩开国门，经历了受屈辱、被奴役的苦难历程，中国人民一度被贴上劣等民族的标签，惨遭列强瓜分，在世界上没有任何话语权。中国的仁人志士苦苦探索中国走向复兴的路径，屡次惨遭失败，中国人民依然身处泥沼，直到中国共产党找到了带领人民走出泥潭的光明之路，许多有理想、有抱负的共产党人前赴后继为此献出了生命。新中国成立以来，在韬光养晦的接力奋斗中赢得了当前的辉煌成就。只有明晰这一段艰难困苦、凤凰涅槃的历程，才更能体悟当前我国"中华民族伟大复兴中国梦""走近世界舞台中央"，对中国人民的真正意义。这是再次回归中华文明辉煌历程，是中国不再依附于西方资本主义规则体系而更加自觉地具有独立性、内生性、共享性地走中国特色社会主义道路的新的历史时期，拥有足够的道路自信、理论自信、制度自信和文化自信。中国道路的成功实践，是科学社会主义的胜利与"历史终结论"的终结，是对背离了真正的马克思主义的苏联解体、东欧剧变以来世界社会主义趋于低迷状态的回拨，为后发国家找寻独立发展之路提供了一种全新的选择和思路。

全面建设社会主义现代化强国，是在我国已经发展起来但还不发达、不强大，正在走向强国历史征程的阶段。我国的经济实力由低端走向全球的中高端；我国的科技实力显著增强，悟空、墨子、天眼、天宫、"幽灵粒子"、外尔费米子、高温超导、石墨烯、蛟龙、高铁、大飞机等科技飞速发展与进步；中国特色强军兴军的国防实力开创新的局面，加强练兵备战，武器装备加快发展；人民获得感和国际影响力均得到大幅提升。在此基础上，党的十九大做出部署和安排，提出了"两个百年"和"新三步走"的战略目标①，明确谋划了中国未来发展的蓝图与实现步骤。以"两个百年"（中国共产党建党 100 年与中华人民共和国成立 100 年）以及更细化为 2020 年、2035 年、2050 这三个时空节点作为时空横向坐标，以"共同富裕—中国梦—人类命运共同体"为纵向坐标，交汇出中国共产党按照新发展理念带领中国人民建设社会主义现代化强国的未来图景。"强起来"的中国不仅包括物质与精神，还涉及人民与民族，涵盖国内与国外，这是全方位"强"的中华盛世，而不仅仅是一方面强，是要强党、强国、强军，是要政治强、经济强、精神强。在这个征程中，改革开放取得阶段性成果，"五位一体"加之科技、教育等形成了共存

① 按照十九大的部署，"两个百年"：到建党一百年时建成经济更加发展、民主更加健全、科教更加进步、文化更加繁荣、社会更加和谐、人民生活更加殷实的小康社会，然后再奋斗三十年，到新中国成立一百年时，基本实现现代化，把我国建成社会主义现代化国家。"新三步走"：从现在到 2020 年，是全面建成小康社会决胜期；从 2020 年到 2035 年，在全面建成小康社会的基础上，再奋斗 15 年，基本实现社会主义现代化；从 2035 年到 21 世纪中叶，在基本实现现代化的基础上，再奋斗 15 年，把我国建成富强民主文明和谐美丽的社会主义现代化强国。

共构的体系，牵一发而动全身，处在深水区的中国改革不能犯颠覆性的错误，国外的环境瞬息万变，要处变不惊，增强战略定力，需要"步稳"；同时，全面深化改革，需要"胆大"，敢于涉险滩、敢于啃硬骨头，跨越一个个不可预期的艰难险阻。这是一个需要千万人"撸起袖子加油干"的时代，是让人有无限遐想和期许的时代，是回归中华辉煌实现社会主义现代化强国的时代。"习近平美丽中国思想的提出，不仅是建立在中国特色社会主义建设取得重大成就的基础上，而且是对当代中国发展中出现的重大问题尤其是生态问题的正面应答，是对马克思主义生态文明思想的继承与创新性发展，对中华优秀传统文化中生态环境保护思想的传承，更是对美丽中国建设经验的高度概括和总结。"①

建设美丽强国，实现金山银山与绿水青山，即经济社会发展与生态环境保护的良性互动，这是在当前世界高质量竞争环境中赢得主动的必由之路。要解决生态领域的不平衡、不充分发展问题，需要我们集中精力解决生态建设供给不足的短板，作为我们重点攻克的难题。党的十九大报告把"美丽"定位为社会主义现代化强国建设目标之一。建设"美丽中国"是关系人民福祉、关系民族未来的大计，我们应深刻吸取西方发达国家发展中的历史经验教训，避免一味追求高增长，应该注重生态保护，资源节约，把生态化和现代化统一起来，创造一种超越工业文明的新的文

---

① 　陆树程、李佳娟：《试析习近平美丽中国思想的提出语境、主要内容和基本要求》，《思想理论教育导刊》2018 年第 9 期。

明形态，也唯有实现绿色高质量的发展才更能彰显中国特色社会主义的力量，才能实现永续发展。当我们变竭泽而渔为蓄水养鱼，变缘木求鱼为活水固本，当生态优势变成经济优势，形成一种浑然一体、和谐统一的关系时，就会走向一种更高境界，一种导向美好生活的发展境界。

第二节　美丽中国建设的空间之维

当今世界，各国之间联系愈加密切，特别是经济全球化以及全球问题关涉各方共同利益，使得世界各地都成为"地球村"不可分割的有机组成部分。美丽中国建设目标是要使中国"美"起来，但是不能离开国际环境和国家之间的协作。中国"美"起来是全球"美"起来的重要组成部分，美丽中国建设将会为创建"美丽世界"做出重要贡献，同样，全球"美"起来可以为中国"美"起来提供良好的外部环境条件，有益于推进美丽中国建设的可持续性。全球治理，强调多元主体、多边参与、平等协商。全球性的环境危机需要各个国家携手才能共同完成，发展中国家与发达国家各有不同的利益关切，危机的解决需要各方共同协商、达成一致、共同应对。合作共赢是构建人类命运共同体的本质属性与基本特征，遵循"共同但有区别"的责任观、"义利相兼，义重于利"的义利观和"人类命运共同体"的价值观。

一　履行"共同但有区别"的责任观

共同但有区别的责任，是分配发达国家和发展中国家之间气候变化治理责任的基本原则①，亦即人类在保护地球资源环境时，需要在承认共同利益和共同责任的基础上，根据历史和现实情况在发达国家与发展中国家之间进行环境责任的合理分配。这一原则首次于 1972 年召开的第一届人类环境会议上提出，后于 1992 年联合国环境与发展大会上初步确立，而"共同但有区别"的概念则是 3 年后被写入《联合国气候变化框架公约》（以下简称《公约》），并在《京都议定书》（2005）、"巴厘岛路线图"（2007）、哥本哈根会议（2009）、坎昆会议（2010）、德班会议（2011）、多哈会议（2012）等多次国际性会议中得到重申与坚持。"共同但有区别"的责任原则被全球各国认可和接受，并最大限度团结各国加入到保护地球资源环境行动中，《公约》第四条指明其实质在于：发达国家应在承担共同责任方面起表率作用。之所以实行这种发达国家与发展中国家有区别的双轨制责任原则，旨在体现资源环境保护的实质正义，找到各个国家的公平和平衡，使各国都接受对于保护地球资源环境的责任。

各国履行共同但有区别的责任。这一原则包括共同的责任和有区别的责任两个方面。共同责任是目的，是每个国家都需要承担应对全球气候变化的义务和责任，其前提是地球是全人类的整体家园，全球生态环境事关人类社会的共同利益，全人类及其生存空间都是地球生物圈生命之网的不可分割的部分，任何国家、民族和种族都不可能独

---

① 王曦：《国际环境法》（第二版），法律出版社 2005 年版，第 108—110 页。

善其身，输出与转嫁环境污染属于自欺欺人的浅近行为。生态环境问题是全球性难题，保护生态空间需要全人类共同面对，需要共同提倡绿色生产与生活方式，致力于可持续发展的社会与文化转型。有区别的责任，是指各国承担共同责任的大小是"有区别的"，这是因为发达国家与发展中国家、大国与小国、能力强国与脆弱国家之间客观上存在差异，区别对待才能实现实质正义。"发达国家对全球环境的退化负有主要责任"（《北京宣言》），主要是基于三个方面的原因。一是历史责任。对于地球生态系统退化，主要是由于发达国家历史上特别是产业革命时期的巨额累积排放，以透支全球的资源环境作为代价，才有今天的经济优势与技术能力。在第一次工业革命和第二次工业革命时期，欧美经济强国是污染的主要排放国，"从西方工业革命开始的 1750 年前后到 1950 年的两个世纪里，人类由于石化燃料燃烧释放的二氧化碳总量中发达国家占了95%；从 1950 年到 2000 年一些发展中国家开始实现工业化的近 50 年中，发达国家的排放量仍占全球排放量的77%。"[1] 当前发达国家的经济体量以及环境污染问题，建立在掠夺殖民地半殖民地资源与能源的基础之上，它们承担主要的历史责任，应当率先承担减排的责任和义务。二是现实责任。当前全球环境问题主要地是由发达国家大量消耗自然资源和排放污染物造成的，据联合国的统计资料表明，在当今世界 62 亿人口中，占 15% 的少数富国人口

---

[1] 张莉：《发展中国家在气候变化问题上的立场及其影响》，《现代国际关系》2010 年第 10 期。

消耗全球 59% 的资源，而 40% 的穷国人口只消费全球资源的 11%[1]。就经济规模而言，少数发达国家拥有全球生产总值的 85%，是世界经济运行的主体。[2] 另据统计，仅美国人均每年排放 20 吨 CO_2 当量，分别是中国、印度和非洲的 4—5 倍、10 倍和 20 倍。发达国家总体上处于物质财富相对充裕，步入提高生活质量的发展阶段，全球气候变化主要是由于发达国家唯经济利益导向的生产方式和不可持续的"奢侈型"消费方式导致的，对生态环境恶化负有主要责任，理应率先减排，为解决好全球环境问题承担更多义务。三是道义责任。既然当代人因前代人污染生态环境而受益，就需要为前代人不当行为导致的后果承担相应责任。从治理环境的能力来看，发达国家掌握应对全球气候变化的更多的资金和关键性技术，而经济与技术力量是应对环境问题的物质基础和能力前提，发展中国家应对气候变化的能力较低，需要在发达国家技术和资金的扶持下采取适应或减缓气候变化的措施，如非洲大陆地区对于全球气候变化责任最小，对于应对气候变化的能力也最弱。"污染者付费"（当代人为过去和当前的污染排放付费）和"受益者补偿"（当代人为过去世代污染排放付费）都体现了"给不平等者以不平等"的理念，旨在实现环境问题上的实质正义。发达国家的碳排放经历了前期增长并逐

---

① 参见郭大本《世界可持续发展事业展望》，《黑龙江水专学报》2003 年第 4 期。

② 王晓丽：《共同但有区别的责任原则刍议》，《湖北社会科学》2008 年第 1 期。

步减少的抛物线趋势，发展中国家也需要有这样的发展过程。格罗斯曼和克鲁格提出的环境库兹涅茨假说，在一定程度上反映了经济增长和环境之间的关系[①]，即二者呈倒U形曲线关系。经济增长初期，环境污染随着经济收入水平的增加随之迅速增加；当经济发展达到去工业化，即达到一定的拐点之后，污染程度随着收入水平的增加而下降。二战后的第三次产业革命，西方发达国家随着产业结构的变化相继达到污染的拐点，整体呈现下降趋势，然而发展中国家却处在高排放高增长的时期。这是因为，发展中国家处在消除贫困与发展经济的阶段，碳排放是属于"生存型"的，与发达国家的"奢侈型"碳排放有本质的区别，也是因为发达国家趁发展中国家迫切发展本国经济的时机，肆意转移污染企业和行业，大大加重了发展中国家的环境污染。因此，要求发展中国家在环境保护责任的实现范围、时限、手段等方面承担与发达国家等同的责任，这就侵犯了发展中国家利益，尤其是最不发达国家和小岛国家的发展权和对于全球生态治理的平等参与权。因此，需要共同但有区别地对待，一方面，"发达国家应在解决本国环境问题的同时，向发展中国家提供新的、额外

---

① 该理论不能僵化地运用于经济发展与环境保护，收入或财富的增长并不一定有助于改善环境质量，只是一种先在的前提条件，习近平2006年在《破解经济发展和环境保护的"两难"悖论》中，反思了环境库兹涅茨曲线理论，认为"人均收入或财富的增长就自然有助于改善环境质量，因而对环境污染和生态破坏问题采取无所作为的消极态度"是错误的，最终会掉入"先污染后治理""边污染边治理"的泥潭。

的资金，并以优惠条件转让环境无害化技术"①，帮助发展
中国家加速改善环境和提高参与保护全球环境的能力。另
一方面，"尊重各国特别是发展中国家在国内政策、能力
建设、经济结构方面的差异……应对气候变化不应该妨
碍发展中国家消除贫困、提高人民生活水平的合理需求"②。
环境保护应与经济发展水平相适应，消除贫困、发展经济
是大多数发展中国家当前的首要任务，应充分考虑发展中
国家面临的债务、贸易、资金等领域的困难处境和发展经
济的合理需要，使经济增长、社会发展与环境保护协调发
展。要持续解决最不发达国家的贫困问题，因为约75%的
贫困人口生活在发展中国家的农村地区，他们的生计和就
业直接依赖自然资源，只有使越来越多的人摆脱贫困，全
球生态环境保护才能走上可持续的道路。

　　中国的大国责任担当。由于各国政策与贯彻机制层面
上"缺乏共识"，造成了国际社会对于"共同但有区别责
任"原则上存在"囚徒困境"。对此，中国表现了大国的
博大胸怀和责任担当。在G20峰会上，习近平主席指出，
"中方计划二〇三〇年左右达到二氧化碳排放峰值，到二
〇三〇年非化石能源占一次能源消费比重提高到百分之二
十左右。"③ 此外，"中国宣布建立规模为二百亿元人民币

---

　　① 《中华人民共和国可持续发展国家报告》，中国环境科学出
版社2002年版。
　　② 习近平：《携手构建合作共赢、公平合理的气候变化治理
机制》，人民出版社2015年版，第4页。
　　③ 习近平：《在出席二十国集团领导人第九次峰会第二阶段
会议时的讲话》，《人民日报》2014年11月17日第1版。

的气候变化南南合作基金，用以支持其他发展中国家"①。中国也是发展中国家，处于数千万贫困人口脱贫和持续发展经济以改善人民生活的发展阶段，无论从历史责任还是现实责任的角度看，中国都不同于发达国家所应当具有的强制性义务。然而，中国主动承担相应责任，在 2014 年携手西非国家抗击埃博拉疫情，先后派遣 1200 多名医护人员紧急驰援，提供价值超过 1.2 亿美元的援助，并提出到 2020 年实现碳强度比 2005 年降低 40%—45% 的目标，承担了符合自身国情与实际能力的国际责任。如果说，中国成功实现本国 13 多亿人口的减贫与生存问题，这本身就是对世界的巨大贡献，那么，在全球生态治理中，中国积极主动出资出力，参与制度规则的制定，表达中国主张，提出中国方案，推动世界的可持续发展，这无疑是中国在实现自身发展的同时对世界的又一重大贡献。中国既实现中华民族伟大复兴的"中国梦"，又携手各国人民实现人类命运共同体的"世界梦"，充分显示了中国作为世界大国的责任担当。

二　坚持"义利相兼，义重于利"的义利观

义利观，作为处理国际事务的价值观，表明了中国以什么样的身份、什么样的理念和行动参与国际事务，以什么样的姿态和在什么样的外部环境下建设美丽中国。义利观的基本要义是义字当先、义利并举。和平发展、绿色发

---

① 习近平：《在接受路透社采访时的答问》，《人民日报》2015 年 10 月 19 日第 1 版。

展是中国处理国际交往的价值理念，占据了国际合作的精神高地。以义为先，但不放弃核心利益，坚持正确义利观与维护国家的核心利益并不冲突，是一致的。中国以"真实亲诚"理念处理中非关系，以"亲诚惠容"理念处理与周边国家的关系，义利观念面向的对象主要是发展中国家，加强南南合作，积极应对气候变化，实现了义利结合与利益共赢。

义利观的传统文化渊源。中国有"尚和合"的文化传统，秉持"义利合一"的价值取向。《周易·干卦·文言》云："利者，义之和也。"利，可分为物质之利和精神之利。义利之辨，是仁义道德之公正大义与不仁不义的辨别，实际上既是仁义道德之公益与不仁不义邪曲私利的辨别，又是获取名利是否符合善的正当性的问题。对于"义"与"利"，孔子的"君子喻于义，小人喻于利"（《论语·里仁》），对于君子与小人的目标取向做了区分；以此作为尺度，当子路问到君子是否"尚勇"的时候，孔子的回答是："君子义以为上。君子有勇而无义为乱，小人有勇而无义为盗。"（《论语·阳货》）孔子把行"义"作为判别行为是否恰当的尺度和准绳。孟子继承了孔子的思想，提出了"何必曰利？亦有仁义而已矣"的命题。在"不义而富且贵，于我如浮云"（《论语·述而》）的基础上，孟子进一步发展为"舍生而取义"（《孟子·告子上》），即面对生与义不可得兼的情况，人有自由选择的权利，则应毫无疑问地选择"义"，在利与义的目标取舍上进行认定。荀子认为，在上者要贵义、敬义，否则在下者就会有"弃义之志而有趋奸之心"（《强国》），说明了

"义"的重要引领作用。荀子提出了公义的观念，释明"公义明而私事息"（《荀子集解》），强调"以义制利"（《荀子集解》）。荀子认为，在上者要贵义、敬义，否则在下者就会有"弃义之志而有趋奸之心"（《强国》），说明了"义"的重要引领作用。儒学主要是从私利角度来看待义与利，认为二者不是截然对立的，不是不要"利"，而是标举以义为先、见利思义、以义制利，把"利"作为"义"的手段，进而义以生利。墨家认为"兼相爱、交相利"（《墨子·兼爱下》），从公利角度，要求义利并重，其"义，利也"（《墨子·经上》），体现了义利合一，以利为本，义利并举。在传统文化义利之辨的理念下，中国出现了汉代张骞出使西域，唐朝"丝绸之路"的繁盛，郑和七下西洋而不霸的历史史实，及至新中国成立之初提出"和平共处五项原则"，都表现了中国传统文化"义利合一"的义利观，即在义与利的取舍上要取利有道，就是孟子讲的天下"大道"，唯以利交，利尽人散；以势交，势去崩塌；以义交，成就长远。在处理义利的关系上，西方国家秉持"只有永恒的利益，没有永远的朋友"的理念，部分国家更是坚持以邻为壑、损人利己、零和博弈的思维理念，动辄发动战争，攫取资源与能源等霸权与利益。当前，中国宣布"无论发展到什么程度，永远不称霸，永远不搞扩张"[1]，这是长期以来中华民族"和

---

① 习近平：《决胜全面建成小康社会　夺取新时代中国特色社会主义伟大胜利——在中国共产党第十九次全国代表大会上的报告》，人民出版社 2017 年版，第 59 页。

合"文化理念的继承与发展，更是中国的社会主义制度的现实体现，超越了利益至上与零和博弈的霸权逻辑。

义利观的新时代特质。习近平的义利观，义是指"共产党人、社会主义国家的理念"，利是指互利共赢，不搞我赢你输，不是零和博弈，而是正和博弈，实现双赢，有时要重义轻利、舍利取义，绝不能唯利是图、斤斤计较。①重视责任和道义，而这个"道义"已经不仅仅局限于传统意义上的使用，而是具有社会主义的意识形态和价值追求，对于"利"的认识，也不仅仅局限于私利的范畴，而是上升到国家与民族的层面，上升到全人类的层面，这就远远超越了传统义利观的范畴和特征。当今世界，经济全球化、区域一体化的世界历史理论和历史趋势告诉我们，任何一个国家的发展都不是孤立的，世界正在变成一个你中有我、我中有你、国家间利益休戚与共的关系，要么一损俱损，要么义利兼得、义利共赢。2014 年 7 月 4 日，习近平在韩国首尔大学演讲中提道"国不以利为利，以义为利"②，在同年 11 月的中央外事工作会议上，全面阐释了"正确义利观"，同发展中国家交往要义利兼顾，凸显四个"义"字，即讲信义、重情义、扬正义、树道义，意在实现发展中国家的政治平等、经济共赢、共同发展。人与人之间要讲求信义，"人而无信，不知其可也"（《论语·为

① 王毅：《坚持正确义利观 积极发挥负责任大国作用》，《人民日报》2013 年 9 月 10 日第 7 版。
② 习近平：《共创中韩合作未来 同襄亚洲振兴繁荣——在韩国国立首尔大学发表重要演讲》，《人民日报》2014 年 7 月 5 日第 2 版。

政》），民无信不立，对于国与国之间的关系，更是要以信义为先。中国与广大发展中国家一起"抱团取暖"，共同参与国际事务，共同建立国际经济政治新秩序，这种情义有着历史的渊源。为发展中国家仗义执言、伸张正义，在处理国际问题上推进国际关系民主化，这就是弘扬并维护世界和平与发展的国际正义。在义与利的取舍上要取利有道，就是孟子讲的天下"大道"，世界性大国与强国要讲国际责任与道义，推动建设人类命运共同体具有思想引领的作用。我们在这里讲"义"，是利他的伦理，利是互利，是双赢共赢，我们建设美丽中国，实现中华民族伟大复兴，走的是和平发展的道路，中国不走国强必霸的西式道路，不会将本国的污染转移至经济较为落后的发展中国家。新时代的"义利观"把中国的自身发展与本国利益同整个发展中国家的发展与整体利益紧密相连，旨在打造新时代南南合作的共赢价值理念，提升了中国与发展中国家友好相处、共同发展的新境界。

新时代"义利观"的责任与底线。党的十八大以来，中国明确提出把正确义利观作为构建与处理与周边国家、新兴国家及广大发展中国家合作的基本原则，强调以义为先、义利兼顾，"只有义利兼顾才能义利兼得，只有义利平衡才能义利共赢"①。在新时代义利观的正确指导下，中国积极推动对发展中国家的投资，并设立"南南合作援助

---

① 习近平：《共创中韩合作未来　同襄亚洲振兴繁荣——在韩国国立首尔大学发表重要演讲》，《人民日报》2014年7月5日第2版。

基金",20 亿美元的首期基金,并力争在 2030 年达到 120 亿美元[1],用于帮助其他发展中国家解决民生、减贫和发展等现实问题。亚洲基础设施投资银行于 2016 年 1 月 16 日开业,助力进行"一带一路"建设,中国欢迎"一带一路"周边国家搭乘中国发展的便车共同发展。中国建设坦赞铁路与非洲联盟会议中心,推动叙利亚问题的政治解决进程,深度参与伊朗核问题谈判,建设性地参与非洲国家的和平与安全事务,体现了中国作为负责任大国的人道主义情怀。同时,中国时刻坚持捍卫国家核心利益这一底线思维。从宏观与微观的层面看,既要有必要的企业收益,更要赢得国家层面的好口碑、好名声;予与取的层面,容许搭快车,多予少取;短期与长期层面,义为长期,利为短期。同时,合理把握好二者的"度",讲求义在利先,但不会一味强调义而放弃利,要讲求义利平衡。习近平指出:"中国决不会以牺牲别国利益为代价来发展自己,也决不放弃自己的正当权益,任何人不要幻想让中国吞下损害自身利益的苦果。"[2] 不同于历史上强国崛起的惯性做法,中国的发展不搞殖民扩张,不搞强权霸权,但是也不会再丝毫让渡本国的核心利益,这是基本的底线。

一枝独秀不是春,百花齐放春满园。中国倡议的"一

———————

① 习近平:《谋共同永续发展 做合作共赢伙伴》,《人民日报》2015 年 9 月 27 日第 2 版。

② 习近平:《决胜全面建成小康社会 夺取新时代中国特色社会主义伟大胜利——在中国共产党第十九次全国代表大会上的报告》,人民出版社 2017 年版,第 59 页。

带一路"不是中国一家的独奏，而是沿线国家的合唱①，是要与周边其他国家共同发展共同繁荣。以利交，利尽人散；以势交，势去崩塌；以义交，成就长远，只有坚持正确的义利观，才能扩展并拥有长久的朋友圈，从而与各国共同应对风险与挑战，共渡难关。

三 遵循"人类命运共同体"的价值观

构建人类命运共同体，是《威斯特伐利亚和约》、《联合国宪章》与和平共处五项原则在新时代的新发展。对于全球治理，习近平 2017 年在联合国日内瓦总部提出了"中国方案"，即"构建人类命运共同体，实现共赢共享。"② 党的十九大报告指出："构建人类命运共同体，建设持久和平、普遍安全、共同繁荣、开放包容、清洁美丽的世界。"③ 旨在维系共同利益，建立共同价值，履行共同责任，达到世界关系的普遍化多样化发展。

尊重共同利益。全球化背景下，共同面对恐怖主义、气候变化、经济发展、粮食安全、网络安全等全球难题是各国的共同利益与整体利益，在这些共同关心的问题上，各国休戚与共、相互依存、共生共荣，具有连带效应。全

---

① 习近平：《迈向命运共同体 开创亚洲新未来》，《人民日报》2015 年 3 月 29 日第 2 版。

② 习近平：《共同构建人类命运共同体》，《人民日报》2017 年 1 月 20 日第 2 版。

③ 习近平：《决胜全面建成小康社会 夺取新时代中国特色社会主义伟大胜利——在中国共产党第十九次全国代表大会上的报告》，人民出版社 2017 年版，第 58—59 页。

球化的历史经历了历史性变化，由葡萄牙、西班牙的军事占领掠夺，到英法等划分势力范围进行殖民掠夺，及至美国利用资本、技术和市场优势倡导世界市场和消费主义，这些都是不平等的非正义体系。中国与世界的关系正在发生深刻的变化，在以美国为主导的全球化框架下，由世界经济的依附者变为发起者，由国际体系的旁观者、游离者变为国际体系变革的推动者，由国际规则的被动接受者变为制定规则的贡献者，中国倡导的"人类命运共同体"，不是殖民掠夺的思维模式，也不是零和博弈的思维模式，而是和平发展、合作共赢、互惠互利的思维模式。中国倡导建立政治平等、经济共赢、文化互鉴、国际安全、构建和谐的国际新秩序，就是站在人类命运共同利益的基础上，超越狭隘的国家主义的短视利益观，维护各国的核心利益和合理关切，以公平正义为基础平衡各方利益，定分止争，求同存异，最大公约数地解决争端，避免"公地悲剧"弊端。

建立共同价值。世界不是"非黑即白"，而是在有序竞争中合作，在相互依存中包容发展。习近平指出，追求"和平、发展、公平、正义、民主、自由，是全人类的共同价值"①。关于共同价值，有马克思的共同体思想对于人类社会的"三形态"理论和"真正的共同体"的论述；有中国传统文化的"大同"思想，有"天下一家""协和万邦""和合共生"的思想理念；有新中国成立以来的外交

---

① 习近平：《携手构建合作共赢新伙伴　同心打造人类命运共同体》，《人民日报》2015 年 9 月 29 日第 2 版。

实践，如和平共处五项原则和建立国际政治经济新秩序。人类文明没有高低优劣之分，不同文明成果"你中有我，我中有你"，兼收并蓄，丰富多彩，融合创新。人类作为一个整体，需要超越西方中心主义的话语框架，充分贯彻《联合国宪章》的宗旨原则，建立一种跨越文明隔阂的合作共赢的世界秩序，共同"保护好人类赖以生存的地球家园"。人类命运共同体作为"大集体"的价值取向，应当减少东西方分歧，超越意识形态差异，倡导世界的多元多样，达成全球共识。

履行共同责任。解决全球问题只有凝聚全球力量，集体一致行动才是出路，因此要建立责任共同体，命运与共、风雨同舟、和衷共济。"从利益共同体到命运共同体，再到责任共同体的转变，是全球共治理论假定的一个重要特征。"① 当前，弥补和平赤字、发展赤字与治理赤字成为共同的责任。世界失序、资本扩张是其制度根源，自由主义是其人性根源，西方中心论是其理论根源。② 哈佛大学学者格拉汉姆·阿里森认为，从 16 世纪上半叶到现在的近 500 年间，在 16 组有关"崛起大国"与"守成大国"的案例中，其中有 12 组陷入了战争之中，只有 4 组成功逃脱了"修昔底德陷阱"。③ 2015 年 9 月习近平访美时指出，

①　于潇、孙悦：《全球共同治理理论与中国实践》，《吉林大学社会科学学报》2018 年第 6 期。

②　赵欢春：《"人类命运共同体"思想的哲学意蕴》，《江苏社会科学》2018 年第 5 期。

③　参见易化《中美关系：跨越"修昔底德陷阱"》，《大江南北》2016 年第 12 期。

世界上本无"修昔底德陷阱",但大国之间一再发生战略误判,就可能自己给自己造成"修昔底德陷阱"[①],太平洋足够容纳两个大国同时生存与发展。我们要避免落入所谓守成大国与新兴大国激烈对抗的话语陷阱。中国和美国作为世界上最大的发展中国家和发达国家,应当承担力所能及的大国责任,展现大国应有的国际责任担当,倡导和平、绿色的国际发展,寻求全人类永续发展的最大公约数。

共商共建共享的全球治理理念。共商共建共享是人类命运共同体的本质属性,针对各国因价值理念、思想认识的不同对全球共同治理问题上产生了不协调的现实情况,习近平提出,"中国秉持共商共建共享的全球治理观"[②],"只有共商共建共享,才能保护好地球,建设人类命运共同体"[③]。"共商共建共享"绿色治理理念,意在遵循和而不同、平等协商、互利共赢,形成全球治理的"共同方案"。一是发展共商。地球是人类共有的家园,地球命运应交由各国共同掌握,人类的命运前途需要各国共同协商,国家不分大小强弱,应有话语权、

---

① 邓子纲、贺培育:《论习近平高质量发展观的三个维度》,《湖湘论坛》2019 年第 1 期。

② 习近平:《决胜全面建成小康社会 夺取新时代中国特色社会主义伟大胜利——在中国共产党第十九次全国代表大会上的报告》,人民出版社 2017 年版,第 60 页。

③ 习近平:《从巴黎到杭州,应对气候变化在行动》,《习近平二十国集团领导人杭州峰会讲话选编》,外文出版社 2017 年版,第 17 页。

参与权、建设权，不搞绿色霸权，不厚此薄彼，不利此损彼。二是生态共建。跳出资本逻辑的窠臼，突破赢者通吃、零和博弈的怪圈，形成资源分配和成本分担机制，使各参与主体根据其力量分担治理成本，并分配与其自身相匹配的公共产品。地球需要全人类共同呵护，任何一个国家、民族、企业损害地球的行为最终会让所有的人遭受损失，建设好地球需要群策群力，需要共同制定国际规则，共同治理全球事务，尽量避免"公地悲剧"和"邻避困境"的困局，提升地球公民的生态素养和全局观念。三是成果共享。地球的资源能源，要能较为均衡地满足地球公民的基本需要。同代之间，各个民族和国家都有权利让本国民众发展经济，过上美好的生活，共享人类发展的成果；代与代之间，不能因本代的"奢侈"生活需要而影响下一代的正当生活需求；每一个国家、民族和公民也有义务维护地球生态平衡，以便更好地享有自然的馈赠。中国改革开放40多年的长足发展，得益于融入世界共同体之中，从而有益于自身的改革提升与发展进步。中国倡导的合作、共建、共赢的"一带一路"是绿色共享之路，是希冀各周边国家搭乘中国的顺风车，在"亲诚惠容"的原则下合作共赢，共同发展。

大道之行也，天下为公。唯有"众行"方能致远，全人类利益与共、责任与共、命运与共，构建人类命运共同体，就是中国希望自己发展好，也希望他人发展好。有学者指出，要"不分种族、国家和信仰，认同并维护所有人的平等和生命尊严，建立人类内部的公正和文明秩序，保护自然生态的平衡"①。对此，需要释明中国立场，讲好中国故事，建设"和而不同"的"大同世界"与清洁美丽的"绿色世界"，走永续发展之路。

第三节　美丽中国建设的生存发展之维

美丽中国建设是新时代中国特色社会主义建设的主要任务之一。在新时代与全球生态共治的维度，呈现了时代性与过程性相统一、民族性和世界性相统一、实践性与理论性相统一的基本特征。

一　时代性与过程性的统一

美丽中国建设具有时代性。首先是新时代提出新的时代课题。现今时代与先前时代的不同之处在于，当前要建设的美丽中国，其坐标是站立在全面建成小康社会目标已经实现，开始第二个"百年"奋斗目标和"三步走"中第三步分作"两个阶段"的新征程中，是在社会主义初级阶段的总体时空且其社会主要矛盾的表现形态发生了重大变化的时代，处于人民群众对于生活需求的质量提档升级、国际国内形势与全球生态环境危机呈现新的挑战与机遇的时代条件下，具有明晰的新时代特征。习近平同志在省部级主要领导干部学习贯彻党的十九届五中全会精神专题研讨班在指出，我们已经"进入了一个新发展阶段"，"新发

---

① 张曙光：《"类哲学"与"人类命运共同体"》，《吉林大学社会科学学报》2015 年第 1 期。

展阶段是社会主义初级阶段中的一个阶段，同时是其中经过几十年积累，站到了新的起点上的一个阶段。新发展阶段是我们党带领人民迎来从"站起来"、"富起来"到"强起来"历史性跨越的新阶段"。其次，美丽中国建设是解决新时代任务的重要举措，具有复杂性、紧迫性与现实性。美丽中国建设回答了新的时代之问，是应中国新时代面临的现实问题而生的，旨在解决新时代的任务，是整个中国特色社会主义建设实践中重要的一环。中国面临宏观的重大时代问题、中观的基本问题和微观的具体问题，这就既需要不忘初心实现本国的绿色、可持续发展，还要为世界发展贡献中国智慧、提供中国方案。具体来看，经济方面，新常态换挡升级；政治方面，实现国家治理现代化；文化方面，意识形态领域激烈交锋；社会方面，矛盾叠加问题频发；生态方面，环境问题成为制约经济、政治、社会发展的重大现实问题；国际方面，美国等发达国家对新兴大国的制衡等。在这些矛盾与对立之中，"人民群众对美好生活的需要"同"不平衡不充分的发展"之间的矛盾构成了我国当前面临的各种社会矛盾中的主要矛盾，"不平衡不充分的发展"是主要矛盾的主要方面，只有抓住并解决了"不平衡"与"不充分"发展这一"牛鼻子"，方能掌握发展的主动权。正是回应时代问题的实践呼唤，美丽中国建设理论应运而生。时代的进步不断地向人类提出新的问题和任务，时代需要回答"什么是社会主义，怎样建设社会主义"，邓小平理论应势而生；时代需要回答"建设什么样的党，怎样建设党"，"三个代表"重要思想做出回答；时代需要回答"实现什么样的发展，怎样发展"，科学发展观成为行动指南。中国特色社会主义建设进入新时代，需要回答"新时代坚持和发展什么样的中国特色社会主义、怎样坚持和发展中国特色社会主义"①，习近平新时代中国特色社会主义思想诞生。时代性是美丽中国建设的首要特征。

美丽中国建设具有过程性。经过毛泽东、邓小平、江泽民、胡锦涛一代代领导人的接力奋斗，美丽中国建设思想经历了逐步发展的过程，逐步演变为"五位一体"的总体布局，是一个逐步迈进现代化强国的历程和革命运动。毛泽东领导的新民主主义革命和社会主义革命及建设时期，国家与社会生活的主基调是救亡图存和社会主义制度的建立，十一届三中全会"拨乱反正"，纠正了社会主义建设实践中所出现的各种曲折和错误，从党的十二大到十九大，主题一贯是如何建设好"中国特色社会主义"。在"现代化强国"这一主基调下产生了流变的过程：由毛泽东时期的由落后的农业国转变为工业国到邓小平时期的强调物质文明、精神文明"两手抓""两手都要硬"，江泽民时期倡导物质文明、政治文明、精神文明"三位一体"，2005 年胡锦涛发表的《构建社会主义和谐社会》中提出经济建设、政治建设、文化建设、社会建设"四位一体"；党的十八大报告提出，生态文明融入经济建设、政治建设、文化建设与社会建设"五位一体"的总体战略布局。

---

① 习近平：《决胜全面建成小康社会　夺取新时代中国特色社会主义伟大胜利——在中国共产党第十九次全国代表大会上的报告》，人民出版社 2017 年版，第 18 页。

我们讲，要把生态文明建设融入经济政治文化社会"四位一体"建设的全过程，要把"绿色"发展作为新发展理念的重要一环提取出来。党的十九大报告把"美丽"作为建设现代化强国的重要目标补充进来，就是因为中国"不美丽"的现实问题已经成为影响中国走向强国的"瓶颈"，中国要跨越"中等收入陷阱"，要到21世纪中叶完成强国目标，需要集中精力解决好新时代的新问题。党的十九届四中全会把"生态文明制度体系"列为国家治理体系的重要组成部分，而十九届五中全会提出"建设人与自然和谐共生的现代化"。美丽中国建设是中国特色社会主义建设实践中的重要一环、关键一招。

美丽中国建设是时代性和过程性的统一。在中国现代化建设的过程中，既要看到时代问题对于我们建设美丽中国的历史必然性，还要看到理论自身发展的价值合理性。正如马克思曾在致斐迪南·多梅拉·纽文胡斯的信中讲道："在将来某个特定的时刻应该做些什么，应该马上做些什么，这当然完全取决于人们将不得不在其中活动的那个既定的历史环境。"① 美丽中国建设的理论与实践，遵循"社会主要矛盾—时代课题—主要任务—历史使命"的逻辑演进变化过程，我们需要掌握好"变"与"不变"的辩证法。"变"，是说需要解决的实际问题因社会主要矛盾之变化而发生相应的变化，当前我国处在中华民族伟大复兴与建设中国特色社会主义新的发展阶段上，这是时代赋予

① 《马克思恩格斯文集》第10卷，人民出版社2009年版，第458页。

我们的历史使命,是与之前的历史时期不同的独特之处。"不变"是指长期以来需要解决的现实问题不变,社会主义初级阶段这一长期的历史阶段需要解决的总的课题不变,总体的大方向依然是完成中华民族伟大复兴与建设中国特色社会主义的历史使命,把中国建成富强民主文明和谐美丽的现代化强国。

二 民族性与世界性的统一

我们要建设的美丽中国是立足中国实际的,具有鲜明的民族特色,是马克思主义生态文明思想在新时代中国的伟大实践。美丽中国建设是在改革开放40多年以来的中华大地上,是以马克思主义为指导思想的百年大党建设社会主义生态文明道路的中国,是在走向新中国成立百年的现代化强国的中国,是绵延不断的五千年中华文明的文化基因的土地上搞建设的中国所进行的伟大奋斗目标。因此,要按照中国元素来建设符合中国人民气质与禀赋的美丽中国。当然,我们不能关起门来搞建设,我们要建设的美丽中国是开放性的,中国是在经济全球化的大环境中搞建设,中国作为全球第二大经济体,作为制造业门类最齐全的最大发展中国家,作为"中国制造"走向全球的大国,仅仅"低头拉车"已经是不可能的了,我们需要把美丽中国建设放在联系的而不是孤立的、系统的而不是零散的、立体的而不是平面的视角中来搞。一个国家不能独存,更不能独自发展,一个大国在走向强国的征程中更不能像一汪小池塘一样生存,而要有大海的胸襟和海纳百川的气度和格局。能否建设好美丽中国,也是一个在开放性的世界中充分发掘好、运用好中国元素、中国智慧的现实问题。

中国哲学讲求"天人合一"的宇宙本体论和整体观。这是中国传统文化的主流和根脉,"三才论"对于人的"生生"职责与"延天佑人"的界分,强调遵从天道生成万物,讲求仁民爱物、万物一体,注重节俭适度、知行合一等,逐渐成为走出西方学者"主客二分"思维传统,走向人与自然和谐共生的宝贵思想来源,我们更当发掘这一知识的宝藏。经过五千年的演化,"两山论""生命共同体"的系统治理和绿色丝绸之路的"一带一路"等,是马克思主义的方法论与中华优秀传统文化相结合在当代中国实践的具体体现,在中国建设美丽中国,客观上需要中国思想元素的智慧,盲目"他求"的做法,无异于是"端着金碗讨饭吃"的愚蠢做法。当然,中国的传统文化,由于产生在农耕文明的土壤里,不能不加甄别地全部移植到当前的美丽中国建设上,需要以开放的视角反思和扬弃传统文化,去其粗而取其精、去其糟而存其真,实现传统文化中的优秀元素走进人们的心中,体现在人们的行动上,并走进世界人民的视野中。中国优秀的传统文化基因,也应当在世界舞台上绽放智慧的光芒,成为指导美丽中国建设的有益思想成果。

三 实践性与理论性的统一

美丽中国建设首先是一种实践活动,具有实践性。在当代中国,物质生产生活中资本逻辑与物质主义导致人与自然、人与人关系的异化,导致科技、消费理念等异化问题显现。美丽中国建设的提出，具有强烈的问题意识和问题导向，其实践指向就是变革不合理的现实。从实践上看，改革开放40多年的迅速发展积累的生态环境问题已经凸显出来，成为制约经济、政治和社会发展的"瓶颈"，解决生物多样性减少、环境污染与资源能源危机亟待提上议事日程。现阶段中国需要破解的现实难题是：绿色发展的中国道路走向强国目标，需要有绿色GDP的评价指标、绿色科技的知识支撑、社会和谐共济齐心向上等实践战略。从环境问题的表面来看，有污染企业的排污、大量车辆尾气的排放等。实质上，则是发展结构、社会动力机制的度量等问题，更深层的是人与自然关系背后的人与人、人与自身的关系问题。人是其生存环境的污染或保护的主体，人的需要分为低级的和高级的需要、物质的和精神的需要、现实的和长远的需要、个人的和整体的需要，不同的需要背后隐藏着复杂的利益关系，因此，法律法规、道德习俗等手段的约束与调节就显得至关重要。人与自然的关系，说到底还是人与人的关系，因而生态道德作用的对象不是"物"，而是"人"。只有解决好人与人的关系，才能解决好人与自然的关系；只有解决好节制人的过度需求问题，才能解决好生态环境日益恶化的问题。[①] 问题的解决要在产生问题的原因中寻求，主要的是在中国特色社会主义实践中寻求并加以解决。所以，清晰了解中国现时代的国情与现实实践，是建设美丽中国的根本前提。

当然，解决好实践的问题，还需要清除理论上的障

---

① 陈寿朋：《生态道德建设浅议》，《求是》2005年第14期。

碍，需要有清晰的理论支撑。在《关于费尔巴哈的提纲》中，马克思提出了"革命的"实践观，"哲学家们只是用不同的方式解释世界，问题在于改变世界"①。当然，不是说不用"解释"世界了，而是说要在解释的基础上，更加凸显"改变"世界的积极意义。"解释世界"是为了更好地"改变世界"，解释世界是改变世界的基础和前提，改变世界是解释世界的目标指向与依归。"解释世界"是理论构建，"改变世界"是现实实践。人的实践活动既是改变自然物以适应人的需要，更是改变人自身的自然，达到人与自然的融合和变化互动。对于自然主义或自然唯物主义（旧唯物主义）来说，解释世界的过程与"感性的活动本身"是无涉的，如果仅仅停留在"直观的形式去理解"②，就阻断了"解释世界"与"改变世界"的桥梁。同时，唯心主义却是"抽象地发展"了能动的方面，把活动作为精神主体的纯粹的理论活动。不同于费尔巴哈把理论的活动视为人的真正活动，没有上升到感性的人的活动的"革命性"实践的层面，马克思主义的实践唯物主义从本体论的角度看待理论与实践的辩证关系，立足于"现实的人"的感性的活动，以物质实践作为出发点去理解社会与自然的关系，创立了唯物主义历史观，提供了一套现实地改变世界的可行方案，是实践性与理论性的辩证统一，

---

① 《马克思恩格斯文集》第 1 卷，人民出版社 2009 年版，第502 页。

② 《马克思恩格斯文集》第 1 卷，人民出版社 2009 年版，第499 页。

是理论的科学性与实践的革命性的辩证统一，实现了唯物主义自然观与历史观的辩证统一。中国化的马克思主义的理论体系充分领会了马克思主义的实践思想，体现了实践性的基本特征，即实践塑造着人的自然属性，支配人类进化的方向，使人的自然需求的对象、内容等赋予了属人的性质；实践生成着人的社会属性，现实的社会关系是在实践中形成与发展起来的，"表现为双重关系：一方面是自然关系，另一方面是社会关系"① 的思想。实践生成人的精神属性，构成人的存在方式，是人的生命之本，把人的目的、能力与知识对象化为属人的客观实在的世界。美丽中国建设作为新时代的伟大实践，充分体现了马克思主义的实践性和理论性的高度统一。因此，建设美丽中国既是实践的问题，也是理论的问题。

---

① 《马克思恩格斯文集》第 1 卷，人民出版社 2009 年版，第 532 页。

第二章

美丽中国建设的主要内涵

概念、范畴是人类理论和认识之网上的纽结，牵一发而动全身，本书需要对"美""美丽""美丽中国"进行全面界定。首先需要明晰"美""美丽"的稳定内核及其本初内涵与语用变迁。正如黑格尔强调的："精神的运动就是概念的内在发展：它乃是认识的绝对方法，同时也是内容本身的内在灵魂。"① 本书回到马克思主义经典文本找到其定义的理论依据，并按照科学原则完成美丽中国概念的推演。新的概念、范畴的确立，是认识深化过程的凝结，需要遵循历史主义原则，全面具体地探寻概念的本质，以求得概念的稳定性与流变性的辩证统一。

第一节 "美"的语义学与语用学分析

从字面上看，"美丽中国"是由"美丽"这个形容词与"中国"这个名词组合而成的偏正词组。从静态的角度看，

---

① ［德］黑格尔：《逻辑学》，商务印书馆 1966 年版，第 5 页。

我们首先需要追溯"美"与"美丽"的语义学定义，找寻原始含义及其稳定的内核。从动态的角度看，则需要掌握概念在中外古今的实际用法，全面具体地把握其内涵意蕴。

一　关于"美"与"美丽"的语义学分析

汉语释义中的"美"与"美丽"。在《辞源》中，对"美"的解释有甘美、美好、善与赞美。"美丽"，是好看的意思，犹俗言漂亮。《战国策·齐一》："城北徐公，齐国之美丽者也。"汉王充论衡佚文："天文人文，文岂徒调墨弄笔为美丽之观哉！"① 在这里，谈论人的相貌美丽与感受到的美好情状，主要取"美好"之意。在《古代汉语词典》中，对"美"的解释有，味美、甘美，美丽、漂亮，善，美好的人或事物，赞美、以为美。② 这与《辞源》的解释颇为类似。汉代许慎在《说文解字》中的解释是："美，甘也。从羊从大，羊在六畜，主给膳也。美与善同意。"宋代徐铉对此的注解是"羊大则美"，以肥大的羊为"美"，显现的是"美"的实用价值，故"美"与"善"同义。经过历史的使用与变迁，"美""美丽"的概念也在发生具体的变化。在《现代汉语辞海》中，对"美"的解释有：好看，看了使人感到愉快；使事物变美；好的，令人满意的；非常满意。而对"美丽"的解释是，形容十分好看，如美丽的景色、美丽的容貌。③ 在《汉语大词典》

---

① 《辞源》，商务印书馆1979年版，第2492—2493页。
② 《古代汉语词典》，商务印书馆1998年版，第1044页。
③ 《现代汉语辞海》，光明日报出版社2002年版，第766页。

中，"美"的释义有：美丽、美观，滋味甘美可口，善、好，美好的人或事物，称美、赞美，擅长。① 对"美丽"的释义有二。一是指美好艳丽，好看。《荀子·非相》："今世俗之乱君，乡曲之儇子，莫不美丽、姚冶，奇衣、妇饰，血气、态度拟于女子。"三国魏曹植《七启》："昔枚乘作《七发》，傅毅作《七激》，张衡作《七辩》，崔骃作《七依》，辞各美丽，余有慕之焉。"《南史·韩子高传》："年十六为总角，容貌美丽。"二是指美女。唐沈既济《任氏传》："崟姻族广茂，且夙从逸游，多识美丽。"宋吴曾《能改斋漫录·方物》："绿珠本梁氏子。今有绿珠水，相传水旁间产美丽。"② 因此，在现代的使用中，更侧重于视觉意义上的美和感知意义上的对人或事物的美好感觉的表达。

英语释义中的"美"与"美丽"。西方英语国家对"美""美丽"的使用通常为"Beauty"和"Beautiful"，中国官方将"美丽中国"译为"Beautiful China"。《牛津英语词典》对于"Beautiful"的解释有：（1）Excelling in grace of form, charm of colouring, and other qualities which delight the eye, and call forth admiration; （2）Affording keen pleasure to the senses generally, especially use the word is often applied to anything that a person likes very much; （3）Impressing with

---

① 《汉语大词典》第十二卷（下），汉语大词典出版社2001年版，第158页。

② 《汉语大词典》第十二卷（下），汉语大词典出版社2001年版，第164页。

charm the intellectual or moral sense, through inherent fitness or grace, or exact adaptation to a purpose; (4) Relating to the beautiful. 对于"Beauty"的解释有: (1) The qualities in a person or thing that give pleasure to the senses or pleasurably exalt the mind or spirit; loveliness; (2) A beautiful person or thing; esp a beautiful woman; (3) A brilliant, extreme, or conspicuous example or instance; (4) A particularly advantageous or excellent quality. ①《朗曼简明英语词典》对于"Beautiful"的解释有: (1) Having qualities of beauty; exciting aesthetic pleasure or keenly delighting the senses; (2) Generally pleasing; excellent. 对于"Beauty"的解释有: (1) The qualities in a person or thing that give pleasure to the senses or pleasurably exalt the mind or spirit; loveliness; (2) A beautiful person or thing; esp a beautiful woman; (3) A brilliant, extreme, or conspicuous example or instance; (4) A particularly advantageous or excellent quality. ②《韦伯英语词典》对于"Beautiful"的解释有: (1) Full of beauty; (2) Having the qualities which constitute beauty. 对于"Beauty"的解释有: (1) The quality which makes an object seem pleasing or satisfying in a certain way; those qualities which give pleasure to the esthetic sense, as by line, color, form, texture,

---

① *The Oxford English Dictionary* (*VOLUME* I), Oxford University Press, 1978, p. 744.

② *Longman Concise English Dictionary*, Longman Group Limited, 1985, p. 117.

proportion, rhythmic motion, tone, etc. , or by behavior, attitude, etc. （2）A particular grace, feature, or ornament; any particular thing having this quality; （3）Any very attractive feature; （4）A beautiful person, especially a beautiful woman; collectively; （5）Good looks; （6）Fashion. ①《韦伯新国际词典》（第三版）对于"Beautiful"的解释有：（1）Marked by beauty; （2）Attractive or impressive through expressing or suggesting fitness, order, regularity, rhythm, cogency, or perfection of structure; （3）Generally pleasing. 对于"Beauty"的解释有：（1）Extreme physical attractiveness and loveliness; （2）Perfection that excites admiration or delight for itself rather than for its uses. ② 通过较权威的4本英文词典的解释，我们可以看到，"Beautiful"（美丽）和"Beauty"（美）虽词根相同，但对其释义均是分开进行的，在意义的取向上有较大的差别。对于"Beautiful"的解释，侧重于其美的内在品质、强烈的愉悦感、令人愉快、引人注目等方面。而对于"Beauty"，则侧重于从强烈愉悦感的品质或品质组合、美的流行时尚或者流行标准、美的人或事物（尤指漂亮的女人）、具有吸引力的特征（可爱）、因其本身而非其用途的完美等方面加以定义。因此，我们大致可以确定西方英语国家将"Beautiful"（美丽）和"Beauty"（美）的主要界

---

① *Webster's Dictionary of the English Language*, William Collins Publishers, Inc. 1979.

② *Webster's Third New International Dictionary*, G. & C. MERRIAM COMPANY, Publishers, 1976, pp. 194 – 195.

定为令人愉快的内在品质、强烈的美感、引人注目的特征。

　　总体来看，中外古今对"美""美丽"的界定，在内核方面是较为一致的，都有形容人的貌美、美的感觉和美的事物，指称的是主体对客体的美好情状的直观感受。透过不同的侧面、不同的程度上的使用情况，中西方各产生了大量的派生意义，透过其引申意义，我们会发现，对于"美""美丽"概念，西方英语国家侧重其"品质"特征，中国则倾向其"善"的语义。中国古代最早从哲学意义上给"美"下定义的是春秋战国时期的伍举，他认为，"夫美也者，上下、内外、大小、远近皆无害焉，故曰美"（《国语·楚语》），"无害"即为"美"、善即为美。这种以善为美，强调美与善相统一的观点在中国古代具有代表性。从历史上看，"儒家重伦理，其美学更倾向于'同美善'；道家法自然，其美学更侧重于'尚真美'。儒道并行，互补相成，共同铸就了中国传统美学'崇善'和'尚真'的两大民族特色。"① 《庄子·知北游》有言："天地有大美而不言，四时有明法而不议，万物有成理而不说。"就是说，"美"存在于"天地"造化之中，成为与"道"相通的"大美"之"美"；而"不言""不议""不说"，即是"无为"，亦即顺应自然，"道法自然""无为而无不为"恰恰就是讲自然而然所达到的状态，表征了"美"的更深层的本质所在。综上所述，从语义本源的角度看，"美""美丽"主要具有"美感""善""品质"3个层面的含义，"美感"

───────────

　　① 成复旺：《中国美学范畴辞典》，中国人民大学出版社1995年版，第184页。

是"善"的表层感觉，而"美丽中国"本身就内含了"品质"之义。我们认为，"美丽中国"表征了人们对未来中国的一种美好生活愿望的感知与期待，兼具"美好""品质"与"善"的自然而然达成的"大美"之中国，是自然属性（美感）与社会属性（善与品质）的有机统一。

二 中西方关于"美"的语用学分析

中国对于"美"的本质的语用学分析。中国关于"美"的本质的认识，始于 20 世纪五六十年代的美学大讨论，形成了以蔡仪为代表的客观认识论即"美是典型"、以高尔太等为代表的主观认识论即"美是观念"、以朱光潜为代表的主客观相统一的实践论即"美是主观与客观的统一"和以李泽厚为代表的客观社会论即"美是自然性和社会性的统一"等各不相同的看法，及至 1980 年学界将认识论和实践论综合形成价值论。有学者认为"美是人的本质力量的感性显现"，按照这一观点，人的本质力量就是求真和求善。"求真"是把握客观必然性的自由，"求善"是不断改造阻碍历史前进的现实关系，以利于人类的发展。而"美"，"是在人类的物质实践活动中，历史地形成的人的本质力量的感性显现"①。"美"源于人的社会实践，是一种客观的社会现象，是历史发展的产物。② 从价值美学的角度，既能审

---

① 刘叔成等：《美学基本原理》，上海人民出版社 1987 年版，第 47 页。
② 《马克思主义百科要览》，人民日报出版社 1993 年版，第 2001 页。

视人与自然的关系，又能从人与人的关系角度审视人文和社会生态的关系。"美"不仅包含自然美，而且包含社会美、艺术美、形式美和共同美等。

西方关于"美"的语用学分析。在历史上和日常语言使用中，因为"美"既含有自然因素，又含有社会因素，既具有感性因素，又具有理性因素，既用于功利性明显的事物，又用于半功利性甚或非功利性的事物。因此，给界定"美"的本质带来了重重困难。西方学者对于"美"也是众说不一，有毕达哥拉斯学派的"美在形式"说，意指事物的对称、均衡、和谐、比例的统一；有柏拉图、黑格尔的"美在理念"说，认为美的理念具有永恒性和绝对性；有苏格拉底、孟德斯鸠、丢勒等的"美在典型"说，即认为画家创作要把人物形象中的最美部分提炼出来，塑造更美的典型人物；有狄德罗的"美在关系"说，认为美不在孤立的个别事物，而是事物内部以及事物之间的消长关系；有车尔尼雪夫斯基的"美在生活"说，即美是生活："任何事物，凡是我们在那里能看得见，依照我们的理解应当如此生活的，那就是美的；任何东西，凡是显示出生活或使我们想起生活的，那就是美的。"① 康德指认"美"是"善"的表征，叔本华指认"美"是"意志"的客体化，克罗齐指认"美"是"直觉"的成功。除此之外，还有游戏说、移情说等，不胜枚举。

古今中外对于"美"的认识视角不一，对于界定

① ［俄］车尔尼雪夫斯基：《生活与美学》，人民文学出版社1956年版，第6—7页。

"美"的本质思路各异，同时也提示我们要对"美丽中国"进行界定，不能直接借用已有的关于"美"的理论学说，而概念本身是历史的产物，因循时代、国情、文化不同而演进，只能在具体的社会语境中做出符合概念本身所处时代和所处地域的不同阐释。

第二节　美丽中国的学理研究与概念形成

美丽中国概念是马克思主义中国化的最新理论成果，是新时代中国生态文明建设的执政理念，要清晰地理解其内涵和概念形成过程，需要从马克思主义经典作家的相关论述和中国共产党的权威报告中找到基本依据。

一　马克思主义经典作家关于"美"的论述

马克思恩格斯虽没有明确对"美"进行界定，但揭示了"美"的根源、美的生成以及如何建造"美"。在《1844年经济学哲学手稿》中，主要有三处关于"美"的论述。一是从人的本质来论述"美"。"动物只是按照它所属的那个种的尺度和需要来构造，而人却懂得按照任何一个种的尺度来进行生产，并且懂得处处都把固有的尺度运用于对象；因此，人也按照美的规律来构造。"① 这段话揭示出，"美"是专属于人的，人不仅是一种肉体的存在，而且是一种精神的存在，是人化自然与自然向人生成的统一，是求

① 《马克思恩格斯文集》第 1 卷，人民出版社 2009 年版，第163 页。

索真理与遵循价值的统一。人按两个尺度来建造，一个是物的尺度，一个是人的尺度，即真和善的统一，从而达到"美"。在理解马克思主义经典作家表述的基础上，有学者指出，"哲学家们只是用不同的方式解释世界，而问题在于改变世界，即按照美的规律来建造世界"①，这是从实践，即人的存在方式本身对"美"的规定。二是阐述人的"美感"，从人的实践层面界定"美"。"人的本质客观地展开的丰富性，主体的、人的感性的丰富性，如有音乐感的耳朵、能感受形式美的眼睛……对于一个忍饥挨饿的人来说并不存在人的食物形式，而只有作为食物的抽象存在；食物同样也可能具有最粗糙的形式，而且不能说，这种进食活动与动物的进食活动有什么不同。忧心忡忡的、贫穷的人对最美丽的景色都没有什么感觉；经营矿物的商人只看到矿物的商业价值，而看不到矿物的美和独特性；他没有矿物学的感觉。因此，一方面为了使人的感觉成为人的，另一方面为了创造同人的本质和自然界的本质的全部丰富性相适应的人的感觉，无论从理论方面还是从实践方面来说，人的本质的对象化都是必要的。"② 在这里，马克思揭示了人的"美感"的起源以及与"美"的关系，更进一步讲，"使人的感觉成为人的"，是使"美"回归于人，使人对美有向往的潜质（潜在性），而"创造同人的本质和自然界的

---

① 曾繁仁：《生态美学导论》，商务印书馆 2010 年版，第123 页。

② 《马克思恩格斯文集》第 1 卷，人民出版社 2009 年版，第191—192 页。

本质的全部丰富性相适应的人的感觉"，是人对美具有的现实需要（现实性），二者的结合即是使人们对美好生活的需要和向往，"需要是同满足需要的手段一同发展的，并且是依靠这些手段发展的"①。人的需要的丰富性与人的本质力量的实现程度直接相关。美丽中国的必要性和客观性恰恰在于它是人民日益增长的美好生活需要的对象化。因此，从穷人、商人到感知到美的人是一个历史过程，"穷人"是感觉贫乏的人，"商人"是感觉片面的人，马克思在《1857—1858年经济学手稿》中，讲到"第二种形态"是"以物的依赖性为基础的人的独立性""形成普遍的社会物质交换、全面的关系、多方面的需要以及全面的能力的体系"②，这与当前中国发展的历史阶段较为相似，因而，感受到美的人，是主体性的（非贫乏的）、丰富性的（非片面）的人，是满足美好生活需要、建设美丽中国的主体，又是其产物。三是阐述"美"的实现。"作为完成了的自然主义，等于人道主义，而作为完成了的人道主义，等于自然主义，它是人和自然界之间、人和人之间的矛盾的真正解决，是存在和本质、对象化和自我确证、自由和必然、个体和类之间的斗争的真正解决。"③人与自然、人与人的"和解"，是实现美丽中国的必备要件。关于人与自然的和

---

① 《马克思恩格斯文集》第5卷，人民出版社2009年版，第585—586页。

② 《马克思恩格斯全集》第30卷，人民出版社1995年版，第107页。

③ 《马克思恩格斯文集》第1卷，人民出版社2009年版，第185页。

解，马克思在《资本论》中讲，"当他通过这种运动作用于他身外的自然并改变自然时，也就同时改变他自身的自然"①，人与自然的和解存在于人自身的实践活动中，是一个互动的生成过程。马克思又讲，"人同自然界的关系直接就是人和人之间的关系，而人和人之间的关系直接就是人同自然界的关系，就是他自己的自然的规定"②。马克思自然观的本质是其"社会—历史性质"③，在人与自然同人与人之间的实践关系这双重维度上，马克思更为重视的是人与人之间的实践关系，人们的美好生活需要的对象化正是人的本质、人的实践和"美"的实现三者的内在统一。新时代中国主要矛盾的变化，物质文化需要向美好生活需要的转化就是人的本质客观地展开的丰富性，是人们按照"美的规律"来构造中国的新时代，这样的发展，就是马克思所说的"第三个阶段"④，即自由个性充分彰显的发展阶段，是"两个和解"的完成阶段，是建设美丽中国的根本路径与必经阶段，在此阶段，达到人与自然、人与人的双重"和解"，最终实现人的自由个性的全面发展。

---

① 《马克思恩格斯文集》第5卷，人民出版社2009年版，第208页。
② 《马克思恩格斯全集》第42卷，人民出版社1979年版，第119页。
③ ［德］A. 施密特：《马克思的自然概念》，欧力同译，商务印书馆1988年版，第2页。
④ 《马克思恩格斯全集》第30卷，人民出版社1995年版，第107—108页。

二 美丽中国概念的提出

美丽中国概念的形成是逐步深化的过程。党的十六大报告首次把建设生态良好的文明社会列为全面建设小康社会的四大目标之一，提出要"促进人与自然的和谐，推动整个社会走上生产发展、生活富裕、生态良好的文明发展道路"①。党的十七大报告，首次把"生态文明"写进党的文件，指明"建设生态文明，基本形成节约能源资源和保护生态环境的产业结构、增长方式、消费模式……生态文明观念在全社会牢固树立"②，成为与物质文明、政治文明、精神文明、社会文明相互促进的统一整体。党的十八大报告，要求把生态文明建设"融入经济建设、政治建设、文化建设、社会建设各方面和全过程，努力建设美丽中国，实现中华民族永续发展"③。党的十九大报告明确提出要"建成富强民主文明和谐美丽的社会主义现代化强国"④，美

① 江泽民:《在中国共产党第十六次全国代表大会上的报告》（2002 年 11 月 8 日），载《十六大以来重要文献选编》（上），中央文献出版社 2004 年版，第 15 页。

② 胡锦涛:《在中国共产党第十七次全国代表大会上的报告》（2007 年 10 月 15 日），载《十七大以来重要文献选编》（上），中央文献出版社 2009 年版，第 16 页。

③ 胡锦涛:《在中国共产党第十八次全国代表大会上的报告》（2012 年 11 月 8 日），载《十一届三中全会以来党和国家重要文献选编》（修订本），中共中央党校出版社 2015 年版，第 592 页。

④ 习近平:《决胜全面建成小康社会 夺取新时代中国特色社会主义伟大胜利——在中国共产党第十九次全国代表大会上的报告》，人民出版社 2017 年版，第 19 页。

丽中国建设成为与富强中国、民主中国、文化中国、和谐中国建设相并列的重要环节，是到 21 世纪中叶中国能否建成现代化强国的基本指标。可见，美丽中国的提出是一个逐步生成的过程。党的十八大报告指明了美丽中国建设的方向和路径，把生态文明建设放在现代化建设全局的全方位、全地域、全过程的建设过程，更倾向于从广义的生态文明角度来界定美丽中国建设，拓展了中国特色社会主义事业的发展领域，是涵盖自然之平衡、社会之向善、人文之臻美、身心之平和等目标维度在内的总和，是在系统论思维下对自然、社会、文化、人的全面的考察和研究。在党的十九大报告中，"美丽"成为与富强、民主、文明、和谐并列的构建目标，也即经济富强、政治民主、文化文明、社会和谐、生态美丽，把美丽中国建设放在"坚持人与自然和谐共生"理念中专门论述，这就把美丽中国定位在人与自然的关系层面上来阐释，重在强调如何解答"人民对美好生活的需要"（民主、法治、公平、正义、安全、环境）中对"环境"的需要，同时指明了人民对美好生活需要的具体方面，不仅仅包含"环境"，还包含民主、法治、公平、正义、安全，超出了纯自然的范围，从而使美丽中国建设走向了社会的视域。美丽中国概念是应解决时代课题和满足人们的时代需要而被逐渐明确并提炼出来的，是时代精神的体现。党的十八大、十九大报告逐步构筑了建设美丽中国的整体图景，清晰地提出包括建设"美丽"强国目标在内的"五位一体"总体布局，指明了齐头并进的、弥补发展短板的全方位地实现"强起来"的中国建设的目标指向。所以，美丽中国，首先指称的是一个生态学意义上的概念，是"天蓝、地绿、水净"的人化自然环境，是人与自然关系如何走向"和解"的对立统一关系，蕴含着自然观、有机观、无机观等生态学的内容（可参见狭义的生态文明的定义①）；在更高的程度上，美丽中国还是一个人文的、哲学的、社会的概念范畴，不仅涉及人与自然的关系，更涉及人的多方面需求，因此，美丽中国不单纯是自然的观念即纯自然的问题（可参见广义的生态文明的定义②）。从广义和狭义的生态文明建设两个层次、两个形态来理解美丽中国，有利于全面把握美丽中国建设的不同阶

---

① 狭义的定义，生态文明就是实现人与自然的和谐发展。它以生态平衡为核心，以代际公正为原则，反对极端的人类中心主义，协调经济发展与人口、资源、环境的关系。包括：控制人口增长，节约自然资源，防治环境污染，发展环保工业，实施循环经济，生产绿色产品，建设生态文化，培养人们以生态文明为价值取向的生活方式。人类选择生态文明，是基于对传统工业化的反思，是对人类社会发展规律认识的新的突破，反映了人类文明的发展方向（朱贻庭主编：《应用伦理学辞典》，上海辞书出版社2013年版）。

② 广义的定义，生态文明指人类遵循人、自然、社会和谐发展这一客观规律而取得的物质和精神成果的总和；是指人与自然、人与人、人与社会和谐共生、良性循环、全面发展、持续繁荣为基本宗旨的文化伦理形态。它将使人类社会形态发生根本转变。（潘岳）生态文明是物质文明和精神文明在自然与社会生态关系上的具体体现。包括对天人关系的认知、人类行为的规范、社会经济体制、生产消费行为、有关天人关系的物态和心态产品、社会精神面貌等方面的体制合理性、决策科学性、资源节约性、环境友好性、生活简朴性、行为自觉性、公众参与性和系统和谐性。（全国科学技术名词审定委员会）

段和不同步骤，使美丽中国从初步的阶段走向更高的发展
阶段。

第三节　美丽中国概念的本质规定

根据前述对"美"及"美丽"的语义学分析，我们了
解到"美"本身所具有的表征美丽中国的意义内核，即概
念稳定性的一面。依照美丽中国概念的政治学来源分析，提
供了概念界定的背景与基础，看到了概念流变性的一面。鉴
于本书要从哲学的角度界定美丽中国，并作为研究的对象，
所以有必要从元理论的层面对美丽中国进行追问与反思。

一　定义美丽中国应遵循的基本原则

对美丽中国进行界定，至少应包含以下几个基本点。
一是概念指向的结果，即物质、制度、精神、社会等方面
成果的总和。美丽中国拓展了中国特色社会主义事业的发
展视域，是将生态的理念与实践灌注到经济、政治、文
化、社会全方位的范畴，体现了时代之美、社会之美、人
文之美、环境之美的总和。其一，其起点是通过生产方式
和生活方式的生态化的改造，从而达到人与自然关系的统
一，表征了生态文明的物质成果和永续发展的资源环境。
其二，生态化的、绿色化的思维方式与生态文化的化成功
能，人民的生态意识成为自觉的行为模式，生成了生态化
的精神文明成果。其三，系列法律法规的建立与完善，健
康有序的自然环境运行体制机制的形成，形成生态化的法
治环境和制度文明成果。二是概念涵盖的要素与关系。从

要素上看，美丽中国是人与自然共存、人与社会和谐、人与人共生、人自身肉体与精神相协调的有机整体，生态文明的要素成为社会的主导因素。人们在社会实践中正确合理地处理社会（人）与自然的关系，而人（社会）组成了一个涵盖人与自身、人与人相协调的嵌套的内循环系统，社会与自然的和谐共生关系是发展目标与环境条件的可持续运行，最终目标是实现人的自由全面发展和社会的全面进步。总体上，要坚持全面地看问题，在统筹"自然—人—社会"的整体系统中把握美丽中国的科学内涵。三是概念自身所规制的特点。概念的使用带有不同历史时期的印记，要用历史主义的观点来界定。一方面，美丽中国的界定要遵循"美""美丽"概念的本义，表现其所具有的"美"的自然属性和"善"的社会属性；另一方面，我们要建设的生态文明不是在别的国家或其他地域，而是位于当代时间坐标的新时代中国，是在有着5000年中华传统文明的中华儿女精神依归的中国，是在社会主义制度下的中国，是中国共产党领导下的中国，是在经过中华人民共和国成立70年特别是改革开放40多年发生翻天覆地变化的中国，是在当前生态环境问题凸显并成为影响现代化强国建设重要因素的情形下以解决新时代现实问题和主要矛盾发生阶段性变迁的中国，是中国人民在其中可以自我实现的中国。所以，美丽中国的界定应充分体现时代性、地域性、民族性等基本特点。

二　哲学视域中的美丽中国

综上分析，我们可以把美丽中国界定为：美丽中国是社会主义生态文明新时代的中国所具有的一种基本属性，表征了社会（人）与自然和谐共生的关系，是人民对美好生活需要愿望中的"大美"中国，是人的本质力量对象化显现的"现实"中国。要言之，美丽中国是新时代中国人民美好生活需要的对象化。具体来讲，美丽中国兼具"美"的自然属性和"善"的社会属性，体现了人与自然、社会、人及自身等多重关系的有序互动生成状态，是物质、制度、精神、社会等方面的生态化过程，是新时代的中国对绿色发展理念的具体践行和绿色发展道路的现实展开，是按照"美的规律"来建造的对象化活动，以达到人与自然、人与人的和解，最终指向生态公平正义和人的自由个性的全面发展。

美丽中国的起点是人民对"天蓝、地绿、水清"的人化自然环境的向往，是中国人民在处理人与自然的关系时所达到的文明性状，体现了自然之美、环境之美、生态之美、人与自然共存共生的和谐之美。良好的生态环境是人类生存的物质基础，建设美丽中国就是要以生态文明为导向，以绿色发展理念为指引，实现优美宜居的自然环境，并以此为依托，实现经济、政治、文化、社会的生态化，进而构建生产发展、社会和谐、文化繁荣、人民幸福的美好社会，是一种将"生态文明"融入经济建设、政治建设、文化建设、社会建设各方面和全过程的和谐共生的发展样态，是从人类永续发展的高度，建构自然之平衡、社会之向善、人文之臻美、身心之平和的美丽中国图景。因此，美丽中国概念应包含三个层次。第一层次是生态文明的自然之美，主要解决人与自然的矛盾，表征了优美宜居的自然生态环境，这是美丽中国的基本内涵和根本特征。第二层次是依托生态文明而又超乎之上的经济发展、政治民主、文化先进、社会和谐的全面发展的社会，是生态文明理念指导下的科学发展之美、人文化成之美、民主法治之美，是建设美丽中国的重要内涵和重要保障。第三层次是人民美好生活需要得到满足的人际和谐之美、生活幸福之美、国民身心之美，是人的需要得到有效满足的美好状态。其中，优美宜居的自然生态环境是建设美丽中国的基本前提，经济的持续繁荣发展是建设美丽中国的物质基础，民主政治完善是建设美丽中国的制度保障，先进文化是建设美丽中国的智力支持，和谐美好的社会环境是建设美丽中国的实现条件。因此，从本质上看，美丽中国表征的是走上社会主义生态文明新时代的中国必将具有的一种基本属性，与物质文明、政治文明、精神文明和社会文明相互融通促进，共同构成了中国特色社会主义现代文明的统一整体。美丽中国是中国人民的奋斗目标、价值取向、制度凝结、发展过程和实践过程，体现了人与自然、人与社会、人与人、人与自身之间的关系。概言之，美丽中国是具有丰富个性的个人的有机体，是社会（人）与自然良性互动的发展状态，是满足人的需要的对象化实践过程。

本书将立足于狭义生态文明对美丽中国进行研究，侧重于建设包括自然之美、社会和谐之美、人文化成之美、国民身心之美、生活幸福之美等在内的美丽中国的多维度综合体。

第三章

美丽中国建设思想的理论渊源

　　美丽中国建设，是时代的召唤，是时代发展的必然，具有时代的现实性。在历史发展的长河中，中国传统思想中关于人与自然关系的思想是其直接的理论来源，马克思恩格斯的生态思想指导了建设理论的生成，在此基础上，批判地吸收国外生态学马克思主义的合理成分，构成了美丽中国建设思想的主要理论来源。

第一节　中国传统文化的生态思想

　　"天人合一"是传统中国的最高文化理念。中国传统文化内涵"三统"：道、政、学。天地人"三才"大道之天道是为道统，地道是为政统，人道是为学统。道统最高，统摄政学；政统次之，谨遵道统，至顺不违；学统又其次，承继道统、政统而加以阐明，故能贯穿三才大道而引导民众，助成道统、政统而传承久远。中国哲学，特别是先秦诸子致力于对"道法自然""仁爱万物""知行合一"的真、善、美的倡导与实践，从而建立与保存了士农工商社会及其生态自然环境，使中华文明史延续了上下五千余年，使中国的人口一度超过全人类的四分之一，使中华文明为人类文明所仿效与期求。这种伟大功绩的取得，离不开中国传统文化生态思想的指导。

一 "天人合一"的宇宙本体论与整体观

天人关系是中国传统文化的母题，其他思想由此生发演绎而成。对于天人关系，中国传统文化的回答是：道为宇宙的本体，道生天地人物；人道必须合乎天道，人事遵循人道而不背离天道，是为"天人合一"。"天人合一"是中国古代思想的主流，它既是宇宙本体论，又是一种世界观（宇宙观）、自然观、价值观，也是一种伦理观、思维方式与文化理念[①]，表现为人生的一种最高价值追求，是中国文化的根本精神，凸显了中国思想的基本特性。对于其理解，历史上的思想家各有侧重，《周易·文言传》讲"夫大人者，先天而天弗违，后天而奉天时"，《尚书·泰誓中》讲"天视自我民视，天听自我民听"，孟子讲"天人相通"，庄子讲"人与天一"，荀子讲"天人相交"，董仲舒讲"天人相类"，二程讲"天人一理"，王守仁讲"天人一心"，所讲皆是"天人合一"。总体上看，"天人合一"中的"天"不是"人"顶礼膜拜的上帝，也不是"人"改造征伐的对象，而是天道与人道的合一，是人事

---

① 董仲舒云："何谓本？曰天地人，万物之本也。天生之，地养之，人成之。天生之以孝悌，地养之以衣食，人成之以礼乐，三者相为手足，合以成体，不可一无也。"（《春秋繁露·立元神》）。

与自然的统一，表征了人与自然环境之间的平衡。

"天人合一"是"以天地人为一体"的世界观，赋予人性以类同宇宙本体的意义。天即道，"四时行焉，百物生焉"（《论语·阳货》），世间万灵万物由此生成，天是人生成的基础和前提。孟子、荀子、董仲舒、邵雍、张载、二程等也从"天"的自然属性加以界说。天即自然，其生物的过程具有规律性，《荀子·天论》讲："天行有常，不为尧存，不为桀亡。"① 在这里，"常"即是常道，自然永恒之道。戴震云："性，其自然也。"亦即人类之精神，人类的活动不能悖逆天的运行规律。天的客观先在性指认了天的"生生"职责，在天的生物层面上，"人之所以异于禽兽者几希"《孟子·离娄下》。"人亦物也"（邵雍），此谓人之肉体，人为"天"所生，肉体是自然万物的一个部分，当与世间万物"并育而不相害"（《中庸》）。中国传统哲学认为，在天地人"三才论"中，人是在天地之中、万物之上的。人与天地平齐，贵于万物。与万物相比较，人是最高尚、最尊贵的，人与天地既是一个整体，又有独立性，为天地之心。同时把肉体人放在万物第一位，尊重人、肯定人；把精神人即道体人置于天地平齐之位，参与赞助天地之化育。对于人的尊贵，"惟天地，万物父母；惟人，万物之灵"（《尚书·泰誓上》）。"天地之性，人为贵"（《孝经·圣治章》），"天地之精所以生物者，莫贵于人"②，"天位乎上，地位乎下，人位乎中。无

---

① 《孟子字义疏证·卷下》。
② 《春秋繁露·人副天数第五十六》。

人则无以见天地。"① 邵雍进而讲道："人之所以灵于万物者，谓目能收万物之色，耳能收万物之声，鼻能收万物之气，口能收万物之味。"② "视万形，听万声，而兼辨之者，则人而已。"③ 正是因为人具有动物所不具备的天然的善性和禀赋，所以人成为万物之灵。人有灵明，超乎万物之上，主要体现在以下三个方面。第一，人与物的差异首先表现为人有道德意识，能行仁义。"钓而不纲，弋不射宿"（《论语·述而》），"物疢疾莫能为仁义，唯人独能为仁义；物疢疾莫能偶天地，唯人独能偶天地"④，人具备了天地的德性，以"天地之心"协助天行道。第二，善"群"而结成共同体。圣贤之人通过道德礼仪将民众聚合起来，架设起"天人相类""天人相通""天人相生"的桥梁。第三，把生养万物作为自己的职责，能服从天地的意愿，用自己的生生之心"延天佑人"。一个人可以做天地所应当做的事情，即培育生命和助长万物。人类的责任就是依照天地德性与人类精神行事，这种德性由天道自然赋予天地，复由天地赋予人类，主要体现在天地自然与人类本性之中，人参与天地正道之生生、序列四时和帮助其裁成万物的过程，以兼利天下。

"天人合一"是"天道"与"人道"合一的宇宙观，

---

① 《二程遗书·明道先生语一》。
② 《皇极经世书·观物内篇二》。
③ 《知言·往来》。
④ 《春秋繁露·人副天数》。

人可以"参天地""赞化育"①，从而达到"中和"的至高境界。儒家认为天的本性是至正至贵、至善至灵的，故能生生不息。天至善的本性赋予人中正太和之气，人若觉悟而保其至善与太和，则会永远顺利而坚固，所谓"保合太和乃利贞"（《周易·乾卦》）。"天人合一"就是人的本性由天地赋予，故人道必与天道合一，亦即人与义理之天、与道德之天、与自然之天合一，因此人事当与天道合一。道家主张万物平等，事物之间没有价值的区别，特别是庄子主张人类应当听由万物天赋的本性，任其自然发展，亦是人与自然之天的合一。与道家所不同，儒家的最高理想是"天人合一"，既赋予人性以类同宇宙本体的意义，又具有包容性，还有无尽的伦理资源。《周易》的宇宙观是隐喻、暗示性的，而《易传》就比较清晰，释明天道与人道不可分离，描绘了道如何运行，世界如何展开，《易传·系辞上传》云："一阴一阳之谓道，继之者善也，成之者性也。"《中庸》讲"与天地参"，讲的是人发其至善天性可以参赞天地，其中也有道的个人道德层面，是以人心之"诚"作为媒介架设了天道与人事的桥梁。因而，"天人合一"在《易经》与《中庸》中体现为一个概括性的总体原则，并细致化为明确的人事命题。《易传》以降，董仲舒、张载等进一步阐释了这个明确的命题。儒家的思想家也各有分殊，董仲舒、邵雍、张载、王夫之等思想家

---

① 《中庸》云："唯天下至诚，为能尽其性；能尽其性，则能尽人之性；能尽人之性，则能尽物之性；能尽物之性，则可以赞天地之化育；可以赞天地之化育，则可以与天地参矣。"

进一步明晰并恢复了被遮蔽的宇宙观，孟子、程颢、王守仁等更强调传统的人文和伦理向度。一般来说，汉儒关注自然，董仲舒及其他汉代思想家以"天人合一"为中心建构了有机整体的宇宙图式，人在其中获得了活动的自由，得以保持其存在、变化和循环；相较汉儒，宋儒更关注心性，亦即人心与天地的生意是相互贯通的，这是理解其人与自然合一的根本所在①。从内容上看，儒家的"天人合一"思想大致包括万物一体、天人相参和发挥人的主体能动性三个组成部分。道家则强调，就人与自然的关系而言，人与万物应该是平等和谐的。庄子认为"物无贵贱"②，把万物相互看作平等的关系。1993 年湖北荆州楚墓出土的竹简中含有《太一生水》篇，论述了"太一"这一重要概念。《吕氏春秋》继承了荀子将"天"解释为有其自然规律的天道自然观，保存了《易传》与老庄的天道观及其阴阳化生的观点，对"太一"的概念进行了进一步阐发，阐释的"法天地"，强调天地由道自然生成，故必备自然之本性，进而赋予人类与万物以自然属性。继之，《淮南子》也是以儒家思想为基本理念的综合性著作，该书中讲道，水可灭烈火，火可销金刚，斧可伐强木，土可遏水流；"唯造化者，物莫能胜"③，在肯定自然造化作用的基础上，要求人"生万物而不有，成化象而弗宰"④，意

---

① 黎靖德编：《朱子语类》，中华书局 1999 年版，第 118 页。
② "以道观之，物无贵贱。以物观之，自贵而相贱。以俗观之，贵贱不在己。"（《庄子·秋水》）
③ 《淮南子·主术训》。
④ 《淮南子·原道训》。

即生成万物而不据为己有，化成万物之象而不去主宰。这都源于其"物无贵贱"①、唯人所用的价值倾向。《淮南子》的天人关系包含天人同根、天人同构、天人感应、天人相分、天人合一等在内的有机整体的自然观，"道"为根源，"气"为媒介，是天地人一体化的思维方式。《淮南子》强调人要在因天、顺天、法天的基础上制天、用天，从而使万物为人所用。自然万物按照规律动态生成，春生夏长、秋收冬藏、川流不息。人明察事物之理，通晓万物之情状，把握万物的自然规律性，从而效法和利用天道自然规律，体现了人道与天道自然的"天人合一"关系，有利于保持生态系统的动态性和创造性平衡。

"天人合一"的宇宙本体论与整体观，是中国文化的根本理念，对人类未来的存续具有重要的指导意义。中国传统文化的"天人合一"理念超越了人类中心主义和"地球中心"的层面，转移到"宇宙中心"上来，天人关系被置于大道本体论与宇宙观的视野之中。宇宙是无限的时空，是本体大道的产物，人是其得道的至贵灵心与认识主体，故可认识宇宙。人与天地暨宇宙在自然状态下，可以相感相通，故可形成互惠关系，人与宇宙通过自然交感而共鸣和合，通过体悟与精神感化，把自我融入自然，这种"相互贴近"神化的过程，不是主体（人）对客体（自然）的占有，而是使生生之道贯穿以成天人关系，因为人的本性与天地的本性是同一的。中国传统文化的这种思想

---

① 《淮南子·齐俗训》云："物无贵贱，因其所贵而贵之，物无不贵也；因其所贱而贱之，物无不贱也。"

要比奈斯（A. Naess）的深生态学①的认识更为深刻。天人合一蕴含着人与自然的和谐共生关系，站立在"主—客"思维之上，超越"主—客"思维的定式，走向"天人合一"指导下的"后主客关系的天人合一"②。怀特海（A. N. Whitehesd）提出："作为完善的宇宙观，要建构一种观念体系，即把审美的、道德的、宗教的旨趣与来源于自然科学的世界概念结合起来。"儒学的"天人合一"观念，强调"赞天地之化育"，"与天地参"的宇宙整体观，恰恰是建立在审美、道德的基础之上。

二 "道法自然"的自然观

汉语中的"自然"一词最早源于老子的《道德经》，"人法地，地法天，天法道，道法自然"（《老子·二十五章》），老子所说的"自然"是"无为而治"下的理想状态，即让世间万物各遂其本性，自然而然地、充满活力地生存与发展，体现了社会与自然的协调统一。《中庸》强调"道也者，不可须臾离也，可离非道也"（《礼记·中庸》）。人的最高追求是"道"，老子讲"以道莅天下"。

---

① 深生态学认为，人的自我不是一个孤立的肉体的小我，而是与大自然融为一体的大我。由于自我包含着他人、天地万物、自我的本性是由人与他人、自然界中的其他存在物的关系所决定的，所以，自我的实现包含着让其他存在物都能实现自己的本性。人只有做到这一点，才可以说是一个大我，而不是一个孤立的只求一己私欲之满足的小我。

② 张世英：《中国古代的"天人合一"思想》，《求是讲坛》2007 年第 7 期。

而"道"不是凭空设定的，是宇宙由来及其存在的最高依据与自然状态，是生成天下万物自然而然的过程，是"自然"的法度与天地人物必须遵循效法的楷模。天人合一是"天道"与"人道"合一，即规律性与目的性的和合统一，人于是就可以"参天地""赞化育"①，达到"中和"的至高境界了。

中国传统文化对待自然的基本态度是遵循自然的本性，与自然和谐共存共生。这种态度可以概括为"天人合一"。天人合一是中华文化的最高理念，为人须先确立最高文化理念，从而在顺应自然、尊重自然的前提下进行实践活动。中国历史上的大禹治水的根本方法就是因势利导，顺应水性趋下之势，疏通河道，使泛滥的河水流归海洋，而不是违背水性的"堵"，用人之蛮力与自然抗衡。对待自然如此，对待百姓也是如此。《论语》《左传》《管子》《老子》《庄子》等篇目均有"因民心性"的思想，孔子讲"因民之所利而利之"，老子讲"圣人无常心，以百姓心为心"，《管子》讲，"春采生，秋采蓏，夏处阴，冬处阳"，《管子·心术上》有"因也者，舍己而以物为法者也"，都体现了"因"的方法论，是按照运行着的自然规律与自然万物打交道、相交往的方式。《吕氏春秋》阐发了"因"的概念，提到"因者无敌""因水之力"等，其中，"察列星而知四时，因也"，意在阐明自然现象

① "唯天下至诚，为能尽其性；能尽其性，则能尽人之性；能尽人之性，则能尽物之性；能尽物之性，则可以赞天地之化育；可以赞天地之化育，则可以与天地参矣。"（《中庸》）

的规律性;"因水之力""因其械也",旨在说明利用改造自然为民造福;"因人之心"① 是顺应民心建邦立业。《执一》:"因性任物,而莫不宜当。" 《吕氏春秋》中的"因",包括人与自然、人与社会的斗争,而在社会斗争层面,包含了如何为君、何以立国、如何用兵之道,具有动态的丰富多样性。总体上,人法天地的思想,强调人类活动需要遵循自然规律具有合理性。

实际上,老子认为,圣人的政治就是要效法"地""天""道",给予百姓足够的自由空间。圣人之"德"就是要"无为而无不为","无不为"正是通过百姓的"自然"得以实现的。庄子继承并进一步阐发了"无为而治"的思想,他在《天道》篇中讲:"夫帝王之德,以天地为宗,以道德为主,以无为为常。"讲的是,天地和道德是帝王治理国家的依据,无为而治是帝王治国的惯常原则。帝王的德行与天地相合,须无为方能役用天下。柳宗元写过一篇寓言体政论散文《种树郭橐驼传》,形象地讲明了有道执政者少发政令,百姓自我发展的道理。讲的是长安城西的丰乐乡,有位以种树为业的驼背老者,他种植或移植的树木没有不成活的,而且高大茂盛,于是长安城的富豪争相雇请他来种植观赏的树。有人向他请教缘由,他回答说,树之所以长得好,不过是顺着树木的天性而自由发挥罢了。

---

① "三代所宝莫如因,因则无敌。禹通三江五湖,决伊阙,沟回陆,注之东海,因水之力也。舜一徙成邑,再徙成都,三徙成国,而尧授之禅位,因人之心也。汤武以千乘制夏商,因民之欲也。如秦者立而至,有车也,适越者坐而至,有舟也;秦越远涂也,竫立安坐而至者,因其械也。"(《吕氏春秋·贵因》)

树种稳固后，就不再理会树木，任其自然成长。种不好树木的人，恰是因为种树后，因爱护而太殷勤，早上去看看，晚上去摸摸，摇动树木以核实是否稳固，这样反而伤害了树木的天性，结果是："虽曰爱之，其实害之；虽曰忧之，其实仇之。"又有人问他是不是可以把种树的道理移用到官吏治理百姓上，他的回答耐人寻味：我只知道种树，不明晓做官。但是曾经在乡下看到当官的喜欢过多地发布政令，好像是爱护百姓，实则是给他们带来了灾难。一天到晚，衙役来呼喊，催促耕耘，勉励种植，督促收获，及早缫丝织布，养育好小孩，饲养好鸡豚。百姓一天到晚慰劳这些衙役都来不及，哪里还有工夫来增加生产、安定生活呢？因而困苦和劳累。这则故事形象地告诉我们效仿自然本性，顺应人之天性的重要性。

道家讲求"无为"，但不是无所作为的"无为"，而是不悖逆自然与人类本性而为，顺自然之道，顺天地正道，是在顺应自然与人类本性的前提下，有所作为，即"无为而无不为"。提及道家的思想，总是突出其"无为"的特征，凸显了其顺应自然的方面，大都没有看到道家也是高扬人的主体能动性的。在古圣先贤对天道自然深刻体悟的基础上，道家以一种平和的心态面对天（自然大道）、地、人、物这四者的关系，闪耀着古代先贤智慧的光芒。《诗经》中多次出现"无为"，《论语》讲，"魏巍乎，舜禹之有天下也，而不与焉"①，在这里，"不与"就是讲舜和禹

---

① （宋）朱熹编撰：《四书章句集注》（上），浙江大学出版社2012年版，第107页。

当年选贤与能，不以私心参与政治，而以百姓之心为心，无为而大治的"无为"治理思想。《淮南子》更为细致地阐明了无为的思想。① "无为"不是无所作为，而是要顺物之性不做不合时宜的措施；"无治"也不是不治理，而是不改变事物自然而然的本性，顺其自然而治理。

"道"是中国传统文化中最基本和最高的概念范畴，其无处不在，无所不能，自然生成万物，强调天道自然无为。中国传统文化讲求"究天人之际，通古今之变"（《史记》），其结果是归结出"天人合一"的普遍原则，其中蕴含的生态意蕴是人要顺从自然，按照自然的客观规律行事，与自然并行不悖、协同发展。《庄子·知北游》有言："天地有大美而不言，四时有明法而不议，万物有成理而不说。"就是说，"美"存在于"天地"造化之中，成为与"道"相通的"大美"之"美"；而"不言""不议""不说"，即是"无为"，亦即顺应自然，"道法自然""无为而无不为"恰恰就是讲自然而然所达到的状态。"无为"的精神在自然中自当如此。

三 "仁爱万物"的伦理观

儒家的"仁爱万物"思想是在"天人合一"宇宙观的视野中来思考的。人之所以能行"仁"，是因为人是"天人合一"框架中的"人"，天人关系中的"人"之爱不是

---

① 《淮南子》："所谓无为者，不先物为也；所谓无不为者，因物之所为。所谓无治者，不易自然也；所谓无不治者，因物之相然也。"（《诸子集成》第7册，第8页）

普通的人与人之间的伦理之爱，而是天地之间的大爱。"仁"作为人性的核心成为宇宙的中心，其实质是"己所不欲，勿施于人"。所谓成仁就是要在人性完满后超越人类自身，包容所有生命的状态。"仁爱万物"体现了以"仁义"作为最高价值的价值观和生态伦理观。人合天道、弘天道、行天道、敬天德需恭行仁义。一方面，儒家认为人是宇宙之灵长，"唯人也得其秀而最灵"（周敦颐）①，受天地之化育，闪耀着其他生物所没有的光辉，赋予人以特殊地位。另一方面，人表现出同情万物、包容万物的精神境界，人以仁、义、、礼、智、信之"五常德"视天地为父母，体现人的道义与责任。"仁爱"思想主要体现在仁民爱物、生生之德、万物一体等方面。

仁民爱物。孔子的生态伦理思想是"泛爱众而亲仁"（《论语·学而》），确立了仁的基本内涵，孔子云："知者乐水，仁者乐山。知者动，仁者静。智者乐，仁者寿。"（《论语·雍也》）孟子提出"亲亲而仁民，仁民而爱物"（《孟子·尽心上》），其"仁爱"思想是由人的"亲、仁"逐步扩展到对万物之"爱"，体现在《孟子·梁惠王上》关于"君子远庖厨"②的论述中。汉代董仲舒、郑玄把仁爱的对象继续向外物扩展。宋代朱熹进一步对仁、义、礼、智、信的关系进行详细阐明，仁者为"本"，礼者为

---

① 《朱子语类》卷九十四。
② 《孟子·梁惠王上》云："君子之于禽兽也，见其生，不忍见其死；闻其声，不忍食其肉。是以君子远离庖厨也。"

"节文"，义者为"断制"，知者为"分别"①。依照儒家的思想，天地间只有人最为珍贵，能够从生生的仁心出发，视自然万物为道德共同体，护佑其生命，尊重其权利，帮助其发展。人的智慧来源于天道自然，理当顺从赞助自然，而不是改造毁灭自然。儒家的"仁爱"具有分亲疏、有差等的递推层次性与可操作性，这与道家的"物无贵贱"及墨家的"兼爱、非攻"不同。据《论语·乡党》记载，马厩起火，孔子急切询问是否伤到人，而不问马是否受伤，体现了由亲到疏、由人及物、由近及远的道德阶梯观念。"爱有差等"观念，首先要求自爱、自尊，根据自己的喜怒哀乐与切身感受推至父母、兄弟姐妹，其次是亲朋等他人，再次不肆意杀戮鸟兽虫鱼，最后是爱护花草树木。儒家仁爱的独特道德关怀方式和推理逻辑，有益于正确面对西方关于自然中心主义与人类中心主义的争论。

　　生生之德。《易·系辞下》讲，"天地之大德曰生"，因为天地之德，万物由此生息繁衍。《孔子家语·哀公问政》充分肯定了"天"之大德及其赋予世间万物以生命的意义。刘禹锡认为，"天之所能者，生万物也"②，这与荀子的"天地者，生之本"表达了同样的道理，即天地生育自然万物之德。宋明理学家把《易传》的"生生之德""生意"作为"天地生物之心"，又作为人心之仁的内涵，使人心之德与外部世界生生的本体统一起来，深化了"天人合一"的内涵。张载的《西铭》，不仅仅是描述了万物

_____

① 黎靖德编：《朱子语类》，中华书局 1999 年版，第 109 页。
② 《刘禹锡集·天论上》。

的彼此关联，更是要求人们按照这种万物之间的关联性去调整自己的行为。儒家认为宇宙万物的本质是共同的，要求我们要像对待兄妹那样对待他人，视万物为我们的同伴，即"民吾同胞，物吾与也"①。正是儒家有这样的伦理行为规范，因此当程颢问他的老师周敦颐为何不除去窗前杂草时，周敦颐回答说，人的生命和草的生命皆有灵通向上的相同性质，体现了对万物生命的怜悯之情。

　　万物一体。在人与天地万物的关系上，"仁"是根，因人有恻隐之心，故可以与天地万物相通相应，从而与之贯通为一体。荀子讲，"生之所以然者谓之性"②，张载讲，"性者，万物之一源"③，就是说，人产生"万物一体"的思想是人的本性使然。王守仁在《大学问》中讲道，以宇宙万物为一体，将别人之子、哀鸣的鸟兽、遭受摧折的草木以及残碎的瓦石都以"一体"④来看待。进言之，无论是社会生活中的君臣、夫妇还是朋友，或者是自然之山水鸟兽与草木，都以"亲亲"来面对，用不忍之心、悯恤之心、顾惜之心来达到"一体之仁"。王守仁在一定程度上

---

　　①　《张载集·正蒙·乾称》。

　　②　《荀子·正名》。

　　③　《张载集·正蒙·诚明》。

　　④　王守仁云："是故见孺子之入井，而必有怵惕恻隐之心焉，是其仁之与孺子而为一体也。孺子犹同类者也，见鸟兽之哀鸣觳觫，而必有不忍之心焉，是其仁之与鸟兽而为一体也。鸟兽犹有知觉者也，见草木之摧折而必有怜悯之心焉，是其仁之与草木而为一体也。草木犹有生意者也，见瓦石之毁坏而必有顾惜之心焉，是其仁之与瓦石而为一体也。"

也认可"爱有差等",认为"良知上自然的条理,不可逾越"①,有了仁的根脉,就可以明德于天下,达到家齐国治而天下平的功业,也正是因为万物植根于生命的同一性,才会有这样的真切感受。

当前存在为了一己之私欲而毁坏自然之物的现象,并有大量为了更换花样翻新的事物而肆意丢弃尚可使用的物品的陋习,不仅造成了物质的严重浪费,更是对"物"不仁的表现。爱物就是要不随意损坏,让物各尽其用。王守仁讲"大人者,以天地万物为一体"②,就是讲,一个人达到了一定的精神境界,就会摆脱狭小的视野,扩展为对世界万物的仁爱。在地球环境遭受大量生产、大量浪费的当今时代,只有站在"仁爱"的视角,才能同情怜悯周围的一切,实现与自然万物的和谐共生、共存。

四 "知行合一"的实践观

"天人合一""道法自然""仁爱万物"的生态理念体现在传统中国的生态实践中,表现为知与行互相包含,合为一体。知行关系是中国思想史上历久弥新的问题,是对"内圣"与"外王"关系的探讨。孔子重视学以致用、知行统一,开启了儒学"笃行"的传统。宋儒讲求"致知"与"力行""用功不可偏"的齐头并进、相互促发。王守仁是首提"知行合一"概念,将理论与实践相结合的思想家,认为知行本义合一,并将其学说纳入心学的整体构架

---

① 《王阳明集》卷三。
② 《大学问》。

中，将知与行统一于具体的实践活动中。王守仁讲，"知是行的主意，行是知的功夫；知是行之始，行是知之成"。① 这就是说，一方面，知与行是相互包含的关系，二者不分彼此，你中有我，我中有你，即"两个字说一个工夫"；另一方面，以知作为行的导向，行确证知的成果，二者相辅相成。他进一步指明，"知而不行，只是未知"②。如若没有行的完成，知就没有任何意义，知与行是一个过程的两个必备的环节，缺一不可。人把对自然的认知贯彻到实践中，体悟自然、融入自然，自然万物成为人生命的内在组成部分，这是儒家对于"知行合一"的基本态度。其思想是对当时"知行二分"、言行脱节之时弊的矫正与回应，对中国现代性价值观念的发生产生了重要的影响。在当下的中国，面对诸多知行分离与突破道德底线的现实问题，其"致良知"的思想对当下中国规范环境行为、构建生态社会与建设美丽中国具有积极意义。

　　知行关系是中国思想史上历久弥新的话题，中国思想史上论述很多。对于知行合一，主要是对"内圣"与"外王"关系的探讨。《论语·公冶长》有"听其言而观其行"。《尚书·说命中》有"知之非艰，行之惟难"的论说，到孟子的知先行后的知行分段说，荀子提出行深知浅说，"不闻不若闻之，闻之不若见之，见之不若知之，知

---

　　① （明）王守仁：《传习录上》，载《王阳明全集》，吴光、钱明、董平等编校，上海古籍出版社 1992 年版，第 4 页。
　　② （明）王守仁：《传习录校释》，萧无陂校释，岳麓书社 2012 年版，第 8 页。

之不若行之"①，"不登高山，不知天之高也；不临深溪，不知地之厚也"②，这与后世的"纸上得来终觉浅，绝知此事要躬行"③，都把行作为最高的指向。继之东汉王充认为，"凡贵通者，贵其能用之也。即徒诵读，读诗讽术，虽千篇以上，鹦鹉能言之类也"④。经过宋明理学的知先行后，朱熹认为，"致知、力行，用功不可偏，偏过一边，则一边受病"⑤，他在著名的《白鹿洞书院教条》中将"笃行之"与"博学之，审问之，慎思之，明辨之"同列为"学之之序"。到王守仁提倡"心即理"基础上的知行合一、"致良知"，再到明末清初王夫之的行先知后、"行可兼知"的知行统一观，王夫之说："自然者天地，主持者人。人者，天地之心。"⑥明末清初颜元提出"重习行"而轻知识的观点，而后至魏源、谭嗣同等人近代意义上的知行学说，知行关系的讨论长盛不衰。"知行合一"思想对中国现代性价值观念的发生产生了重要的影响。

　　行以致知，是传统中国生态化思维方式的自觉行动。人作为实践的主体，按照自然规律行事，这体现了合规律

---

① 《荀子·儒效》。
② 《荀子·劝学》。
③ 陆游：《冬夜读书示子聿》。
④ 《论衡·超奇》。
⑤ 朱杰人、严佐之、刘永翔主编：《朱子全书》，上海古籍出版社 2010 年版，第 299 页。
⑥ 王夫之：《周易外传》，中华书局 1977 年版，第 60 页。

性与合目的性的统一。"致中和，天地位焉，万物育焉"①，这是对如何达到"天人合一"的主观条件的具备，是对主观的尺度，即对个人的感性与理性的全面把握，喜怒哀乐与"未发"的状态完全在主体的控制范围，符合"中"的规范；将喜怒哀乐理性地表现出来，也是合"中"的做法，都是"中和"的主体修养达到了"天人合一"的境界，强调了经由个体修养而达到的主观精神境界的高扬。

节俭适度，是中国古代知行合一的典型范例。《论语·述而》云："礼，与其奢也，宁俭；丧，与其易也，宁戚。"②《管子·权修》云："故取于民有度，用之有止，国虽小必安；取于民无度，用之不止，国虽大必危。"③《吕氏春秋》云："竭泽而渔，岂不获得？而明年无鱼；焚薮而田，岂不获得？而明年无兽。"④《陈旉农书》《王祯农书》《道德经》等古代经典，都主张根据当时、当地的实际情况实行"知足知止"式的适度消费。从崇尚节俭，到适度取物，再到适度消费，体现了四民传统社会的中国人的理性消费观念。《吕氏春秋》讲，"天下之士也者，虑天下之长利，而固处之以身若也。利虽倍于今，而不便于

①　（宋）朱熹编撰：《四书章句集注》（上），浙江大学出版社 2012 年版，第 47—48 页。

②　臧知非注说：《论语》，河南大学出版社 2008 年版，第 120 页。

③　（春秋）管仲：《管子译注》，刘珂、李可和译注，黑龙江人民出版社 2003 年版，第 12 页。

④　（战国）吕不韦编撰：《吕氏春秋译注》，张双棣、张万彬等译注，北京大学出版社 2000 年版，第 396 页。

后，弗为也"①，蕴含了重视长远、可持续发展的理念。在这样的节俭理念的指导下，中华民族养成了勤俭节约的生活习惯。

综上所述，中国传统文化的"天人合一""道法自然"思想，既不同于割裂灵与肉的希伯来文化传统，也不同于对立感性和理性的希腊文化传统，是解决人与自然、人与社会、人与人及人与自身关系的重要的思想资源。中国传统文化中的生态思想具有穿越时空的普遍性意义的价值，对于矫正主客二分的思维方式，对于资本逻辑下人与人之间缺乏"诚"与"善"的今天，具有重要的借鉴意义。其积极意义有三。一是明晓人"赞天地之化育"的责任。张载宇宙观的核心论断是，人类的任务就是"承天地之业"，认同并帮助万物转化，多一分同类相惜相爱，少一分攻伐戕害，要不为利益诱惑，不为资本遮盖良知，不恣意而为，要考虑长远、虑及后代，不仅要有科学的思维，还要"为天地立心"，实现人类的永续生存。二是掌握自然规律的重要性。人与自然和谐相处，除具有"天人合一"认识境界外，还必须认识、掌握自然物本身的规律，达到自然生态系统的动态性平衡。三是找寻自然破坏的原因与解决对策。历史上，夏桀、商纣悖逆自然规律，用尽山川之利，肆意杀戮动物，使得生态灾害频仍，以至于秋七月"地震，梁山崩，雍河，三日不流"②，其王朝终走向覆灭。

---

① 臧知非注说：《论语》，河南大学出版社 2008 年版，第693 页。

② 《春秋繁露·王道》。

程颢认为，其原因恰在于"自私与用智"①，正是因为人类的私欲膨胀，工具理性对待自然，才丧失良知、毁坏自然、虐杀万物，故而出现了生态环境恶化的严重问题。破解人类社会所存在的生态恶化的严峻问题，中国传统文化具有积极的指导作用。近代工业文明以毁坏自然为"征服自然"，这是已经客观发生的事实，我们需要在物质文明发达的基础上保护并恢复生态环境。这就需要破除主客二分的思维模式，将中国"参天地，赞化育"的"天人合一"观念建立在自然化人与人化自然的基础上，破除资本逻辑，合理控制人的私欲，使被破坏的自然环境与人自身的自然都能彻底或充分地回归，恢复和谐共生的天人关系。

第二节　马克思恩格斯的生态思想

西方传统生态学单纯从自然观出发，而马克思恩格斯却从历史与自然辩证统一的双向视角来探究生态问题，不仅指向自然，更指向社会，进而形成包含人、自然和社会内在统一、休戚相关的生态观。马克思恩格斯继承了17—18世纪英法唯物主义的自然观，充分吸收了费尔巴哈人本唯物主义思想的"基本内核"，批判地改造了黑格尔哲学中的辩证法思想，从而在科学实践观的基础上创立了唯物主义历史观，并以此为指导，形成了融自然观与历史观于一体的辩证唯物主义生态思想。马克思恩格斯的自然观在

---

①　《二程文集》卷二。

本质上是关于人、自然和社会相统一的生态哲学，科学地揭示了人、自然与社会内在统一的辩证关系，实现了生态哲学的革命性变革。马克思恩格斯生态思想的最终价值指向是人与自然和谐共生基础上的全人类的解放和幸福，最终目标是实现人的自由全面发展，这为新时代建设美丽中国提供了根本遵循和目标指向。

一　人与自然休戚与共的和谐自然观

建设美丽中国就是要在中国广袤的大地上，实现人与自然的和谐共生和良性发展。马克思恩格斯关于人与自然辩证统一的自然观在其创立历史唯物主义之初就牢固树立。他们在《德意志意识形态》（以下简称《形态》）中深刻地指出，人类社会"第一个需要确认的事实就是这些个人的肉体组织以及由此产生的个人对其他自然的关系"①，可见，人与自然的关系是人类社会的一种"元关系"，是基于物质和物质交换的现实关系。"现实的人"是马克思恩格斯"历史科学"（die Geschichte die Wissenschaft）的逻辑出发点和前提。与之前的思想家不同，马克思恩格斯在人的实践活动基础上将自然史和人类史结合起来进行探讨和研究，即"历史可以从两方面来考察，可以把它划分为自然史和人类史。但这两方面是不可分割

---

①　《马克思恩格斯文集》第 1 卷，人民出版社 2009 年版，第 519 页。

的；只要有人存在，自然史和人类史就彼此相互制约"①。他们从两个方面来探究这一重要问题：一是从人与人的关系维度解读人与自然的关系；二是从人与自然关系的维度研究人与人的关系，以一种整体性的、辩证统一的思维来把握人与自然的关系。概言之，把人与人、人与自然的关系置于人的对象化活动基础之上，克服了旧唯物主义和唯心主义的局限性。这一伟大思想成果，不仅揭示出人是一种能动的自然存在物，在自然界面前始终是第二性的客观事实；而且揭示出人是一种有意识的类存在物，以主体的形态出现，其主观能动性的发挥必须以遵循自然界的本质和规律为前提。马克思恩格斯站在唯物主义、辩证法和"历史科学"相统一的高度对人与自然的关系进行了科学的阐释。

（一）自然界始终是人类生存的前提和基础

人与自然孰先孰后，历史上曾有过不同的见解，还发生过激烈的争论。黑格尔作为唯心主义的集大成者，认为先有人的思维后有自然。他主观地创造了一个思辨哲学概念即"绝对精神"，把自然界看作"绝对精神"自我否定、自我外化的产物，试图克服人与自然的分离所导致的二律背反问题。与黑格尔不同，费尔巴哈鲜明地指出，宗教神学中的一切神、上帝以及思辨哲学中的一切思辨概念如"实体""自我""绝对精神"等都不过是人的本质的对象化产物。他推翻了唯心主义对人们思想的统治，恢复

---

① 《马克思恩格斯文集》第 1 卷，人民出版社 2009 年版，第 516 页。

了唯物主义的地位，强调从人的本质来理解人自身，进而
指明神学、思辨哲学的实质是人本学，从而证明人是依赖
于自然界而存在的具有感性的（Sinnlichkeit）、现实性的
（Realistische）、对象性的（Gegenständlich）存在物。① 但
遗憾的是，他并没有把人理解为从事感性活动的、具体
的、"现实的历史的人"②，仅仅将其理解为"处在某种虚
幻的离群索居和固定不变状态中的人"③。在其理论视野
中，过多地强调自然而很少关心政治和历史④，其自然观
完全脱离社会历史领域，即将社会历史排除在其唯物主义
之外，正如马克思恩格斯在《形态》中所批评的那样，
"在他那里，唯物主义和历史是彼此完全脱离的"⑤。质言
之，费尔巴哈在自然观上是唯物主义者，在历史观上是唯
心主义者，因而是典型的"半截子"唯物主义者。马克思
恩格斯批判地吸取了黑格尔哲学的主体创造性原则和费尔
巴哈唯物主义自然观的合理成分，同时结合初步研究国民
经济学的重要思想成果，确立了科学的实践原则，并在此

---

① ［德］路德维希·费尔巴哈：《费尔巴哈哲学著作选集》下卷，荣震华、王太庆、刘磊译，商务印书馆 1984 年版，第 523 页。
② 《马克思恩格斯文集》第 1 卷，人民出版社 2009 年版，第 528 页。
③ 《马克思恩格斯文集》第 1 卷，人民出版社 2009 年版，第 525 页。
④ 《马克思恩格斯全集》第 27 卷，人民出版社 1972 年版，第 442—443 页。
⑤ 《马克思恩格斯文集》第 1 卷，人民出版社 2009 年版，第 530 页。

基础上对"人与自然孰先孰后的问题"予以科学解答。他们承认自然对于人和社会具有先在性和基础地位,同时也指认自然界对人的实践活动具有重要的制约作用。

没有自然界,人不可能凭空创造任何事物,因为人首先是一个肉体的存在,肉体的存在需要物质生活资料的供给,也就是说,人首先需要依靠自然界而生存。先于人类而存在的自然界不仅提供了人类肉体生存所必需的基本的生活资料,而且还为人类提供了更进一步维持生存发展的劳动资料。人作为人,为了满足其需求,还需要同自然界发生交互作用,使肉体与精神生活同自然界发生有机联系。从历时态来看,自然界孕育了人类社会;从共时态来看,"自然界是人为了不致死亡而必须与之处于持续不断的交互作用过程的、人的身体"①。不论人如何超越自然,都不能摆脱自然,海洋、土壤、空气、河流、森林、矿产等自然资源是人类生存的基础,是人类得以继续生存发展的必要条件,但同时也是支配、控制人类社会发展进程、趋势、状况的强大力量。因此,人类根据自身的主体需要去能动地改造自然,但这种改造绝不是随心所欲的,而是必须在尊重自然界的发展规律的前提下从事相应的改造活动。随着人类认识和改造世界能力的加强,劳动创造使自然界发生了巨大的变化,即使如此,人依然不能凌驾于自然之上,人类赖以生存的自然环境从根本意义上依然决定着人类能否生存以及生存质量的高低。

---

① 《马克思恩格斯文集》第 1 卷,人民出版社 2009 年版,第 161 页。

人是自然界长期演化的产物。就人与自然界的本真关系来看,"人是自然界的一部分"①,且无时无刻不依赖于自然界而生活。自然界不仅演化出人类,而且为人类提供了基本的生存和生活的资料,如阳光、空气、水、土地等,人类的持续发展与进步需要在自然提供的劳动材料的基础上进行物质生产活动。人的实践活动始终受自然规律的制约,因为"人作为自然的、肉体的、感性的、对象性的存在物,同动植物一样,是受动的、受制约的和受限制的存在物"②。人的活动既要遵循自然的规律,又要合乎人的目的,自然规律是人的主观能动性发挥的限度与界限。概言之,人类生活在自然界之中,其一切活动都受到自然界支配,并在自然界的范围内来进行。人为地、主观地、过度地开发、征服、改造自然是不明智的、不可取的,"我们不要过分陶醉于我们人类对自然界的胜利"③,这样的胜利往往会以自然的报复作为回馈。现代资本主义大工业在表面上证明了人类对自然界的征服,人类也因此获得了丰富的物质财富,但因过度开发和利用自然而带来的环境污染、生态破坏、资源紧缺让人类苦不堪言。恩格斯在《劳动在从猿到人的转变中的作用》一文中,就对美索不达米亚、希腊、小亚细亚、阿尔卑斯山等地居民毁林开荒

---

① 《马克思恩格斯文集》第 1 卷,人民出版社 2009 年版,第 161 页。

② 《马克思恩格斯文集》第 1 卷,人民出版社 2009 年版,第 209 页。

③ 《马克思恩格斯文集》第 9 卷,人民出版社 2009 年版,第 559 页。

造成生态失衡、环境破坏而阻滞当地居民的生存发展的事实做了深刻分析。他鲜明地指出，切近的、眼前的利益在短时间内能达到预期的结果，但是随着时间的推移，往往会把最初的结果又消除了；由于缺乏整体性思维和可持续发展的战略眼光，"到目前为止的一切生产方式，都仅仅以取得劳动的最近的、最直接的效益为目的"①，总是会忽视或者不会预想到那些在晚些时候才会出现的累积效应的结果，忽视了自然界规定和制约着人的实践活动，不自觉地夸大人的主观能动性，而"不以伟大的自然规律为依据的人类计划，只会带来灾难"②。所以，人类为了自身的生存和发展，必须珍惜大自然，要像爱惜自己的身体一样爱惜大自然，只有大自然的健康发展才能为人类实现幸福和自由提供前提条件。

（二）人通过劳动改造自然实现自身价值

人类从自然界分化出来以后，就以人的方式而存在。虽然自然界是人类生存发展的空间以及为人类提供各种物质生活资料的场所，但是自然界不会主动或自然而然地满足人的需要，人决心以自己的行动来改变自然界的物质形态和存在方式，使其成为能够满足人的需要的现实性样态和方式。这种对对象世界即自然界的改造活动就是"劳动"或"物质生产"，这种活动是人类独有的活动，是人

①　《马克思恩格斯文集》第 9 卷，人民出版社 2009 年版，第 562 页。

②　《马克思恩格斯全集》第 31 卷，人民出版社 1972 年版，第 251 页。

类本质力量的体现，对于人类的生存和发展具有本体论的意义。"现实的人"正是在从事持续不断地改造自然界的劳动活动中，获得了满足人自身需求的各种物质生活资料，从而推动了人类的不断繁衍与发展以及社会的文明进步。因此，劳动是满足人类需求的主要方式，是人类"创造历史"的对象性活动，是人类社会得以存在和发展的前提，构筑了全部人类历史的基础。进言之，劳动活动调控自然的物质、能量和信息变换，选择、改变、转换自然的具体存在形态，维系、改造、创生自然的变迁形式。

人类社会是人类劳动的结果。恩格斯提出"劳动创造了人本身"，没有劳动就没有人和人的存在。只有"劳动和自然界在一起才是一切财富的源泉"①，才会有人的存在和发展。早在马克思恩格斯之前，威廉·配第就指出，劳动是"财富之父"，土地是"财富之母"。② 人的劳动和自然界有机结合，方能有人类社会的存续和进步，故"整个所谓世界历史不外是人通过人的劳动而诞生的过程，是自然界对人来说的生成过程"③。人的生命活动及其价值体现在人的生产劳动中，正是通过人的实践即现实的、感性的、对象性的活动，才将自然二重化为自在世界和属人世界。可以说，人的劳动实践是人类社会从自然界分化出来

---

① 《马克思恩格斯文集》第 9 卷，人民出版社 2009 年版，第 550 页。

② 《马克思恩格斯文集》第 5 卷，人民出版社 2009 年版，第 56—57 页。

③ 《马克思恩格斯文集》第 1 卷，人民出版社 2009 年版，第 196 页。

的前提，同时也是自然界与人类社会得以统一的基础。因此，人类社会是人通过劳动实现自身价值的结果。

（三）人化自然是人的本质力量的自我确证

马克思恩格斯对以往学界"人与自然"二元分离的抽象研究范式进行了扬弃，以"现实的人"作为逻辑起点，以人的感性实践活动作为其述说立论的现实基石，以辩证的、唯物的理论视野研究社会历史，建立了实践唯物主义的人化自然观。这种自然观首先是建立在唯物主义世界观基础上的，即承认自然的客观实在性和优先地位，在此前提下强调人的主体能动性，进而辩证地考察、分析和看待人与自然的内在关系，从而把自然界理解为人的本质力量对象化的前提和基础。正如马克思所言，人"通过实践创造对象世界"①，"工业的历史和工业的已经生成的对象性的存在，是一本打开了的关于人的本质力量的书"②。从人类的发展历程来看，人类行为最有创造性的一面就是不断超越现有的存在，并按照自己的理想诉求和现实需要将个人的意志、观念、理念、主体力量作用于自然界，使其变成人类的理想性状态和存在方式即人化自然。人化自然在一定程度上体现了人的目的、需要、意志、观念、情感等社会性因素，展现和确证了人的本质力量。人们通过和自然界的相互作用，不仅"生产自己的生活资料，同时间接

---

① 《马克思恩格斯文集》第 1 卷，人民出版社 2009 年版，第 162 页。

② 《马克思恩格斯文集》第 1 卷，人民出版社 2009 年版，第 192 页。

地生产着自己的物质生活本身"①。人如何进行生产，便如何存在，生产方式决定人的存在方式，进而决定着人的生活方式、思维方式和价值观念。正如黑格尔所言："每一方只有在它与另一方的联系中才能获得它自己的本质规定。"② 对象性的存在始终是事物的属性，一个事物的存在以另一个事物的存在为前提，否则这个事物也就不是该事物本身，而是另外的事物。自然界对人来说，是人的对象性的存在物；与人隔离开来的自然界即与人没有任何联系的自然界，对人来说是无，仅仅只是自在自然。人和自然都是对象性的存在物，通过人的劳动实践活动这个中介确证双方的存在，并将二者密切地联系在一起。正是因为人作用于自然界的"对象性活动"，地球发生了翻天覆地的变化，世界打上了人类意志的烙印，进而确证了人的本质力量，使自在自然变成人化自然，实现了人与自然的动态的、历史的统一。

二 社会与自然互动生成的历史观

建设美丽中国，是要建设生态良好、环境优美的中国，实现人与自然的和谐共生，然究其实质来说，是要达到"自然—人—社会"三位一体的和谐共生。马克思恩格斯的辩证唯物主义生态观科学地揭示了"自然—人—社会"互

---

① 《马克思恩格斯文集》第 1 卷，人民出版社 2009 年版，第519 页。

② ［德］黑格尔：《小逻辑》，贺麟译，商务印书馆 1980 年版，第255 页。

动生成的内在机制，阐明社会即是在自然提供物质资料的基础上人类劳动的结果，是自然人化的产物。社会与自然在人的实践活动的中介下，不断进行着物质、能量、信息的变化与生成，自然与社会的发展史是一个互动耦合的过程。在新时代建设美丽中国的大背景下，探究马克思恩格斯关于社会与自然的相互关系的思想就显得尤为重要。

（一）社会与自然处在不断的物质变换过程中

只要有人存在，就会发生人与自然不间断的物质变换关系，进而发生社会与自然之间的不间断的物质交换关系。马克思把人类社会与自然界看作一个有机统一的整体。社会的进化是一个不断变化的自然历史过程，对人类社会的理解不能脱离社会与自然的辩证关系，社会历史就是自然不断人化的社会历史，其价值取向就在于合理地利用自然以维护人类自身的根本利益，危害自然无异于损害人类自身生存的根基。"人对自然的关系直接就是人对人的关系。"① 社会以自然进化为基础，是灌注了人的主体性的关系性存在物，是自然的人化过程及其结果。

物质生产实践活动是联结人与自然的中介，物质生产实践活动的过程是人与自然之间主要的物质变换过程，也正是在此过程中，结成了人与人的社会关系。所以，在人与自然物质变换的过程中，一方面，形成了人与自然之间最根本的物质关系，生成了人改造自然的能力即生产力；另一方面，结成了人与人之间的合作和利益关系即生产关

① 《马克思恩格斯文集》第 1 卷，人民出版社 2009 年版，第 184 页。

系；与此同时，还形成了人对自然、社会及自身的意识，形成了人类社会的结构、属性和特征等各种要素。这一过程，是自然人化的过程，也是社会历史的形成过程，自然的历史和历史的自然处于一种交互决定与作用的过程中。马克思恩格斯的唯物史观既肯定了人类社会有赖于自然的物质基础条件，又肯定了人类的实践活动对自然造成的客观影响。人的实践活动将人的主体性与自然的客观性相联结，在遵循自然界各种物质发展规律的基础上，把人的内在尺度运用到自然物上，按照人的方式改变自然物运动的方向、状态和过程，使自然物转变为人类的"为我之物"。人通过实践活动把自己的特征、属性、观念、情感和意志注入自然物，转化成客观存在的人化自然。与此同时，自然（客体）在人的实践活动中，按照主体的需求和意志发生了结构、功能和形式的变化，形成了自然界原本不存在的对象物，转变为人类世界中的一部分，即"在生产中，人客体化，在消费中，物主体化"[①]。人在实践中，通过对象化活动改变自然，同时把自然作为生活资料加以消费，转变成人的肉体或思维力量。因此，自人类产生以来，自然的发展和人类的发展存在不可分割的内在联系。

（二）自然史与人类史是耦合互动的过程

马克思之前的历史观，把现实的生产生活与历史进程分离看待，是一种离开人们的社会存在和物质生产来抽象地描述人类历史的思辨历史观即唯心史观。这种历史观未

---

① 《马克思恩格斯全集》第 46 卷（上），人民出版社 1979 年版，第 26 页。

从人的实践活动出发来讨论人类历史的发展过程、本质和规律，人为割裂了历史与现实生活的内在统一关系。马克思恩格斯从人的物质生产实践活动出发，强调历史与人类现实生活的辩证统一关系，即"历史是人的真正的自然史"①。在马克思恩格斯看来，历史是在人与自然的相互作用过程中生成的，人类社会同自然界一样有它自己的发展史，"历史本身是自然史的一个现实部分，即自然界生成为人这一过程的一个现实部分"②。因此，人类在探讨历史的过程中，必须把"人类的历史"同人与自然相互作用以及人与人相互交往的历史联系起来研究和探讨。马克思在《1844年经济学哲学手稿》中指出，关于自然的发展过程及规律的自然科学和关于人的发展过程及规律的历史科学是辩证统一的，即"自然科学往后将包括关于人的科学，正像关于人的科学包括自然科学一样：这将是一门科学"③。人类世界是"工业和社会状况的产物，是历史的产物，是世世代代活动的结果"④，是人类的物质生产实践活动作用于自然界的直接结果。因此，人类史与自然史不可分割。

---

① 《马克思恩格斯文集》第1卷，人民出版社2009年版，第211页。

② 《马克思恩格斯文集》第1卷，人民出版社2009年版，第194页。

③ 《马克思恩格斯文集》第1卷，人民出版社2009年版，第194页。

④ 《马克思恩格斯文集》第1卷，人民出版社2009年版，第528页。

自然史与人类史相统一的基础是人类现实的、感性的、对象性的实践活动。人与自然的关系具有社会历史性，"与人分隔开来的自然界，对人来说也是无"①，即只有与人发生实践的、现实的关系的自然界对人来讲才是有意义的自然界，也只有在人类社会中，自然界才会成为人的对象化活动结果的确证和展示。人的物质生产实践活动不仅生成了人类社会的基本结构、各个领域和各种关系，同时还成为推动人类社会发展变迁的根本动力。人与自然物质变换的方式决定着人的社会关系、社会领域和社会结构的基本性质和状态，即"他们是什么样的，这同他们的生产是一致的——既和他们生产什么一致，又和他们怎样生产一致"②。在人的物质生产实践活动的作用下，不仅推动了人类社会的变迁发展，同时也推动了自然界的变化和发展。因此，以人的物质生产实践活动为中介，人类社会成为"人同自然界的完成了的本质的统一"③，自然史与人类史就是耦合互动的过程。

（三）资本主义生产方式导致人与自然在物质变换过程中的紧张对立

马克思恩格斯的辩证唯物主义生态观不仅阐释了人和自然、人类社会史和自然史的辩证统一关系的一般规律，

---

① 《马克思恩格斯文集》第1卷，人民出版社2009年版，第220页。

② 《马克思恩格斯文集》第1卷，人民出版社2009年版，第520页。

③ 《马克思恩格斯文集》第1卷，人民出版社2009年版，第187页。

还揭示了资本主义生产方式中具体的人与自然矛盾的根源及其解决途径。马克思指出："资本是资产阶级社会的支配一切的经济权力。"① 资本的直接目的是攫取最大利润，为了实现这一目的，它调动一切因素和条件为其服务。在梳理资本原始积累的历史的基础上，马克思得出结论认为："资本来到世间，从头到脚，每个毛孔都滴着血和肮脏的东西。"② 可以说，人类社会在机器大工业发展以来所遭遇的各种生态环境问题，如环境污染、生态恶化、资源短缺等都是资本片面追求最大利润的恶果。简言之，以片面追求最大利润为目的的现代资本主义私有制造成了人与自然关系的恶化，甚至带来了自然对人的报复。

马克思恩格斯从人类社会历史的角度对造成严重生态危机的现代资本主义生产方式进行了科学的分析并揭示出其本质。的确，资产阶级用了不到百年的时间创造了巨大的生产力，推动了人类社会的巨大进步。但与此同时，在资本逻辑的统治和支配下，在追逐剩余价值的驱动下，资本主义生产方式阻断了人与自然之间的本真关系，城市与乡村的分离与对立"使人以衣食形式消费掉的土地的组成部分不能回归土地"③。进言之，资本控制下的科技进步，是以破坏生态环境为前提的，人与自然之间的和谐关系发

---

① 《马克思恩格斯文集》第 8 卷，人民出版社 2009 年版，第 31—32 页。

② 《马克思恩格斯文集》第 5 卷，人民出版社 2009 年版，第 871 页。

③ 《马克思恩格斯文集》第 5 卷，人民出版社 2009 年版，第 579 页。

生了严重的紧张对立，日益恶化的生态环境正成为阻滞人类社会向前发展的巨大阻力。

资本主义生产方式将手段异化为目的，忽视自然价值和生态成本。在资本主宰的条件下，资本变成了主体和目的，人则变成了受资本控制和奴役的客体，正如马克思在《共产党宣言》中所指出的，"在资产阶级社会里，资本具有独立性和个性，而活动着的个人却没有独立性和个性"①。资本家首先考虑的是最近的、最直接的结果，即获得最大利润，毫不关心人与自然的和谐共生。"西班牙的种植场主曾在古巴焚烧山坡上的森林，以为木灰作为肥料足够最能赢利的咖啡树利用一个世代之久。"② 至于焚烧之后带来的后果，也就是之后的暴雨冲毁沃土，他们漠不关心。资本主义生产的目的不是获得产品的使用价值，而是追求剩余价值的最大化，"作为资本家，他只是人格化的资本。他的灵魂就是资本的灵魂。而资本只有一种生活本能，这就是增殖自身，创造剩余价值，用自己的不变部分即生产资料吮吸尽可能多的剩余劳动。资本是死劳动，它像吸血鬼一样，只有吮吸活劳动才有生命"③，这就决定了资本主义生产将自然界看作掠夺和获取利润的来源地，其直接结果就是导致人与自然关系的严重变异。在资本主义

---

① 《马克思恩格斯文集》第 2 卷，人民出版社 2009 年版，第 46 页。

② 《马克思恩格斯文集》第 9 卷，人民出版社 2009 年版，第 562 页。

③ 《马克思恩格斯文集》第 5 卷，人民出版社 2009 年版，第 269 页。

社会，由于资本的主体化，资本必然会像人盘剥人一样剥削自然界，在机器大工业和货币资本为主导的控制下，"生产力已经不是生产的力量，而是破坏的力量"①，这就必然造成人与自然界的严重对立，像历史上的波斯、美索不达米亚、希腊那样的土地荒芜的历史就可能再次发生，资本主义生产力的发展必然会引发摧毁人类生存之基的生态危机。

资本逻辑把人变成了非人，主体的非主体化。恩格斯在《英国工人阶级状况》中，这样描述曼彻斯特工人阶级的生活情境：臭气熏天的死水洼、暗绿色的淤泥坑、杂乱的垃圾瓦砾、街上到处乱跑的猪、腐烂的动植物体等，"一切最使我们厌恶和愤怒的东西在这里都是……工业时代的产物"②。这种劳动模式终将造成毁坏人类生存根基的结果，因为一切生活都以获得货币财富为生产的最终目的，"一切可以保持清洁的手段都被剥夺了"③，污物和粪便被随意地倒在街上，诸如漂白工等对健康十分有害的职业，工人明知其有害，但迫于生计不得不把对肺部极其有害的物质吸进去。"对于工人来说，甚至对新鲜空气的需要也不再成其为需要了……人不仅没有了人的需要，他甚

---

① 《马克思恩格斯文集》第 1 卷，人民出版社 2009 年版，第 542 页。

② 《马克思恩格斯全集》第 2 卷，人民出版社 1957 年版，第 335 页。

③ 《马克思恩格斯文集》第 1 卷，人民出版社 2009 年版，第 410 页。

至连动物的需要也不再有了。"①"伦敦人为了创造充满他们的城市的一切文明奇迹，不得不牺牲他们的人类本性的优良品质。"② 资本主义工业生产制造了自然本身不能降解的垃圾，集聚了大量的过剩生产工人，对物质生活资料供给造成巨大压力，同时增加了环境压力和对生态环境的奴役程度。资本家所关心的只是手中的资本如何增殖以及眼前切近的利益，对工人的身心健康以及人类的长远利益却视而不见。自然在这种生产方式下，当然不会被视为人的"无机的身体"，而是资本盘剥和增殖自身的工具和手段。进而，资本主义私有制通过雇用工人的方式为其生产商品，进而血腥剥夺和无偿占有工人生产的剩余价值。可以说，这种私有制驱使所有的一切都成了资本家牟取私利的工具，劳动力也因此遭到衰退和破坏。

总之，资本主义生产方式必然导致生态危机。在资本逻辑统治和支配下的世界，"人格化的资本"与异化的劳动相结合，对自然界进行疯狂的掠夺与盘剥，人与人之间也成了赤裸裸的利益关系。资本主义社会，在资本的统治下，资本仅仅考虑利润最大化这个唯一目的，不断扩大生产规模，无限制地生产商品，这种生产方式的结果必然导致供给大于需求，从而导致生产严重相对过剩，进而导致严重经济危机的爆发。与此相伴随的是，资本还促使大量

① 《马克思恩格斯文集》第 1 卷，人民出版社 2009 年版，第 225 页。

② 《马克思恩格斯全集》第 2 卷，人民出版社 1957 年版，第 303 页。

的不合理消费，最终导致生态失衡。总体上，这种生产方式是以浪费自然资源和牺牲生态环境为代价的，完全违背了自然发展的规律。实质上，生态危机是以"天灾"为表象的"人祸"，即人类在工具理性指引下不合理地发挥自己的主观能动性，过度地干预、开发和利用自然资源，导致了气候变暖、土地沙漠化、物种消失、空气污染等。此种人与自然关系的恶化，表面上看是人改造自然能力的提升，其背后是社会制度、社会运行和社会实践出现了问题。要从根本上解决自然界对人类的"报复"即人与自然的矛盾，需要对与资本主义"生产方式连在一起的我们今天的整个社会制度实行完全的变革"①。

马克思恩格斯的生态观对资本主义生产关系以及建立在此基础上的私有制导致生态危机根源的分析，为我们正确看待社会主义市场经济体制，开展生态文明建设提供了很好的指导。社会主义市场经济是对资本主义生产方式的辩证否定，对资本的二重性逻辑采取了历史和辩证的态度。一方面，充分发挥资本的积极作用。资本是创造物质文明和推动社会发展的强大力量，是实现经济增长的重要手段，具有发展生产力和推动人类社会进步的文明向度，"为个人生产力的全面的、普遍的发展创造和建立充分的物质条件"②。另一方面，积极有效防御资本的破坏作用。

---

① 《马克思恩格斯全集》第 20 卷，人民出版社 1971 年版，第 521 页。

② 《马克思恩格斯全集》第 30 卷，人民出版社 1995 年版，第 512 页。

社会主义市场经济在明确资本逻辑边界的基础上，以实现共同富裕和公平正义为社会发展目标，遵循发展为了人的价值取向，在发展与规约资本中达到动态平衡。发展社会主义市场经济，就是将资本发展生产力的文明向度与社会主义的制度优势有机结合，发挥社会主义制度的优势，有效防止资本无限制膨胀和破坏性，"将资本追求自身利润的活动纳入为全社会最广大人民群众的根本利益服务的轨道"①。

三　未来新社会实现两大和解

马克思恩格斯对人与自然关系、人与社会关系以及社会史与自然史关系的探究，乃至由资本主义生产方式所产生的人与自然异化关系的根源的解析，旨在寻求实现人与自然和谐共生与良性发展的有效途径，进而在此基础上寻求实现人的自由全面发展和人类最终幸福的根本路径。因此，认真分析马克思恩格斯生态观中所包含的构建共产主义新社会的价值指向，对于新时代建设美丽中国，坚守美丽中国建设的价值指向十分必要。

（一）共产主义是对资本主义私有财产的积极扬弃

消灭资本主义生产方式，建立共产主义生产方式是解决资本主义生态危机的根本出路。资产阶级国民经济学家由于其阶级局限性，把维护资本主义私有制作为其立论的预设前提，故未能真正批判性地分析资本主义社会的剥削

---

① 王巍：《马克思视域下的资本逻辑批判》，人民出版社2016年版，第209页。

本质，也就无法科学揭示资本主义社会发展的客观规律及其历史趋势。马克思在批判资产阶级政治经济学的基础上，科学预见资本主义社会的发展趋势，提出了对资本主义私有财产的积极扬弃即对人的自我异化的积极扬弃，从而提出了否定并解决资本主义社会现实问题的新社会形态即共产主义社会。共产主义是对资本主义社会进行现实改造的现实运动，意味着走出人类史前的"必然王国"，进入开辟真正人类历史的"自由王国"。在资本主义时代，由于资本主义制度的局限性，"技术的胜利，似乎是以道德的败坏为代价换来的"①。资本主义私有制是造成社会不公和生态恶化的根源，因此，扬弃资本主义私有制是彻底解决问题的根本途径。具体来说，对资本主义私有制的扬弃体现在两个方面：其一，实现"对人的本质的真正占有"，使"眼睛成为人的眼睛"，"效用成了人的效用"，"别人的感觉和精神也为我自己所占有"，"以社会的形式形成社会的器官"②，人走出异化的阴霾，从而达到人的丰富性，实现人的本质的回归；其二，由社会共同占有生产资料和劳动产品，自然摆脱作为效用的工具理性的对象，通过社会化生产，所创造的劳动产品由全体劳动者共同占有。在共产主义社会，自由人联合体是最高价值目标，劳动成为人的第一需要和施展个人才能的手段，"任何人都

---

① 《马克思恩格斯文集》第 2 卷，人民出版社 2009 年版，第 580 页。

② 《马克思恩格斯文集》第 1 卷，人民出版社 2009 年版，第 190 页。

没有特殊的活动范围，而是都可以在任何部门内发展，社会调节着整个生产"①，人的自由时间更多地被用于满足更好生活的需要，每个人都能发挥自己的才能、特长且乐意为整个社会的发展做贡献，享有身心愉悦的自由王国的美好生活。到那时，人们将可以认识并掌控自然力和社会力，充分认识了它们的作用和活动方向，从而能够使它们服务于人的活动并进而实现人的良好愿望。人们可以按照生产力的本性发挥其功能，改变社会的盲目生产状态，人不仅作为自然的主人而存在，而且也是社会的主人，真正实现了人与自然的和谐共生。

（二）共产主义是人道主义和自然主义的统一

人首先要尊重自然发展的客观规律，在自然界允许的范围和程度内从事相应的活动，达成与自然界的和谐统一。真正合乎人性的人，是"第一次成为自然界的自觉的和真正的主人"②。从客体来说，人需要在对象世界中肯定自己，"只有当对象对人来说成为社会的对象"③ 时，人才能在对象物中找到自己的社会位置。从主体来说，人的本质力量的对象化的范围、深度与广度与人的本质的丰富性直接相关。食不果腹，整天为生计而忧愁的人一般来说没有闲情逸致去欣赏身边的美景，更没有能力去创造"美"；

---

① 《马克思恩格斯文集》第 1 卷，人民出版社 2009 年版，第 537 页。

② 《马克思恩格斯文集》第 9 卷，人民出版社 2009 年版，第 300 页。

③ 《马克思恩格斯文集》第 1 卷，人民出版社 2009 年版，第 190 页。

同样，把自然资源作为个人盈利目的的主体，一般也不会关注自然美的特性本身。只有具备了人作为人的性质，即人的本质对象化的全部丰富性，人才能具备成为现实的、具有共产主义意识和能力的"新人"。共产主义是"人和自然界之间、人和人之间的矛盾的真正解决"①，人与自然界完成了本质的统一，人与自然在本质上融合为一个整体的"生态人"。在共产主义社会，人类以合乎人性和世界本身的本真性的有机整体方式去改造自然，熟练地运用与支配自然规律，自觉地创造自己的历史，达到预期的目的与效果，从"必然王国"走向"自由王国"。

（三）从人与人的和解走向人与自然的和解

生态危机实质上是一个人类社会问题。人与自然的和解有赖于人与人的和解，只有消除人类社会中的异化问题，方能达到人与自然的和谐共生。人类在掌握自然规律的基础上改造自然，使自然适应于人的需要和发展，在改造自然的同时改造人自身。人不是在某一种规定性上再生产自己，而是生产出他的全面性，人作为人即作为一个完整的人，将以一种全面的方式占有自己的全面本质。人是"类存在物"，与动物有着本质的区别，人类只有打破其满足直接的肉体需要的生物学限制时，才是真正意义上的"人"。人懂得按照任何一个种的尺度来进行生产，即按照"美的规律"来建造。要实现人与自然之间的真正和解，必须达成人与人之间的真正和解，就是说，要从解决人与

————————

① 《马克思恩格斯文集》第 1 卷，人民出版社 2009 年版，第 185 页。

人之间的矛盾和冲突入手。自然资源是有限的，而人的欲望是无限的，必须控制人自身的贪欲，遏制盲目生产和盲目消费，尊重自然规律和人类自身的需求规律，善待自然和人自身，与自然达到真正的和谐共生、共荣、共发展。这就要求人类必须理性地认识和发挥自己的能动作用，深刻掌握自然的规律，合理改造和利用自然客体，预判日常的生产生活行为可能造成的不良后果，深刻认识人自身和自然界在发展过程中的内在统一性，以整体性思维来对待人与自然以及人与人的关系。

　　共产主义社会是在以充分发挥人的主观能动性和发展社会生产力为目的的基础上，实现人与自然和谐共生的理想社会形态。生产力的发展不以人的意志为转移，在资本主义社会，生产力的发展将会使资本主义生产关系成为其制约因素，特别是制约了劳动者的自由全面发展，使人成为片面发展的"单向度的人"，人的劳动只是为资本家创造货币财富的活动，而不是生命的本质性活动，社会也随之成为只注重货币财富增长的畸形的社会——在现代资产阶级社会中，"生产表现为人的目的，而财富则表现为生产的目的"①。当社会中的一部分人以强权独占了社会的公共权力，并以之作为牟取私利的工具去侵害他人利益的时候，人与自然的关系就不能朝着良性发展的方向前进，这在客观上就要求对现今资本主义社会制度实行完全的变革。在共产主义社会，"社会化的人，联合起来的生产者，

---

　　①　《马克思恩格斯全集》第 30 卷，人民出版社 1995 年版，第 479 页。

将合理地调节他们和自然之间的物质变换，把它置于他们的共同控制之下，而不让它作为一种盲目的力量来统治自己；靠消耗最小的力量，在最无愧于和最适合于他们的人类本性的条件下来进行这种物质变换"①。

综上分析，马克思恩格斯的生态观是建立在科学分析人、自然和社会关系的内在机制基础上的新型生态观，是对传统以自然为中心的自然唯物主义学说的超越，更是对资本逻辑的超越即对资本主义社会中片面追求资本增殖最大化而忽视保护生态环境的现代工业运行机制与制度的批判和反思，其直接价值指向是在实现人与自然和谐共生、良性发展的基础上追求人的解放和人类幸福。在马克思恩格斯看来，共产主义社会才是最适合人的本性的理想社会，这样的社会以遵循自然规律为前提，从人与人的关系和解的角度入手，最终解决人与自然之间的矛盾和冲突。因此，建设美丽中国，必须以马克思恩格斯生态观为指导，不断满足人民日益增长的美好生活需要，为中国人民实现自身的自由而全面的发展创设条件，从而实现人（社会）与自然、人与人关系的和谐共生。

第三节 生态学马克思主义的生态思想

生态学马克思主义形成于 20 世纪 70 年代，在八九十年代得到发展，它继承了马克思恩格斯人与自然关系理论

---

① 《马克思恩格斯文集》第 7 卷，人民出版社 2009 年版，第 928—929 页。

思想，扬弃了西方马克思主义，特别是法兰克福学派的工具理性思想，吸收了生态科学、系统论等理论成果，是聚焦生态问题的马克思主义流派。生态学马克思主义认为资本主义生产方式、消费方式以及技术的非理性使用是生态危机产生的主要根源，虽然各学者的观点和角度不一，但是对于资本主义的批判是一贯的，指认资本主义制度的趋利本质具有反生态性，利益至上，无节制无限度生产与消费，疯狂掠夺自然资源并将触角延伸到全球，毁坏了人类生存的根基，是走向毁灭之路，亟须建立生态理性的生态社会主义社会。

一 生态学马克思主义的主要代表人物及其思想理论

生态学马克思主义主要在欧美各国产生，国外关于生态学马克思主义研究的主要代表人物及著作有：威廉·莱斯（William Leiss）的《自然的控制》（1972）和《满足的极限》（1976）、霍华德·帕森斯（Howard L. Parsons）的《马克思恩格斯论生态学》（1977）、本·阿格尔（Ben Agger）的《西方马克思主义概论》（1979）、安德瑞·高兹（Andre Gorz）的《资本主义、社会主义和生态学》（1991）、瑞尼尔·格伦特曼（Reiner Grundmamn）的《马克思主义与生态学》（1991）、戴维·佩珀（David Pepper）的《生态社会主义：从深生态学到社会正义》（1993）、詹姆斯·奥康纳（James O'connor）的《自然的理由：生态学马克思主义研究》（1997）、约翰·福斯特（John Bellamy Foster）的《马克思主义的生态学：唯物主义与自然》（2000年）。生态学马克思研究的核心问题：一是探究产生生态危机的缘由，包括对资本主义制度及生产方式的批判、异化消费与资本主义制度下技术的非理性使用的批判等；二是寻求生态危机的路径，建立人与自然和谐发展的生态社会主义的新型社会模式。

对资本主义制度及其生产方式的批判。当代资本主义的生态危机不是一个纯粹的自然的或科学的问题，科技运用的背后是承载它的社会制度，即资本主义制度及其生产方式的内在矛盾和运行特点，而资本的全球运行又使生态危机具有了全球性的特点。资本依其本性而言是拙于对外部事物的保护的，"资本不会费心思去保护那些不属于他们自己所拥有的生产力，如掌握某些稀罕技艺的工人，这是一条规律"①，奥康纳从生产的自然生态条件限制上对资本主义展开生态批判。资本主义是自我无限扩张的系统，资本贪婪的本性与自然界的无法自我扩张的结果是自然界的破坏与污染加剧，资本主义把自然界看成受价值规律和资本主义积累过程的受支配的自然，"通过危机来实现资本积累"②，将企业的成本转嫁给自然和社会。当资本主义因需求不足导致的经济危机与生产条件导致成本上升的第二重危机同时发生作用的时候，"北部国家"就将危机嫁接到"南部国家"，导致对全球民众生存权利的掠夺，对

① ［美］詹姆斯·奥康纳：《自然的理由：生态学马克思主义研究》，唐正东、臧佩洪译，南京大学出版社 2003 年版，第 504 页。

② ［美］詹姆斯·奥康纳：《自然的理由：生态学马克思主义研究》，唐正东、臧佩洪译，南京大学出版社 2003 年版，第 408 页。

世界范围内穷人欠下了"生态债",并毁坏资本自身的生产与再生产的根基与条件。福斯特挖掘了"物质变换"概念,认为马克思的物质变换理论是马克思生态学的内核,为以物质变换的"断裂"为基础来认识资本主义制度下的人与土地、农业、城乡分离问题提供了视角。他在《生态危机与资本主义》中对资本主义的"结构性不道德"进行批判,认为资本主义以利润与积累为目标的制度是"踏轮磨坊的生产方式","资本需要在可预见的时间内回收……资本主义投机商在投资决策中短期行为的痼疾便成为影响整体环境的致命因素"①,揭示了资本主义的异化特性。在《反对资本主义的生态学》中,揭示了资本主义生产不是建立在人的基本需要的基础之上,而是追求经济利益的最大化。资本的无限扩张本性与生态系统的有限性发生冲突,生态危机成为必然。福斯特所发展了的"新陈代谢断裂"理论,是马克思主义对生态唯物主义和生态辩证法的运用,提出了世界范围内的生态革命与社会主义革命的来源与指向的同一性,破除资本的宰制走向自然与人类的双重解放。佩珀认为资本主义对资源环境的需求随生产的扩大也相应地越来越大,于是资本家采取了"成本外在化"的办法,把自然带来的收益留给自己,把破坏了的环境丢给社会,甚至转嫁给第三世界。针对绿色运动受无政府主义影响,一味强调人类行为对自然的破坏性后果,不能看清生态危机产生的真正根源的现实,佩珀做了回应,自由

----

① [美] 约翰·福斯特:《生态危机与资本主义》,耿建新等译,上海译文出版社 2006 年版,第 3—4 页。

放任的资本主义通过关贸总协定（GATT）将全球裹挟进资本主义，得其生态精华而留下生态与贫困的难题，将污染性产品倾销到发展中国家，并将清洁生产技术、环保技术进行封锁，"资本主义的生态矛盾使可持续的或'绿色的'资本主义成为一个不可能的梦想，因而是一个骗局"①。

对资本主义条件下的技术与消费的批判。生态学马克思主义在吸收马克思关于"自由自觉的劳动"和法兰克福学派对消费主义文化的批判的基础上，将消费主义与资本主义制度的批判结合起来。本·阿格尔认为，人的需求是生态系统不可分割的组成部分，资本主义的社会危机从生产领域转移到消费领域，表现形式由经济危机变为生态危机，造成全球生态危机的主要根源在于扭曲人性的异化消费。资本主义是一种异化劳动，人们不能从创造性的劳动中获得自由的体验与自我实现，于是为了逃避劳动过程中的异化，把自由与幸福寄托在闲暇的商品消费中，这种消费并非人的真实需要，而是受广告所支配的一种反叛，是一种符号象征性消费。高兹在《经济理性批判》中把资本主义社会前后的消费观念的演变描述为"够了就行"到"越多越好"，这源于人们的"计算与核算"的经济理性的支配，衡量人的幸福的标准也异化为代表财富的物品的多少与样式，这种生存方式与消费观念造成了人对商品的无限度追求，这又进一步造成了环境危机。佩珀认为，资

① ［英］戴维·佩珀：《生态社会主义：从深生态学到社会正义》，刘颖译，山东大学出版社2012年版，第110页。

本诱使人们过度消费和虚假消费，并对海外倾销，耗费了大量的自然资源，破坏了生态环境，吞噬维持其生产与再生产的资源基础，正如奥康纳讲到的，"通过广告、包装、款式变化、型号变化、产品升级换代以及信用购物等浪费了资源……这种'销售努力'不仅浪费了资源也导致了环境污染"①。

对于技术作为工具理性的批判，莱斯认为，科学技术成为控制自然与人的工具，异化消费和科技的非理性使用是生态危机的重要根源，本质上，这源于无限地生产与挥霍性的消费，即异化劳动和异化消费的生存模式与外部有限制的自然发生矛盾，控制自然的背后是人对人的社会控制。他认为科技不是中性的，反映了"个人和社会以及人与自然之间的关系"②，揭示了统治集团以科学技术作为中介对他人的控制，在《满足的极限》中揭示出人的幸福与满足定义为对商品的消费和占有，消除生态危机需要建立一种新的需求理论。奥康纳讲，人类的生活越来越受技术的中介，技术与政治、经济、文化的关系缠绕在一起，互相影响互相制约。技术提高了劳动生产率，促进了资本的积累。资本主义技术的设计，目的是对劳动阶级的控制，同时，技术"控制自然"的观念将人与自然的关系简化为一种控制与被控制的工具性关系，资本主义的生产技术不

---

① 〔美〕詹姆斯·奥康纳：《自然的理由：生态学马克思主义研究》，唐正东、臧佩洪译，南京大学出版社 2003 年版，第416 页。

② 曾文婷：《"生态学马克思主义"研究》，重庆出版社 2008年版，第71 页。

可能以生态原则作为技术，瓦特发明蒸汽机有益于经济发展，对生态环境来说却是灾难性的后果，这是从技术的非理性运用导致了生态危机的发生来说的。高兹在《作为政治学的生态学》中指出，资本主义的技术与其生产逻辑相一致，使资本获得了对劳动的控制力。在资本主义条件下，指向利润与资本积累的技术对自然通常是有破坏性的。

技术理性与异化消费都是与人的自由全面发展相悖的异化表现形式，人的真正需要在于创造性劳动，即自由劳动。生态学马克思主义强调要在改变资本主义制度的基础上对"人的非理性的需要和欲望"进行控制，恢复人的尊严与人对自然的敬畏，将异化了的"消费社会"回归到感性社会生活，因为消费不是人生的根本目的，消费为了生活，而生活不是为了消费。生态学马克思主义者的批判始终建立在如何实现人的本质和人的自由解放的基础上，将消费主义价值观与工具主义技术观提升至对资本主义制度的批判，开拓了历史唯物主义的理论空间。

构建生态社会主义的图景。在构建生态社会主义上，生态学马克思主义者有不同的设想。莫里斯在《乌有乡消息》中要求用艺术品代替廉价商品，物品的生产是为需要而生产，制造物品的活动也是快乐的，即"我们只制造我们所需要的东西"①。高兹在《资本主义、社会主义和生态学》中指认社会主义不以利润作为生产的动机，"每个人

---

① ［英］威廉·莫里斯：《乌有乡消息》，黄嘉德等译，商务印书馆1981年版，第118页。

的收入不再是其出卖劳动所获得的价格"①，更少地生产、更好地生活与人的所有活动自主化是社会主义的特征。科威尔在《自然的敌人》中描述了人的生存状态："社会成为一个个封闭的社区的集合……每一个如原子般孤立的自我都与自然相分离。生产资料公有制为基础，以生态为中心来组织生产，从而走向完全的共同体。"② 萨卡在《生态社会主义还是生态资本主义》中提出了不仅反对资本主义，而且反对工业社会和市场经济的激进观点。他认为，社会主义区别于资本主义之处是价值观的不同，主张用抑制经济增长和培养新人的方式来解决当前的生态和社会问题。福斯特强调"自然社会化"，用公有共享来保护生态环境，通过政治的手段将自然加以保护，自然的社会化不是极权主义，而是一种民主的反资本主义的社会主义策略。他认为《我们共同的未来》的实质是为资本的需要做了许诺，而不是环境，要真正实现生态上的可持续性，需要控制可再生与不可再生资源的利用率和环境污染的程度。佩珀在批判生态中心主义的基础上阐释了其"弱"人类中心主义的自然观，佩珀说的人类中心主义是"一种有益于自然的'弱'人类中心主义，而不是把非人世界仅仅作为实现目标的手段、可避免的'强'人类中心主义。"③

---

① Gorz Andre, *Capitalism*, *Socialism and Ecology*, Translated by Chris Turner, London, 1994, p. 6.

② ［美］乔尔·科威尔：《自然的敌人》，杨燕飞、冯春涌译，中国人民大学出版社 2015 年版，第 221 页。

③ ［英］戴维·佩珀：《生态社会主义：从深生态学到社会正义》，刘颖译，山东大学出版社 2005 年版，第 41 页。

他认为"浅"绿色和"深"绿色的环境主义者，都破坏了人与自然的关系，应将国际"绿色运动"引向"生态社会主义运动"，以破除资本主义生产方式及其全球性的关系。他认为未来社会构建的原则是人类中心主义和人本主义的，人类需求在社会主义发展中多样丰富，不拒绝生产和工业本身，照顾大多数人的"环境"关切，实施唯物主义的社会变革。奥康纳对生态学社会主义作了定义，即"希求使交换价值从属于使用价值，使抽象劳动从属于具体劳动，这也就是说，按照需要（包括工人的自我发展的需要）而不是利润来组织生产"①。总体上看，生态社会主义是经济、社会与生态全面发展的社会，经济上满足人们的合理良性需求与生态标准，生活上以自由劳动为主旨，文化上建立健康、丰富的文化需要。

二　生态学马克思主义对马克思主义生态内蕴的承续与重构

马克思恩格斯的生态思想，立足于人与人之间的关系，特别是对私有制的资本主义生存模式的批判，从人与人的社会关系层面揭示了解决生态危机的根本途径在于资本主义必然被社会主义代替的规律，在这些基本的观点上，生态学马克思主义的立场与马克思主义相一致。生态学马克思主义内部，少数认为马克思主义中存在生态思想

---

① ［美］詹姆斯·奥康纳：《自然的理由：生态学马克思主义研究》，唐正东、臧佩洪译，南京大学出版社 2003 年版，第 525—526 页。

的"理论空场",如本·阿格尔、瑞尼尔·格伦德曼、詹姆斯·奥康纳等。约翰·福斯特、戴维·佩珀、豪沃德·帕森斯等大多数认为马克思恩格斯具有生态学的思想,开创了生态学马克思主义研究的先河。

生态学马克思主义承续马克思恩格斯的基本立场,承认自然的优先性(格伦特曼),人在改变自然的同时改变自己的自然本质(帕森斯),人类既要依赖自然又要控制、支配自然(莱斯)。生态学马克思主义强调要从资本主义生产方式中寻求原因,生产最大限度的利润(高兹),存在"成本外在化"的倾向(佩珀),对全球自然资源的掠夺和侵占(奥康纳),加剧了全球的生态灾难。解决当前的困境,就要废除资本主义制度,改变资本主义的利润动机,代之以社会主义的生态理性和生产方式。

现以奥康纳为例,来阐释生态学马克思主义的不同。一是生态学马克思主义提出了资本与自然生产条件之间矛盾所导致"成本型"利润收缩的"第二重矛盾"。不同于传统马克思主义关注需要,生态学马克思主义强调成本,即生产力和生产关系与生产条件(力量/关系)之间的矛盾。[①] 在马克思看来,有三种生产条件,人类劳动力、环境、基础设施(个体性的劳动条件、自然的或外在的生产条件、一般的、公共的生产条件),生态学马克思主义突出了环境、市政基础设施、空间等。以当时的现实来看,

---

① 奥康纳把力量/关系举例表述为:能持久产出的森林,土地开垦、对资源的规划,人口政策、健康政策,有毒废弃物处理的规划性等。

高成本的劳动力、原材料、基础设施和空间对资本的盈利能力构成了威胁，"它并不是作为商品，并根据价值规律或市场力量而生产出来的，但却被资本当成商品来对待的所有东西"①。时代的特点是与生产条件相关的问题都具有资本与公众相博弈的阶级性，国家机构与预算项目都努力通过环境和自然的资本化、劳动力、原材料、土地市场的合理化来帮助资本获取劳动力、自然或市政空间和基础设施。二是劳动观不同。传统马克思主义认为自然界和劳动是使用价值的源泉，但没有作为交换价值的财富来源，自然界是被动的、不计价值的，只有人化自然体现人的实践性和能动性；传统马克思主义把自然归结为经济基础，而文化作为上层建筑。生态学马克思主义认为，文化不仅有主观的意义，而且有客观的内容，自然与文化同样是劳动中的基本要素。三是以"生产性正义"代替"分配性正义"。奥康纳认为，不仅要批判资本主义分配的不合理，更应该从根本上追求人与自然矛盾的"生产性正义"。"分配性正义"是社会成员之间分配领域的公平正义，只分析抽象劳动和交换价值的关系，是定量关系，目的是所得平等，而"生产性正义"是生产活动的正当合理性，对具体劳动和使用价值进行分析，对资本主义进行定性批判，目的是生态和谐，揭示了生产能力，即土地、具体劳动与使用价值的退化及其对工人的具体劳动的生态剥削。四是对

---

① ［美］詹姆斯·奥康纳：《自然的理由：生态学马克思主义研究》，唐正东、臧佩洪译，南京大学出版社 2003 年版，第486 页。

社会主义构建的取向不同。传统马克思主义认为，社会主义的主要特征是生产力高度发展，生产资料归全体社会共同占有，无产阶级要占有国家机器并最终消灭阶级与国家。生态学马克思主义认为，社会主义是绿色的，要限制经济的发展以保护环境，要实行一种"混合经济"，采取改良的渐进方式。

三 生态学马克思主义的意义及其历史局限性

生态学马克思主义在马克思主义处于低潮、世界社会主义运动面临重大挫折的情形下，对马克思主义被遮蔽的关于生态环境严重伤害的表象背后的制度局限性进行深刻挖掘，揭露了资本主义制度的反生态性，并对绿色运动中的生态中心主义和无政府主义等思想流派进行批判和回击。绿色运动所说的"回到自然"中的"自然"实质上是立足于卢梭的、鲁滨逊式的想象的"自在自然"，就是让人类回到洪荒年代的远古，让人类与动物一样处在平等的竞争中，从而建立生物与环境伦理秩序，这就是生态中心主义的本质内容①，生态学马克思主义的批判具有明显的革命性。当前，中国不能完全取消资本、技术、生产与消费在社会运行中所扮演的角色和作用，生态学马克思主义倡议创建新的生活方式，环境公正、绿色消费等对于解决日益趋向严重的中国生态问题具有启示意义，所提倡的关于构建生态社会主义坚定了社会主义理想信念。

---

① 刘仁胜：《生态学马克思主义概论》，中央编译出版社2007年版，第190—191页。

　　但是囿于特定的历史条件和历史环境，生态学马克思主义理论存在一定的局限性，造成了"自然的解放"与"人的解放"的分裂，有些论述明显低于马克思主义生态理论的高度，我们需要加以甄别。其局限性主要有，对"传统社会主义"的认识存在严重的片面性，试图用"生态危机论"取代"经济危机论"，过分强调生态问题在社会发展中的"决定意义"，夸大了人与自然的矛盾，生态社会主义放弃科学社会主义，带有乌托邦性质，最终走向空想。生态学马克思主义从生态视角对资本主义生存模式的批判，特别是把异化消费看成生态危机的主要根源，夸大了消费在资本逻辑统治的当下世界的现实作用，但与马克思主义相比，终极关怀上具有不彻底性。生态社会主义构想的绿色社会在全球范围内还是一个浪漫主义的虚构的幻想，其主张缩小工业规模，倡导自给自足的小手工业，这是倒退的；而对于科技的"分散化"的方法，本质上是反科技的。实际上，人类的实践活动的成果取决于实践主体对客观规律的把握，科技就是这样的凭借，规模小和分散化生产的方式不一定就是生态的，从根本上说，主要在于驾驭科技的制度和运行机制是否合乎自然保护。

第四章

美丽中国建设思想的形成历程

建设美丽中国是中国人民的永恒主题。新中国成立以来，中国的历届领导集体持之以恒地推进美丽中国建设的进程，在不同的历史阶段有不同的侧重与表现形式。在党的十八大召开之前，老一辈无产阶级革命家与中国人民进行了艰苦卓绝的探索与接力奋斗。生态建设作为其中的一个部分，只是根据时代迫近主题的不同，显现程度不一。在新中国成立前后，赢得国家独立和民族解放是最迫近的时代主题，而这依然以人类生存作为基石，对于植树绿化的一贯坚持就是其重要体现。改革开放前后，我国逐步在工业国的征程上发展起来，与此同时，环境污染和自然生态的不宜居特点凸显出来，这就需要有一个回拨与矫正的过程。在这个时期，建设生态文明逐步进入政治的视野和人民的关切，及至党的十七大成为重要建设目标之一，而党的十八大则成为"五位一体"总体布局的重要组成部分。由此可见，美丽中国建设思想是历史的、渐变的形成过程，具有历史逻辑的维度。所不同的是，在生产力低下的时期，更为关注人民群众的温饱问题；在生产相对充足的时期，则更全面地重视文化、环境等方面的建设。梳理这一发展历程和历史性变化，有助于理解新时代美丽中国建设的战略决策的理论历史和现实意义。进入中国特色社会主义新时代，生态文明建设的力度空前加强，这是对当下问题的直接回应，是实现全面建成小康社会的客观要求。历史地梳理美丽中国建设思想的形成历程，更有利于我们增强绿色、健康、美丽的价值取向和高度自觉性。

第一节　毛泽东时期的生态建设思想

新中国成立初期，党和国家的首要任务是治疗战争创伤与稳定新生的人民政权，通过恢复国民经济与三大改造，实现新民主主义革命向社会主义初级阶段的过渡，进而实现由农业国向工业国的转变成为历史性任务。1954年，周恩来提出"现代化的工业、现代化的农业、现代化的交通运输业和现代化的国防"① 的建设目标。1975年，在四届全国人大一次会议做的政府工作报告中提出"两步走"的设想，即"第一步，用十五年时间，即在一九九〇年以前，建成一个独立的、比较完整的工业体系和国民经济体系；第二步，在本世纪内，全面实现农业、工业、国防和科学技术的现代化。"② "四个现代化"，在不同的阶段解答有所不同，但建立独立的、比较完整的工业体系和

① 《周恩来经济文选》，中央文献出版社 1993 年版，第176 页。
② 《周恩来经济文选》，中央文献出版社 1993 年版，第652 页。

国民经济体系与提升人民物质文化生活水平是一以贯之的主题。在这一时空背景下，"以粮为纲"成为本时期的重要特点，工业化程度不高，生态问题尚未明显显现。第一代中央领导集体的生态思想与实践主要集中在对"人的尺度"的认识与统筹发展、绿化环境、兴修水利、反对浪费、重视卫生事业等方面。

统筹兼顾，协调发展。1956年，在中共八大上，毛泽东在《论十大关系》中明确了"统筹兼顾、协调发展"的发展思路，要求处理好农业、轻工业、重工业之间的关系，实现综合平衡。根据中国的实际，选择了重工业优先发展的工业化模式，走内向型发展道路，整体发展比较粗放，同时更为重视农业内部各部门的协调发展。1962年1月30日，在扩大的中央工作会议上，毛泽东指出："我是相信苏联威廉斯土壤学的，在威廉斯的土壤学著作里，主张农、林、牧三结合。我认为必须要有这种三结合，否则对于农业不利。"① 进而在发展商业和副食品生产方面，提出"所谓农者，指的农林牧副渔五业综合平衡。蔬菜是农，猪牛羊鸡鸭鹅兔等是牧，水产是渔，畜类禽类要吃饱，才能长起来，于是需要生产大量精粗两类饲料，这又是农业，放牧牲口需要林业、草地，又要注重林业、草业。由此观之，为了副食品，农林牧副渔五大业都牵动了，互相联系，缺一不可"②。站立在战争创伤的一贫二白

① 《毛泽东文集》第8卷，人民出版社1999年版，第303页。

② 《毛泽东文集》第8卷，人民出版社1999年版，第69页。

的旧中国，在生产力极不发达的情况下解决人们的衣食问题，这是当时的具体语境。

植树造林，绿化环境。中国共产党是在中华民族文明渊源最深久、生态破坏也最大的黄河中下游发展起来并走向全国的。因此，中国共产党人很早就有了对生态意识的萌芽。早年在延安大学开学典礼上，毛泽东就讲，"陕北的山头都是光的，像个和尚头……十年树木，百年树人"[1]，在当时，他就有绿化造林的想法，认为种树要有计划，要在很长一段时间内久久为功才行。新中国成立后，"植树造林、绿化环境" 成为生态建设的重点。1955 年，毛泽东指出："特别是北方的荒山应当绿化，也完全可以绿化。北方的同志有这个勇气没有？南方的许多地方也还要绿化。南北各地在多少年以内，我们能够看到绿化就好。这件事情对农业，对工业，对各方面都有利。"[2] 1958 年，《工作方法六十条》对林业、绿化都做了具体的规划。毛泽东时期，对于林业，就是"要使我们祖国的河山全部绿化起来，要达到园林化，到处都很美丽，自然面貌要改变过来"[3]。由于战争的毁坏和生产落后，自然环境处于不利的境况，新中国的成立及三大改造的完成，为绿化环境创造了基础条件，而植树造林本身也是经济可持续的自然要求。

---

[1] 《毛泽东文集》第 3 卷，人民出版社 1999 年版，第 153 页。

[2] 《毛泽东文集》第 6 卷，人民出版社 1999 年版，第 475 页。

[3] 《毛泽东论林业》，中央文献出版社 2003 年版，第 51 页。

保持水土，兴修水利。1955 年，毛泽东提出"大量地兴修小型水利，保证在七年内基本上消灭普通的水灾旱灾"。1956 年，国务院设立水土保持委员会，要求适度开荒，以不造成水土流失和生态灾害为限度。1957 年，国务院颁布《中华人民共和国水土保持暂行纲要》，提出了环境保护的具体要求。治理水患是水利工作的重点，党中央提出："一定要把淮河修好""一定要根治海河""要把黄河的事情办好"，仅在 1959 年冬，全国参加水利建设就有七千七百多万，水利成为全国倡导的大规模的运动，所采取的分流域综合治理的方法取得良好效果，三门峡、葛洲坝水利工程等相继开展，并兴修了十三陵水库、官厅水库等水利工程，到 70 年代末，基本告别洪水泛滥的历史。

厉行节约，反对浪费。"新三年，旧三年，缝缝补补又三年"，成为毛泽东时期的流行语。当时因生产力低下，资源短缺，生产上要求爱护工具，节省原料，浪费行为是绝不容许的，"利用职权实行浪费和贪污，都属于严重的犯罪行为"[1]。毛泽东多次批示禁止浪费行为，"反浪费"成为"三反"运动的重要一环。1950 年 3 月 1 日，毛泽东在同中共中央东北局、辽宁省、沈阳市的负责人谈话时讲道："浪费太大。我在哈尔滨提过不要大吃大喝，到沈阳一看比哈尔滨还厉害。我和恩来不是为了吃喝，搞那么丰盛干什么？……中央三令五申，要谦虚谨慎、戒骄戒躁，

---

[1] 《毛泽东文集》第 6 卷，人民出版社 1999 年版，第 208 页。

要艰苦奋斗，你们应做表率。"① 1951 年 12 月 1 日，在《中共中央关于实行精兵简政、增产节约、反对贪污、反对浪费和反对官僚主义的决定》中明确为"浪费和贪污在性质上虽有若干不同，但浪费的损失大于贪污，其结果又常与侵吞、盗窃和骗取国家财物或收受他人贿赂的行为相接近。故严惩浪费，必须与严惩贪污同时进行"②。为厉行节约、反对浪费，还设置了中央和各级的节约委员会。毛泽东本人也躬亲示范，严格从身边亲属做起。

发展卫生事业。早在 1933 年的《长岗乡调查》中，群众团体中就单列了卫生委员会，居民编为卫生班，集体组织大扫除，把减少与消除疾病作为苏维埃的责任，长岗乡的卫生运动成为宣传推广的范例。1944 年，陕甘宁边区也开展卫生运动，将卫生工作和救灾防灾工作同等看待，认为"卫生工作之所以重要，是因为有利于生产，有利于工作，有利于学习，有利于改造我国人民低弱的体质，使身体康强，环境清洁"③，将大多数人组织到经济的、文化的、卫生的爱国卫生运动中去。在中央领导集体的重视下，新中国成立以来的卫生事业蓬勃发展起来。

实践的背后是理论的支撑。1964 年，毛泽东在审阅第

① 《毛泽东年谱：1949—1976》第 1 卷，中央文献出版社 2013 年版，第 97 页。

② 《毛泽东年谱：1949—1976》第 1 卷，中央文献出版社 2013 年版，第 427 页。

③ 《毛泽东文集》第 8 卷，人民出版社 1999 年版，第 150 页。

三届全国人民代表大会第一次会议上的政府工作报告草稿时，标注了对待自然的"人的尺度"，即"在生产斗争和科学实验范围内，人类总是不断发展的，自然界也总是不断发展的，永远不会停止在一个水平上。因此，人类总得不断地总结经验，有所发现，有所发明，有所创造，有所前进。"① 1965 年，在重读旧作《长岗乡调查》时进一步表述为"人类同时是社会和自然界的奴隶，又是它们的主人。这是因为人类对客观物质世界、人类社会、人类本身（即人的身体）都是永远认识不完全的"②。这就为人与自然环境协调发展提供了思想准备和理论的基础。周恩来认为，社会主义中国也有环境污染问题，我们"要为后代着想。对我们来说，工业公害是一个新的问题。工业化一搞起来，这个问题就大了"③。也因计划经济的优势能解决好环境污染问题，破除了"文革"时期把环境污染治理工作错误地看成"资产阶级环境理论"的论调，并把治理污染的成效上升到体现社会主义国家优越性的高度来看待。1972 年，发生了大连湾、蓟运河、官厅水库鱼污染事件，特别是官厅水库污染事件引发我国开展了第一项跨省市污染治理工程，同年，中国出席瑞典斯德哥尔摩召开的首届人类环境会议，并于次年 8 月召开第一次全国环境保护会

---

① 《毛泽东文集》第 8 卷，人民出版社 1999 年版，第 325 页。

② 《毛泽东文集》第 8 卷，人民出版社 1999 年版，第 326 页。

③ 李琦：《在周恩来身边的日子》，中央文献出版社 1998 年版，第 332 页。

议，确定了"三同时"（设计、施工、投产）制度，随后开展了"三废"（废水、废气、固体废物）治理和综合利用。1974年，国务院环保领导小组成立，陆续下发《环境保护规划要点》《关于环境保护的10年规划意见》等文件，并于1975年组建了中国第一家国家级环境科技研究机构——中国科学院环境化学研究所。

毛泽东时期，在"人定胜天"理论的指导下，积极战胜自然，试图走向国家富强，特别是在"大跃进""大炼钢铁"运动中，这种"人多力量大""人有多大胆，地有多大产""超英赶美""跑步进入共产主义"的口号夸大了人的主体因素，特别是一定程度上出现了砍伐森林、破坏生态的情况，"大炼钢铁"运动更是凭空浪费了大量的森林资源，导致了土壤侵蚀、水库淤积的问题。这种急于求成的不符合自然规律的做法，给我们留下了深刻的经验教训。但总体上瑕不掩瑜，毛泽东时期的生态建设思想为新时代的美丽中国建设提供了制度前提、物质基础、理论准备与经验借鉴。

第二节　改革开放以来的生态建设思想

改革开放前后，党和国家的生态发展理念和发展方式发生了深刻转变，逐步由强调物质文明建设发展到"五位一体"总体布局，生态文明建设的地位越来越凸显。20世纪90年代，可持续发展战略上升为国家战略；21世纪初，科学发展观与"资源节约型、环境友好型社会"被提出来；党的十六大把"促进人与自然的和谐"作为全面建设小康社会的目标之一；党的十七大把生态文明作为一项重要的战略任务；党的十八大提出，把生态文明建设纳入"五位一体"总体布局。这是我们党在生态文明建设领域的重大理论与实践创新。

一 邓小平时期的生态思想与实践

毛泽东时期是国家由农业国走向工业国的发轫时期，生态问题不突出，生态意识处于萌发阶段。党的十一届三中全会以来，我国进入社会主义改革和对外开放的新时期，聚精会神搞好经济建设和社会主义现代化建设，改善人民生活是主基调，我国经济的快速发展与生态环境日益恶化形成鲜明对照。对此，针对资本逻辑的"效用原则"客观上产生的挥霍资源与破坏环境的行为，邓小平采取了相应的应对策略：一方面，吸收了西方先进的科学技术与管理经验；另一方面，尽力规约、限制资本市场的负面影响。

重视环境保护。中国是社会主义国家，不同于资本主义国家为了获取资本的最大化增殖目的而不惜一切代价的做法，我们以满足人民群众的物质与精神需要作为根本的价值导向。邓小平认为，要在重视发展生产力的同时，把环境保护放在突出的位置上。"核电站我们还是要发展，油气田开发、铁路公路建设、自然环境保护等，都很重要。"[①] 他认为："如果不把漓江治理好，即使工

---

① 《邓小平文选》第3卷，人民出版社1993年版，第363页。

农业生产发展得再快，市政建设搞得再好，那也是功不抵过啊。"① 1979 年 7 月，在黄山景区听取汇报时讲，"现在这里有好多秃山，种玉米干什么，既影响水土保持，收入又少"，要求禁止破坏山林，同时要开发"山"的资源，搞经济林，发展竹木手工生产和竹编工艺品，把山的资源利用好。1980 年，在考察峨眉山时讲，"这么好的风景区为什么用来种玉米，不种树？这会造成水土流失，人摔下来更不得了。不要种粮食，种树吧，种黄连也可以。"② 1983 年 2 月，在视察江苏时，要求保护好太湖水，重视绿化工作，制定绿化规划，扩大绿地面积。同年 3 月，在同胡耀邦、赵紫阳、万里等谈话时提出小康社会的六条标准，赞赏兖州粮林间作，种树与粮食生产两不误的做法，要求"什么地方种什么树，种子种苗从哪里来，都要扎扎实实抓"③；在同万里、姚依林等谈粮食生产问题时，讲道："提高农作物单产，发展多种经营，改革耕作栽培方法，解决农村能源，保护生态环境。"④ 同年，在第二次全国环境保护工作会议上，要

① 《邓小平传：1904—1974》，中央文献出版社 2014 年版，第 1414 页。

② 《邓小平年谱：1975—1997》（上），中央文献出版社 2004 年版，第 652 页。

③ 《邓小平思想年编：1975—1997》，中央文献出版社 2011 年版，第 454 页。

④ 《邓小平思想年编：1975—1997》，中央文献出版社 2011 年版，第 449 页。

求把环境保护作为国家的一项基本国策①，强调环境保护
与经济建设同步发展，要求"三同步""三统一"，即经
济建设、城乡建设和环境建设同步规划、同步实施、同
步发展，做到经济效益、社会效益、环境效益的统一。

植树造林，绿化祖国。邓小平认为："我们准备坚持
植树造林，坚持二十年、五十年。这个事情耽误了，今年
才算是认真开始。"② 在这一指导思想下，政府主导开展了
三北防护林工程（建设周期为1978—2050年），又倡导全
民参与义务植树。1978年，开始了"三北"（西北、华
北、东北）防护林这一计划连续持续73年的"绿色长城"
建设工程，拓展了人类生存的空间。1979年，五届人大常
委会第六次会议决定将每年的3月12日确定为植树节，邓
小平率先垂范，连续11次参加义务植树活动。1983年，
邓小平在北京十三陵水库植树时指出："植树造林，绿化
祖国，是建设社会主义、造福子孙后代的伟大事业，要坚
持二十年，坚持一百年，坚持一千年，要一代一代永远干
下去。"③ 这样，通过"三北"防护林工程与全民义务植
树活动的结合，加快了绿化祖国与林业建设的步伐。

强化法制建设。邓小平重视立法建制对于环境的保障

① 国家环境保护总局、中共中央文献研究室：《新时期环境
保护重要文献选编》，中央文献出版社、中国环境科学出版社2001
年版，第43页。
② 《邓小平年谱：1975—1997》（下），中央文献出版社2004
年版，第867—868页。
③ 《邓小平思想年编：1975—1997》，中央文献出版社2011
年版，第455页。

作用，变人治为法治，将环境保护事业纳入法制化的轨道。1978 年，在《中华人民共和国宪法》修改宪法的报告中规定，"国家保护环境和自然资源，防治污染和其他公害"，这是首次对环境保护的宪法规定。邓小平指出："应该集中力量制定刑法、民法、诉讼法和其他各种必要的法律，例如工厂法、人民公社法、森林法、草原法、环境保护法、劳动法、外国人投资法等。"① 他不仅对中央法制建设提出要求，还进一步要求："国家有环境保护法，还有专门的单项法规。各个省、市可以根据国家的基本法，制定地方的保护环境法规、条例、细则，做出具体的规定，使我们的工作有法可依、有章可循。"② 1979 年 9 月，五届人大常委会第十一次会议颁布了《中华人民共和国环境保护法（试行）》③，此后陆续颁布了《海洋环境保护法》（1982）、《森林法（试行）》（1984）、《水污染防治法》（1984）、《草原法》　（1985）、《土地管理法》（1986）、《大气污染防治法》（1987）、《水法》（1988）。1989 年 12 月，《中华人民共和国环境保护法》正式颁布，

---

① 《三中全会以来重要文献选编》（上），人民出版社 1982 年版，第 26 页。

② 国家环境保护总局、中共中央文献研究室：《新时期环境保护重要文献选编》，中央文献出版社、中国环境科学出版社 2001 年版，第 27 页。

③ 据曲格平《中国环境保护四十年回顾及思考》中描述，西方发达国家制定环境保护法的时间，瑞典是 1969 年，美国是 1970 年，英国是 1974 年，法国是 1976 年，中国的环境基本法跟上了世界的步伐。

我国初步形成了较为完备的环境保护法律体系。

重视科技与经济质量。发展生产力与科技，是通过变革生产方式进而解决生态问题的重要抓手。邓小平一贯重视科技，作为"四个现代化"的基础一环，1988 年，提出"科学技术是第一生产力"①，坚持走科技兴农的道路。1989 年 6 月，要求"采取有力的步骤，使我们的发展能够持续、有后劲"。② 这里的"后劲"，就是要有科技含量与高质量的发展。1990 年，改变农村改革策略，废除人民公社，实行家庭联产承包责任制，并适度发展集体经济和规模经营，实施科学种田。邓小平认为发展经济需要依靠科技和教育，"一定要首先抓好管理和质量，讲求经济效益和总的社会效益，这样的速度才过得硬"③。进而认为，要抓增产节约，扎扎实实把质量抓上去，"提高产品质量是最大的节约"④。经济发展是否可持续、是否过得硬在于科技的发展水平，既发展了经济，又产生了良好的社会效益，才是发展的最终目标，邓小平把科技与经济质量放在了重要的位置，把科技与经济，发展与节约结合起来。

重视精神文明建设。邓小平要求"两个文明"协同发展，重视建设社会主义精神文明。1985 年 9 月，在党代会

---

① 《邓小平年谱：1975—1997》（下），中央文献出版社 2004 年版，第 882 页。

② 《邓小平文选》第 3 卷，人民出版社 1993 年版，第 312 页。

③ 《邓小平文选》第 3 卷，人民出版社 1993 年版，第 143 页。

④ 《邓小平文选》第 2 卷，人民出版社 1994 年版，第 30 页。

闭幕会上，就精神文明建设指出："我们为社会主义奋斗，不但是因为社会主义有条件比资本主义更快地发展生产力，而且因为只有社会主义才能消除资本主义和其他剥削制度所必然产生的种种贪婪、腐败和不公正现象。不加强精神文明的建设，物质文明的建设也要受破坏，走弯路。有了共同的理想，也就有了铁的纪律。"① 精神文明建设，着眼于解决党风和社会风气不良，重视社会效益，对于弘扬爱国主义精神，提升民族自尊心有重大促进作用，是实现社会主义现代化建设的根本政治保证。邓小平指出："建设社会主义的精神文明，最根本的是要使广大人民有共产主义的理想，有道德，有文化，守纪律。"② 单一的物质文明的发展不可持续，资本逻辑既是当前经济社会发展的动力，还会产生负面的影响，建设社会主义主流文化，提高全民族科学文化水平，发展高尚的丰富多彩的文化生活，使全国各族人民，都成为有理想、有道德、有纪律的人，建设高度的社会主义精神文明。精神意识对于引导消费与健康的生活方式具有举足轻重的作用，生态意识与文明的消费习惯的养成，需要精神文明的积极引导，物质文明的健康发展需要精神文明的引导与护航。

邓小平时期，伴随着经济的发展，潜在的环境问题逐步显现出来。我国第六个五年计划（1981—1985）提出，

① 《邓小平思想年编：1975—1997》，中央文献出版社 2011 年版，第 559 页。

② 《邓小平思想年编：1975—1997》，中央文献出版社 2011 年版，第 409 页。

"坚决制止环境污染加剧，并使重点地区的环境有所改善"。1983 年，召开全国第二次环境保护会议，1989 年，国务院召开第三次全国环境保护会议并签署了《保护臭氧层维也纳公约》。邓小平在利用资本发展经济和现代化建设，实行改革开放的同时，通过植树造林、完善法制、精神文明建设、重视科技与发展质量等有效手段限制了"资本逻辑"的反生态的负面作用，为既利用"资本逻辑"发展经济又保护生态环境提供了有益的经验和探索。

二 江泽民时期的生态思想与实践

20 世纪 90 年代，我国进入第一轮重化工建设时期，经济增长方式粗放，资源与能源消耗增长幅度大，科技与管理水平落后，环境污染严重。针对新形势新情况，党的十六大报告指出："推动整个社会走上生产发展、生活富裕、生态良好的文明发展道路。"[①] 在江泽民时期，全国人大环境与资源保护委员会修订了《水污染防治法》（1996）、《海洋环境保护法》（1999），出台了《固体废物污染环境防治法》（1995）、《环境噪声污染防治法》（1996）、《防沙治沙法》（2001）、《环境影响评价法》（2002）等法律，为从源头防止环境污染和生态环境破坏提供了法律遵循。

可持续的发展道路。针对发达国家"公害事件"频发的情况，人口资源环境协调发展成为时代与社会发展的必

---

① 《江泽民思想年编：1998—2008》，中央文献出版社 2010年版，第 619 页。

然要求。江泽民指出："许多经济发达国家走了一条严重浪费资源、先污染后治理的路子，结果造成了对世界资源和生态环境的严重损害。我们决不能走这样的路子。"① 可持续发展，就是既要考虑当前发展的需要，又要考虑未来发展的需要，不要以牺牲后代人的利益为代价来满足当代人的利益②，体现了当前与长远、整体与局部、理性与价值的有机统一。可持续发展的指向是人，即人类在生态平衡规律的前提下实现生存环境的优化提升，要求既重视"代内正义"，又重视"代际正义"，前者是同一代人有开发资源与享有良好生存环境的同等的权利，是人与人之间效率与公平的统一，后者是当代人与未来几代人的机会平等原则，在利用自然资源、满足自身权益、谋求发展权利上的待遇对等。江泽民认为："控制人口增长，保护生态环境，是全党全国人民必须长期坚持的基本国策。"③ 他认为，"人口问题是制约可持续发展的首要问题，是影响经济社会发展的关键因素"④，要将人口与经济社会发展结合起来，施行严格的计划生育政策。

处理好经济发展与环境保护的关系。1996 年，在第四

---

① 《江泽民文选》第 1 卷，人民出版社 2006 年版，第 533页。

② 《江泽民文选》第 1 卷，人民出版社 2006 年版，第 518页。

③ 《江泽民文选》第 1 卷，人民出版社 2006 年版，第 533页。

④ 《江泽民文选》第 1 卷，人民出版社 2006 年版，第 464页。

次全国环境保护大会上，江泽民提出了"保护环境的实质就是保护生产力"①的论断，并于 2001 年在海南考察时讲道："破坏资源环境就是破坏生产力，改善资源环境就是发展生产力，保护资源环境就是保护生产力。"②衡量生产力进步的标尺，是包括生态平衡前提的经济发展与进步，要"在保护中开发，在开发中保护"③，是"建立在经济结构优化和经济、社会、环境相协调基础上的发展"④。针对"八五"末期，环境污染由城市向农村蔓延、生态破坏范围扩大，已经成为影响到经济社会发展和改革开放稳定的重要因素的事实，他明确提出中国的发展不能要这种不可持续的模式。重视环保的全面性建设，统筹安排环保工作，"从促进发展和保护环境相统一的角度审议利弊，并提出相应对策。这样才能从源头上防止环境污染和生态破坏"⑤，要求全面落实《全国生态环境建设规划》，尽快编制并实施生态环境保护纲要，区别对待不同地区的具体情况，具体施策，1994 年，《全国环境保护工作纲要

---

① 《江泽民文选》第 1 卷，人民出版社 2006 年版，第 534 页。
② 《江泽民思想年编：1998—2008》，中央文献出版社 2010 年版，第 517 页。
③ 《江泽民论有中国特色社会主义（专题摘编）》，中央文献出版社 2002 年版，第 294 页。
④ 《江泽民论有中国特色社会主义（专题选编）》，中央文献出版社 2002 年版，第 292 页。
⑤ 《江泽民文选》第 1 卷，人民出版社 2006 年版，第 534 页。

（1993—1998）》实施，2000 年《全国生态环境保护纲要》正式颁布。

关注民生与科技。江泽民认为，"环境问题直接关系到人民群众的正常生活和身心健康。如果环境保护搞不好，人民群众的生活条件就会受到影响"①，要求集中力量解决危害群众健康的突出问题。制订污染总量控制计划，要求 2000 年全国主要污染物总量基本控制在 1995 年的水平，沿海及省会的 46 个主要环保城市按功能区达标，对河湖实施专项防治。对于西北地区的生态，江泽民做出批示："历史遗留下来的这种恶劣的生态环境，要靠我们发挥社会主义制度的优越性，发扬艰苦创业的精神，齐心协力地大抓植树造林，绿化荒漠，建设生态农业去加以根本的改观。经过一代一代长期地、持续地奋斗，再造一个山川秀美的西北地区，应该是可以实现的。"② 1998 年，中央发出"西部大开发"的号召。西部地区是保障国家生态安全的关键地区，长江、黄河上游重点区域的生态建设对于改善全国生态环境具有重要作用，西部大开发的重要内容和紧迫任务就是加强生态环境保护和建设，开发建设的环境监督管理是走先破坏后恢复、先污染再治理的新路。除关注民生外，江泽民十分重视科学技术。1989 年 12 月 19 日在全国科学技术奖励大会上，"全球面临的资源、环

---

① 《江泽民论有中国特色社会主义（专题摘编）》，中央文献出版社 2002 年版，第 292 页。

② 《江泽民文选》第 1 卷，人民出版社 2006 年版，第 659—660 页。

境、生态、人口等重大问题的解决，都离不开科学技术的进步"①，解决生态问题要依靠科技进步，把科教兴国战略与可持续发展战略结合起来。

加强国际合作。环境问题事关每个国家人民的生存和前途，解决环境问题，维系地球美好家园也是各国人民的心愿与各国政府的责任。对于环境保护国际合作问题，江泽民指出，"中国政府愿意把环境建设搞好，为保护全球的环境做出贡献"，与此同时，"不能承诺与我国发展水平不相适应的义务。理所当然，发达国家应该在这方面多负责任"。中国签署了多项合作协议或备忘录，签署了《关于消耗臭氧层物质的蒙特利尔议定书》（1989）、《气候变化框架公约》（1992）、《联合国防治荒漠化公约》（1994）等。1992 年，联合国环境与发展大会通过《里约环境与发展宣言》和《21 世纪议程》。会后不久，中共中央、国务院颁布《中国环境与发展十大对策》，首次在中国提出"可持续发展"战略，并于 1994 年颁布全球第一部国家级的 21 世纪议程，提出发展低消耗、低污染、高效益的良性循环发展模式，把可持续发展原则贯彻到各个领域，中国成为世界最先对里约精神采取实质性落实行动的国家。

三　胡锦涛时期的生态思想与实践

党的十六大以来，中国面临着经济社会结构转变，人民群众收入差距逐渐拉大、人与自然、人与社会利益矛盾

---

① 江泽民：《论科学技术》，中央文献出版社 2002 年版，第 2 页。

显现的新情况新问题，党的十七大报告把社会建设列入"四位一体"布局，同时把生态文明作为一项重要的战略任务。党的十八大报告要求把生态文明建设融入经济建设、政治建设、文化建设、社会建设的各方面和全过程，主张生态问题不仅仅是人与自然的关系问题，还是全面的社会发展问题。"树立尊重自然、顺应自然、保护自然的生态文明理念"①，体现了我国的生态文明建设已经不仅仅局限于节约资源、环境保护和节能减排的层面上，而是上升到实现人与自然和谐以及社会文明发展的高度上，要求"推进绿色发展、低碳发展和循环发展，形成节约资源和保护环境的空间布局、产业结构、生产方式和生活方式，从源头上扭转生态环境恶化的趋势"②。

以人为本的科学发展。不同于当代西方绿色思潮的"生态中心主义"和极端人类中心主义，科学发展观是"可持续发展观"的理论发展，内含了"以人为本"的价值理性，"全面协调可持续"的基本要求和"统筹兼顾"的方法论原则。科学发展要求在物质文明、政治文明与精神文明协调发展的基础上促进人的全面发展和人与自然的和谐。科学发展的核心是"以人为本"，旨在解决关涉社会主义前途与命运"为了谁""依靠谁""谁享有"的问题，把"人的发展"作为发展的主体、目的和对象，强调

---

① 《胡锦涛文选》第 3 卷，人民出版社 2016 年版，第 644 页。

② 《胡锦涛文选》第 3 卷，人民出版社 2016 年版，第 644 页。

人的发展是社会发展的落脚点和归宿，要求发展成果惠及全体人民。当前，我们处在以物的依赖为基础的人的独立性的发展阶段，物的创造、积累与消费成为社会发展的动力源，并提供物质前提，然而，只有人才是经济社会发展的价值尺度和社会进步的根本尺度，科学发展观视野中的人既是经济社会的责任主体，还是自然生态的责任主体，具有社会与自然的双重属性。以人为本的科学发展观站立在新时期的前沿，承认人是地球上的唯一道德主体，生态伦理最终指向人而非自然。

全面协调可持续的发展。面临着人口资源环境与经济社会不协调不平衡的现实问题，"五位一体"的全面发展要求走经济、政治、文化、社会与人口、资源、环境的全面发展、协调发展、可持续发展和永续发展之路。全面发展，就是要"不断使经济更加发展、民主更加健全、科教更加进步、文化更加繁荣、社会更加和谐、人民生活更加殷实，不断促进人的全面发展，不断向党的最终目标前进"①。统筹兼顾就是要"大力发展循环经济，努力实现自然生态系统和社会经济系统的良性循环"②，如在区域发展上，东部地区侧重环境治理与生态修复，中部地区兼顾经济发展与环境保护，而对西部地区实行生态保护与生态补

---

① 胡锦涛：《在"三个代表"重要思想理论研讨会上的讲话》（2003年7月1日），载《十六大以来重要文献选编》（上），中央文献出版社2004年版，第363页。

② 胡锦涛：《在江苏考察工作结束时的讲话》（2004年5月5日），载《十六大以来重要文献选编》（中），中央文献出版社2006年版，第70页。

偿。可持续发展是资源环境、经济与社会可持续发展，要求节约资源与爱护环境，转变经济增长方式，提升经济发展的质量和效益，发展绿色低碳循环经济，提升人民生活质量与实现社会公正。实现永续发展，加大从源头上控制污染力度，严格控制高污染项目，淘汰高污染行业，根据自然的承载承受能力规划经济社会发展，彻底改变各种掠夺自然、破坏自然的做法，"着力提高经济增长质量和效益，努力实现速度和结构、质量、效益相统一，经济发展和人口、资源、环境相协调，不断保护和增强发展的可持续性"①。在推进社会主义现代化建设中，充分考虑到自然环境的承载力，既达成当前的经济社会发展目标，又不能竭泽而渔，要为未来发展奠定基础。

构建社会主义和谐社会。胡锦涛认为，社会主义和谐社会同物质文明、政治文明、精神文明不可分割，既各有侧重，又是构成社会的有机统一体，应全面发展。社会和谐是社会系统各要素的相互协调，实现"人与自然和谐相处，就是生产发展，生活富裕，生态良好"②。人与自然的关系是否和谐，不仅限于环境的层面，还会影响人与社会（人）的关系，"如果不能有效保护生态环境，不仅无法实现经济社会可持续发展，人民群众也无法喝上干净的水、呼吸上新鲜的空气、吃上放心的食物，由此必然引发严重

---

① 《胡锦涛文选》第 2 卷，人民出版社 2016 年版，第 168 页。

② 《胡锦涛文选》第 2 卷，人民出版社 2016 年版，第 285 页。

社会问题"①。胡锦涛认为，生态环境的破坏，生活环境的恶化，资源能源矛盾的凸显，最终会影响人与人、人与社会的和谐。这就要求建立生态文明的社会体系，"建设生态文明，实质上就是要建设以资源环境承载力为基础、以自然规律为准则、以可持续发展为目标的资源节约型、环境友好型社会"②。建立权利公平、机会公平、规则公平与分配公平的社会公平保障体系，提升人民群众的获得感和幸福感，这是社会发展的终极指标。

重视生态文明建设。胡锦涛站在中华民族永续发展的高度来看待生态文明建设的重要意义，要求增强全民环保与节约意识，倡导绿色低碳循环发展，加强生态文明制度建设，这是经济社会平稳健康发展的必然要求，是提高人民生活质量的必然要求。1988 年，时任贵州省委书记的胡锦涛就强调，要"采取强有力措施，全面规划、综合治理，把生态建设和经济开发紧密结合起来，尽快停止人为的生态破坏，逐步走向生态良性循环"③。这就要求不仅仅要注重经济的指标，还要关注人文、资源和环境的指标。"十一五"规划明确提出具体的生态建设目标，党的十七大报告首次明确生态文明是全面建设小康社会奋斗目标的重要组成部分，标志着"五位一体"总体布局的正式确立。

---

① 《胡锦涛文选》第 2 卷，人民出版社 2016 年版，第 295 页。

② 《胡锦涛文选》第 3 卷，人民出版社 2016 年版，第 6 页。

③ 《胡锦涛文选》第 1 卷，人民出版社 2016 年版，第 3 页。

第三节　习近平生态文明思想及其发展过程

在习近平的工作历程中，可以看到生态思想的萌发、发展与成熟的渐变轨迹。习近平的"绿色发展"思想"形"于陕北知青 7 年上山下乡的实践经历和河北正定 3 年、福建宁德及省委 17 年、主政浙江 5 年、上海近 1 年的地方长期从政的探索积淀，"成"于担任中央高层 5 年和党的总书记成为党和国家的领导核心。在这个过程中，《知之深　爱之切》《摆脱贫困》《之江新语》《干在实处走在前列》以及党的十八大以来的生态文明论述，凝聚了在河北正定、福建宁德、浙江时期和中央的执政思考智慧，从这些著作中可以看到其生态思想演变的历程。

一　美丽中国建设思想的萌芽

陕北 7 年是习近平以直观的经验认识为主的生态意识萌发的阶段。他 15 岁就到陕西延川县梁家河村插队，该村地处黄土高原，是全国知青插队中自然环境与生存条件最艰苦的地方之一，在那里，交通不便，土地贫瘠，自然条件极差，他在梁家河这片黄土地上经过 7 年的磨砺，从一个远离家乡的知青成长为大队党支部书记。多年后，习近平讲，陕北 7 年，"让我懂得了什么叫实际，什么叫实事求是，什么叫群众。这是让我获益终生的东西"。他后来讲，从那时起立志要为人民做实事，无论走到哪里，永远都是黄土地的儿子。

实事求是地解决人与自然的矛盾。阶级斗争不是最大的矛盾，人与自然的矛盾是面临的主要矛盾，这就是当时当地的最大实际。习近平担任大队书记的第一件事，就是带领村民修建淤地坝，增加产粮土地面积，提高粮食产量。特别是在青黄不接的三四月份，百姓最需要什么，最期待什么，也是大家首要去做的事情。在大队支书的岗位上，习近平带领梁家河老百姓挖水井，建沼气池，进行河桥治理，办铁业社、缝纫社、代销店、磨坊等，都是这样的例子。为了解决农村照明、供热、发电和庄稼施肥问题，专程到四川学习沼气池技术，为村民办了第一口沼气池，改善了村里的生产生活条件，成为梁家河乃至陕西第一口沼气池。1974年1月8日，《人民日报》介绍了四川推广沼气的报道后，习近平很是感兴趣，沼气可以有效解决当地缺煤缺柴的问题，农村烧柴、做饭、点灯等是当时迫切需要解决的现实问题。陕北高原严酷的自然环境和艰苦的生活环境锻造了习近平求实的品格。

树立为老百姓办实事的情怀。在带领当地百姓打淤地坝的时候，习近平一马当先，亲力亲为，带动群众共同完成这个工程。为了解决群众照明做饭的实际问题，他们到四川学习沼气制作技术。沼气池，根据不同的土质有不同的建法，有石头做的，有土挖的，有砖做的，有土挖以后再用水泥抹的，有用石板砌的。① 他们一行7人在四川连续待40多天，冒着被血吸虫病传染的危险，回来后用3个月的时间就实现了全县85%—90%的沼气化，全省在县城

① 中央党校采访实录编辑室：《习近平的七年知青岁月》，中共中央党校出版社2017年版，第108页。

和梁家河召开沼气现场会。他更是在对乞食老汉"解衣推食"、帮助老汉拉车、帮群众找猪等细微事情上，与群众在对抗恶劣环境、物质匮乏中产生了精神与心灵的共鸣。"只要是村民需要的，只要是他能想到的，他都去办，而且都办得轰轰烈烈"，毫无疑问，7 年的知青岁月使习近平解决了"我是谁，为了谁，依靠谁"的人生终极问题，摆正了自己的位置，熔铸了人民性的品格。他把自己看作黄土地的儿子，并从这个角度来思考人生、思考如何为人民服务。2015 年 2 月 13 日，习近平回到梁家河看望乡亲们时说："我走的时候，我的人走了，但是我把我的心留在这里。"[①] 习近平的心留在了梁家河，留在了中国的每一个村庄，留给了每一个老百姓，这种自信来自为人民服务的责任和力量。

在梁家河的 7 年里，习近平品读了"生活"这部大书，真切了解了"中国农村"这部大书，也实地亲历了"实际"这部大书。习近平曾说："我饿了，乡亲们给我做饭吃；我的衣服脏了，乡亲们给我洗；裤子破了，乡亲们给我缝。咱梁家河人对我好，我永远都记着。"[②] 为了回馈乡亲，亲历了打淤地坝、修梯田、办沼气……经历了受苦而实干的 7 年。可以说，陕北 7 年知青岁月，历练了坚韧的性格、人民的情怀和求实的品格，这是习近平治国理政

① 中央党校采访实录编辑室：《习近平的七年知青岁月》，中共中央党校出版社 2017 年版，第 233 页。
② 中央党校采访实录编辑室：《习近平的七年知青岁月》，中共中央党校出版社 2017 年版，第 213 页。

思想的历史起点。

作为"第二故乡",河北正定是习近平清华毕业、中央部门历练后到地方工作的第一站,是其思想形成的关键时期。在正定的3年时间里,抓好"人才经",大力发展商品经济,厉行改革,重视"两户一体"①,有力地贯彻了中央的方针政策。树立"大农业"思想,从单一种植业的小农业走向农林牧副渔综合发展的立体化大农业。在全县"放宽政策、振兴经济"三级干部会议上,分析了县情:"拿我县两河滩来说,无疑是我县一大资源优势。但过去却用作开荒造田,发展粮食,不但投资大、用工多,效益不高,而且因破坏了自然植被,还加剧了风沙灾害。现在,我们以林还林,大力发展速生丰产林和果树,这才开始使荒滩变成宝滩。"② 习近平主政正定期间,开发两河滩,加强林果基地建设,采取多层次的立体结构,获得了经济效益与生态效益的统一。倡行"半城郊型"农业经济结构,既依托城市、服务城市,又做好"农工商"综合经营,是一条"不丢城,不误乡,利城富乡"③ 的发展路子,实现了生态和经济的良性循环,形成开放式的农业生态经济。在正定,习近平作为马克思主义者,对自然生态有着清晰的认识,"人类不能只是开发资源,而首先要考虑保

① 两户一体,即实行家庭联产承包责任制后形成的专业户、重点户和经济联合体。
② 习近平:《知之深 爱之切》,河北人民出版社2015年版,第113页。
③ 习近平:《知之深 爱之切》,河北人民出版社2015年版,第123页。

护和培植资源。不能只是向自然界索取，而是要给自然界以'返还'，使自然资源更长久地为人类所享用、所利用。"[1] 他认为，森林过伐、耕地减少、人口膨胀，"不仅是一个经济问题，而且是一个生存与发展的问题"[2]。在他的主持下，制定《正定县经济、技术、社会发展总体规划》，强调"宁肯不要钱，也不要污染"的目标指向，其具体目标包括：制止破坏自然环境，防止发生新污染，治理好现有污染源，严格预防污染搬家、污染下乡。《总体规划》把发展林业作为建设生态农业的重点，对于节水、节能等均做了具体的规定，并提出了近、远期的战略目标[3]，这是习近平早期生态文明思想的具体实践，是对传统发展理念的突破，是科学发展、和谐发展、长远发展思想的发端。

二　美丽中国建设思想的发展

无论是在宁德，还是 2000 年起担任福建省省长，都是以指导区域经济建设为出发点，并注重保护经济发展的

---

① 习近平：《知之深　爱之切》，河北人民出版社 2015 年版，第 138 页。

② 习近平：《知之深　爱之切》，河北人民出版社 2015 年版，第 140 页。

③ 《正定县经济、技术、社会发展总体规划》提出：1986 年至 1990 年实现经济起飞，初步形成农、林、牧三业相辅相成，协调发展的生态农业体系的目标。1991 年至 2000 年进入小康，在全县进一步完善优化生态系统，合理的经济系统，适应需要的能源系统，灵活的信息系统，先进的劳力系统和强大的科技系统。

自然生态环境。2001 年再次到长汀县调研水土流失，并于次年率先提出"生态省"建设的战略构想，使生态福建成为全国第一批生态建设试点省份之一，这一时期的思想也成为生态文明思想和绿色发展战略的重要源头。

重视林业和大农业的发展。在《闽东的振兴在于"林"——试谈闽东经济发展的一个战略问题》中，认同群众关于闽东的山"绿"与经济"富"之间的关系，提出"闽东经济发展的潜力在于山，兴旺在于林……林业有很高的生态效益和社会效益……森林是水库、钱库、粮库"①。要求大办林业，把林业置于事关闽东脱贫致富的战略地位来制定政策，同粮食生产、脱贫致富、精神文明建设等结合起来，把林业与大农业作为提高经济、社会和生态三种效益的重要抓手。习近平认为："造林绿化、振兴闽东是一项充满希望的事业。"② 要求扎实、持之以恒地开展下去。讲大粮食观念、讲综合发展，"注重生态效益、经济效益和社会效益的统一，把农业作为一个系统工程来抓，发挥总体效益"③，而山区小流域治理、植树造林等是劳动力容量很大的工程，可以实现三种效益的统一。

重视从人民群众中汲取智慧。人民群众是人类历史发展的动力，是我们党的力量源泉……只有相信群众、依靠

① 习近平：《摆脱贫困》，福建人民出版社 2014 年版，第110页。

② 习近平：《摆脱贫困》，福建人民出版社 2014 年版，第114页。

③ 习近平：《摆脱贫困》，福建人民出版社 2014 年版，第179页。

群众、关心群众的生活，我们的事业才能立于不败之地。密切联系群众是干部的基本功，"贫困地区的发展靠什么？千条万条，最根本的只有两条：一是党的领导；二是人民群众的力量。"① 干部要苦练密切联系人民群众的基本功，克服官僚主义、主观主义、形式主义、以权谋私等腐败现象。要求时刻把自己看成人民中的一员，把心贴近人民。要放下官架子，把工作做到基层去，体察群众疾苦，有效化解问题与矛盾，要"以百姓之心为心"，让群众理解、满意，得到群众真心实意的支持。

精神文明建设是社会主义建设的重要保障。既要为物质文明建设办实事，又要为精神文明建设办实事。为官要做实事，造福于民。共产党人的宗旨是永远为人民服务。倡导锲而不舍的韧劲与精神，"一滴滴水对准一块石头，目标一致，矢志不移，日复一日，年复一年地滴下去——这才造就出滴水穿石的神奇！"② 同时，推崇甘为总体成功而自我牺牲的完美人格。

主政浙江时期，美丽中国建设思想进一步发展。浙江是中国的先发地区，民营经济比较发达，小、散、乱的产业结构加剧了环境污染的程度，成为浙江科学发展、健康发展与可持续发展的"瓶颈"和阻碍。适逢浙江成为"生态省"建设试点（2003 年）的时机，习近平随即提出

---

① 习近平：《摆脱贫困》，福建人民出版社 2014 年版，第 13页。

② 习近平：《摆脱贫困》，福建人民出版社 2014 年版，第 58页。

"绿色浙江"发展战略，要求接续奋斗，通过"五大体系""十大重点工程"① 和有针对性的考核体系把浙江建设成经济繁荣、环境优美、社会文明的生态省。主政浙江期间，习近平提出了"绿水青山就是金山银山"的重要论断，并就环境意识、环境评价、生态文化、生态农业、生态综合治理等方面问题展开论述。

"绿色浙江"的战略抉择。"绿色浙江"建设是一项长期的战略任务，就是要实现经济发展和生态建设的双赢。根据党的十六大精神，制定并实施了"八八战略"，其中之一即是创建生态省，打造"绿色浙江"。从生产方式上看，不能以牺牲生态环境为代价发展经济，要实现人口、资源、环境协调且全面的发展，要求"转变经济增长方式，走节约发展、清洁发展、安全发展、可持续发展的道路，可以大幅度降低单位产出的资源消耗和污染排放，提高经济增长的质量和效益，推动经济运行进入良性循环，从而长期保持经济平稳较快增长。……既要防止经济出现大的波动，更要坚定不移地推进经济增长方式转变，……

---

① 五大体系：以循环经济为核心的生态经济体系、可持续利用的自然资源保障体系、山川秀美的生态环境体系、人与自然和谐的人口生态体系、科学高效的能力支持保障体系。十大重点工程：生态工业与清洁生产、生态农业与新农村环境建设、生态公益林建设、万里清水河道建设、生态环境治理、生态城镇建设、下山脱贫与帮扶致富、碧海建设、生态文化建设、科教支持与管理决策。（参见习近平《生态兴则文明兴——推进生态建设打造绿色浙江》，《求是》2003年第13期，第44页）

真正在'腾笼换鸟'中实现'凤凰涅槃'"①。变资源消耗为集约利用和改善生态环境质量，推动欠发达地区以最小的资源环境、社会与经济成本，走科技先导、资源节约和生态环保的经济发展道路。从评价模式上看，建设资源节约型社会是建设生态省的本意所在，就是要在科学发展观的指导下探索一条可持续发展的现代化道路，这也是解决地球资源有限与人的欲求无限这一对矛盾的积极探索。在政绩考核中，"既要 GDP，又要绿色 GDP"②，"GDP 快速增长是政绩，生态保护和建设也是政绩"③，"在考核中，既看经济指标，又看社会指标、人文指标和环境指标，切实从单纯追求速度变为综合考核增长速度、就业水平、教育投入、环境质量等方面内容。"④ 从生态文化意识上看，只要金山银山，不管绿水青山，只重经济发展，不管环境长远的做法不可取。打造"绿色浙江"，既是经济增长方式的转变，更是思想观念的一场深刻变革，使生态文化成为社会生产生活的自觉行为理念和行动自觉，要建立在广大群众普遍认同和自觉自为的基础上。"绿色浙江"建设是涵盖经济发展方式、绿色生活模式、政绩考核指标、生

---

① 习近平：《之江新语》，浙江人民出版社 2015 年版，第 158—159 页。

② 习近平：《之江新语》，浙江人民出版社 2015 年版，第 37 页。

③ 习近平：《之江新语》，浙江人民出版社 2015 年版，第 30 页。

④ 习近平：《之江新语》，浙江人民出版社 2015 年版，第 73 页。

态意识培塑在内的理论与实践体系。

经济与社会协调发展的"两座山"理论。"两座山"的提法最早见于 2003 年 8 月 8 日的《环境保护要靠自觉自为》，从人对环保意识的角度，阐释了单纯追求经济发展、损害他人的绿水青山和自觉自为的生态意识三个阶段的认识过程。2005 年 8 月 15 日，习近平到安吉县天荒坪镇调研时首次提出"绿水青山就是金山银山"的理论表述，并于 2005 年 8 月 24 日在《之江新语》发表评论《绿水青山就是金山银山》，指出："我们追求人与自然的和谐，经济与社会的和谐……绿水青山与金山银山既会产生矛盾，又可辩证统一。"① 进而，在《努力建设环境友好型社会》中指出："对于环境污染的治理，要不惜用真金白银来还债。"② 2006 年 3 月 23 日发表的《从"两座山"看生态环境》中正式提出"两座山"概念，并阐释了对"两座山"认识的三个阶段："第一个阶段是用绿水青山去换金山银山，不考虑或者很少考虑环境的承载能力，一味索取资源。第二个阶段是既要金山银山，但是也要保住绿水青山，这时候经济发展与资源匮乏、环境恶化之间的矛盾开始凸显出来，人们意识到环境是我们生存发展的根本，要留得青山在，才能有柴烧。第三个阶段是认识到绿水青山可以源源不断地带来金山银山，绿水青山本身就是金山

---

① 习近平：《之江新语》，浙江人民出版社 2015 年版，第 153 页。

② 习近平：《之江新语》，浙江人民出版社 2015 年版，第 141 页。

银山，我们种的常青树就是摇钱树，生态优势变成经济优势，形成了一种浑然一体、和谐统一的关系。"① 这是对生态文明理念与生态意识觉醒的理论概括，在实践上，就是要"宜工则工，宜农则农，宜开发则开发，宜保护则保护"②。2006 年 9 月 15 日，在《破解经济发展和环境保护的"两难"悖论》中，面对"两座山"的矛盾与悖论，反思了环境库兹涅茨曲线理论，不能僵化运用于中国经济发展与环境保护，认为"人均收入或财富的增长就自然有助于改善环境质量，因而对环境污染和生态破坏问题采取无所作为的消极态度"是错误的，最终会掉入"先污染后治理""边污染边治理"的泥潭，要以科学发展观为指导，"以最小的社会、经济成本保护资源和环境，走上一条科技先导型、资源节约型、生态保护型的经济发展之路"③。

此外，重视保护群众利益，"群众的一桩桩'小事'，是构成国家、集体'大事'的'细胞'，小的'细胞'健康，大的'肌体'才会充满生机与活力"④。变群众上访为领导下访，面对面做好群众工作。群众是最丰富最生动的实践主体，蕴藏着智慧和力量。要多干群众急需的事，

---

① 习近平：《之江新语》，浙江人民出版社 2015 年版，第 186 页。

② 习近平：《之江新语》，浙江人民出版社 2015 年版，第 186 页。

③ 习近平：《之江新语》，浙江人民出版社 2015 年版，第 93 页。

④ 习近平：《之江新语》，浙江人民出版社 2015 年版，第 26 页。

多干群众受益的事。重视精神文明建设，要求精神文明建设从娃娃抓起。物质文明与精神文明建设以人的全面发展作为最终目的，旨在提升物质生活质量和水平，丰富精神生活世界和提升思想道德与科学文化素质。

三　美丽中国建设思想的创立

新时代，以习近平同志为核心的党中央高度重视"美丽"中国建设，绿色发展成为与创新发展、协调发展、开放发展与共享发展并列的新时代发展理念的关键一环。生产能否发展、生活是否富裕，以良好的生态为前提和基础，共同构成中国的文明发展道路，是到 21 世纪中叶中国发展的路径指向。

经过河北、福建、浙江等地方生态实践，习近平走上党和国家领导岗位，战略格局进一步扩大，在十八届中央政治局的第六次集体学习中提出"社会主义生态文明新时代"，标志着美丽中国新时代的到来。关于生态自然、生态经济、生态民生、生态安全、生态法治、系统治理、全球治理七个不同侧面的具体论述，构成习近平的社会主义生态文明观。

关于生态自然，习近平指明了"生态兴则文明兴，生态衰则文明衰"① 的历史规律。对于生态环境的重要性，他在青海考察时指明："生态环境没有替代品，用之不觉，失之难存。人类发展活动必须尊重自然、顺应自然、保护

---

① 《习近平关于社会主义生态文明建设论述摘编》，中央文献出版社 2017 年版，第 6 页。

自然，否则就会遭到大自然的报复。这是规律，谁也无法抗拒。"[1]习近平承续了马克思恩格斯的生态观，从历史的、全球的视野考察了生态兴衰与人类文明进步的内在联系，环境变迁对人类生存的影响与作用，指认自然是"生命之母"，生态环境是人类经济社会发展的前提和基础，人类是否尊重自然相应地会得到自然相应的回馈。社会主义生态文明超越了工业文明，旨在通过"绿色"的生产方式、生活方式与消费观念，进而塑造宁静、和谐、美丽的生存环境。正如2021年，习近平在参加首都义务植树活动时强调的那样，要下大力气推动绿色发展，坚定不移走生态优先、绿色发展之路，提升生态系统碳汇增量，实现我国碳达峰、碳中和目标。[2]

关于生态经济，习近平在海南考察时指出："保护生态环境就是保护生产力，改善生态环境就是发展生产力。"[3]在云南考察时强调，要"像保护眼睛一样保护生态环境，像对待生命一样对待生态环境，在生态环境保护问题上一定要算大账、算长远账、算整体账、算综合账，不

① 《习近平关于社会主义生态文明建设论述摘编》，中央文献出版社2017年版，第13页。

② 习近平：《倡导人人爱绿植绿护绿的文明风尚　共同建设人与自然和谐共生的美丽家园》，《人民日报》2021年4月3日第1版。

③ 《习近平关于社会主义生态文明建设论述摘编》，中央文献出版社2017年版，第4页。

能因小失大、顾此失彼、寅吃卯粮、急功近利"①。习近平的生态经济观是马克思关于自然生产力观点的当代发展，论述了保护环境与经济发展二者的关系。正确看待"绿水青山"与"金山银山"的辩证统一，对于指导当下的实践具有重要的理论与现实意义。实践证明，在推进供给侧结构性改革、加快产业结构转型升级，推动经济发展方式转变、经济结构优化、增长动力转换方面，生态环境保护发挥着不可替代的作用。② 习近平的生态经济思想集中体现在长江经济带的战略谋划上。2018 年 4 月 24 日，习近平到湖北调研考察长江生态环境修复工作，他讲道，长江经济带的转型升级，事关整个中国发展，要"倒逼产业转型升级"，要求开发建设必须是绿色的、可持续的。

关于生态民生，习近平在十八届中央政治局常委与中外记者见面时指出，"人民对美好生活的向往，就是我们的奋斗目标"。③ 进而，习近平鲜明指出："良好生态环境是最公平的公共产品，是最普惠的民生福祉……决不以牺牲环境为代价去换取一时的经济增长。"④ 生态惠民、生态利民、生态为民，满足人民日益增长的优美生态环境需要是以人民为中心的执政理念的重要体现。理论是实践的向

----

① 习近平：《在云南考察工作时的讲话》，《人民日报》2015年 1 月 22 日第 1 版。

② 董峻、高敬：《生态环境质量持续改善　美丽中国建设日新月异》，《人民日报》2018 年 5 月 23 日第 1 版。

③ 《习近平谈治国理政》，外文出版社 2014 年版，第 4 页。

④ 《习近平关于全面深化改革论述摘编》，中央文献出版社2014 年版，第 107 页。

导，而实践是理论的确证。2018 年 8 月 6 日，新华社播发述评，以翔实具体的数据展现了我国河湖生态治理的成绩：自 2016 年全面推行以来，全国 31 个省份已全面建立河长制，100 多万名河长已经上岗，很多河湖由此实现了从"没人管"到"有人管"、从"管不住"到"管得好"的转变，河湖状况逐步好转。在全面推行河长制的基础上，十九届中央深改领导小组第一次会议再推湖长制，严格湖泊水域空间管控，加强湖泊水资源保护和水污染防治……审议通过《农村人居环境整治三年行动方案》，经过农村人居环境整治，越来越多的村庄告别垃圾成堆、蚊蝇乱飞的脏乱面貌，代之以生产生活功能分区、垃圾污水有序治理的崭新景象。……2018 年 5 月底，第一批中央环保督查"回头看"启动。至 7 月 7 日，6 个督查组对 10 省区完成督查进驻，共受理有效举报 3.8 万余件，各地问责4305 人。[1] 此外，启动煤炭资源税改革，全面推开资源税从价计征改革，并在河北省试点征收水资源税，全国 338个地级及以上城市统一按环境空气质量新标准开展监测，并向社会发布实时监测数据和空气质量指数。[2] 从 2019 年起，中央环保督查组将用 3 年时间，完成对全国各省区市的第二轮督查。这些实实在在的举措，是对生态民生的诠

---

[1] 《风生水起逐浪高——党的十九大以来以习近平同志为核心的党中央坚定不移推进全面深化改革述评》，新华社，2018 年 8 月 6 日。

[2] 刘鑫鑫、杨彬彬：《改革开放 40 年中国生态文明建设路径探析——以改革开放以来历次党代会报告为研究样本》，《创新》2018 年第 6 期。

释和注脚。

关于生态安全，习近平在中央国家安全委员会第一次会议上指出，贯彻落实总体国家安全观，需要既重视国土安全，又重视国民安全，也就是他一直强调的，要"既重视传统安全，又重视非传统安全，构建集政治安全、国土安全、军事安全、经济安全、文化安全、社会安全、科技安全、信息安全、生态安全、资源安全、核安全等于一体的国家安全体系"①。在青海省考察工作结束时指出，要"全面落实主体功能区规划要求，使保障国家生态安全的主体功能全面得到加强……筑牢国家生态安全屏障，坚决守住生态红线，确保'一江清水向东流'"②。在十八届中央政治局第四十一次集体学习时强调，要重点实施"关系国家生态安全区域的生态修复工程，筑牢国家生态安全屏障"③。生态安全是国家安全的重要构成要件，在当前全球生态系统、资源能源、环境污染加重、生态安全遭受紧迫威胁的情况下，构建科学与合理的生态安全格局，满足人民日益增长的生态环境需求提上日程。

关于系统治理，在十八届中央政治局第六次集体学习时，习近平指出："按照人口资源环境相均衡、经济社会

---

① 习近平：《坚持总体国家安全观　走中国特色国家安全道路——在中央国家安全委员会第一次会议上的讲话》，《人民日报》2014年4月16日第1版。

② 《习近平关于社会主义生态文明建设论述摘编》，中央文献出版社2017年版，第74页。

③ 《习近平关于社会主义生态文明建设论述摘编》，中央文献出版社2017年版，第77页。

生态效益相统一的原则，整体谋划国土空间开发，统筹人口分布、经济布局、国土利用、生态环境保护，科学布局生产空间、生活空间、生态空间，给自然留下更多修复空间。"① 在 2013 年中央城镇化工作会议上，要求"让城市融入大自然，不要花大气力去劈山填海……依托现有山水脉络等独特风光，让居民望得见山、看得见水、记得住乡愁"②，并在当年的中央农村工作会议上要求，"搞新农村建设要注意生态环境保护，注意乡土味道，体现农村特点，保留乡村风貌，不能照搬照抄城镇建设那一套，搞得城市不像城市，农村不像农村"③。实现美丽中国，贯穿着系统论的思想，要把生态系统、城乡、区域等都视为生命共同体。对于生态内部，统筹认识山水林田湖草的互生关系；从战略高度看待城乡互补的关系、区域之间划定功能区实现优化发展，从而实现东、中、西部区域整体发展。在更大的层面上，把"绿色"贯穿在城乡生态的系统治理之中，从城乡互补共济的角度看待乡村生态振兴与城镇化高质量发展的共赢关系。

关于生态法治，在党的十八届四中全会第一次全体会

① 《习近平关于社会主义生态文明建设论述摘编》，中央文献出版社 2017 年版，第 44 页。

② 习近平：《在中央城镇化工作会议上的讲话》（2013 年 12 月 12 日），载《十八大以来重要文献选编》（上），中央文献出版社 2014 年版，第 603 页。

③ 习近平：《在中央农村工作会议上的讲话》（2013 年 12 月 23 日），载《十八大以来重要文献选编》（上），中央文献出版社 2014 年版，第 683 页。

议上，提出"只有实行最严格的制度、最严明的法治，才能为生态文明建设提供可靠保障"①，并对做好生态文明建设工作做了批示："要深化生态文明体制改革，尽快把生态文明制度的'四梁八柱'建立起来，把生态文明建设纳入制度化、法治化轨道。"② 习近平的生态文明思想不仅仅停留在思想理论的层面，还是面向实际问题导向的生态实践。2015 年，发布《关于加快推进生态文明建设的意见》《生态文明体制改革总体方案》《京津冀协同发展规划纲要》，十二届全国人大常委会第十六次会议通过修订后的《中华人民共和国大气污染防治法》。2016 年，国务院办公厅印发《关于健全生态保护补偿机制的意见》等，关于大气、水、土壤三个方面治理的计划陆续颁布。2018 年，中共中央办公厅、国务院办公厅印发了《生态文明建设目标评价考核办法》，要求各地各部门结合实际认真贯彻执行。这一系列密集的法律法规和制度政策的出台，是对习近平美丽中国建设思想的践诺与具体实施。针对生态污染事件，中央铁腕治污。例如：2014 年 12 月 30 日，江苏省高院二审宣判，泰兴"12·19"重大环境污染公益诉讼案维持一审判决，由 6 家化工企业共同承担 1.6 亿余元的环境修复基金；2017 年 6 月 1 日，中共中央办公厅、国务院办公厅印发《关于甘肃祁连山国家级自然保护区生态环境

---

① 《习近平关于社会主义生态文明建设论述摘编》，中央文献出版社 2017 年版，第 99 页。

② 《习近平谈治国理政》第 2 卷，外文出版社 2017 年版，第 393 页。

问题督查处理情况及其教训的通报》，要求各地区各部门坚决扛起生态文明建设的政治责任，切实把生态文明建设各项任务落到实处。① 2018 年 3 月 22 日，山东荣成伟伯渔业有限公司非法捕捞鱼产品，价值 2000 万元，面临 1.3 亿元巨额赔偿。

关于全球治理，2015 年，习近平在出席联合国气候变化大会时指出："必须遵循气候变化框架公约的原则和约定，特别是共同但有区别的责任原则、公平原则、各自能力原则……中国愿意继续承担同自身国情、发展阶段、实际能力相符的国际责任。"② 在不同的场合呼吁，要坚持绿色低碳，建设一个清洁美丽的世界，共同构建人类命运共同体。世界越来越紧密，在同一个地球村里，各国的依存程度在不断加深，每一个国家都不能独善其身，特别是生态环境等全球性问题。习近平从全人类的广阔视野来看待全球发展，把世界视为命运共同体和利益共同体，各国要加强国际合作共担责任，维系地球与全人类的生存与发展。

习近平在 2018 年全国生态环境保护大会上总结阐释了生态文明思想，这经历了从直接体悟自然生态环境，到直接指导地方经济建设与生态建设实践，再到从"五位一体"总体布局来发展生态文明，如今，绿色发展成为五大

---

① 中共中央党史研究室：《党的十八大以来大事记》，人民出版社、中共党史出版社 2017 年版，第 87 页。

② 杜尚泽、李晓宏：《习近平出席联合国气候变化问题领导人工作午餐会》，《人民日报》2015 年 9 月 29 日第 1 版。

发展理念的有机组成部分，"美丽"作为现代化发展的目标被写入宪法，美丽中国建设的思想趋于成熟。在生态自然观来看，推进人与自然的和谐共生，关涉人类生命共同体能否生存；在经济发展理念上，着眼绿色发展、长远发展和科学发展，凸显"绿水青山"的价值，实现了与"金山银山"的内在统一；在发展目的上，建设美丽中国体现人民群众的意愿，满足人民美好生活的需要，符合全人类的根本利益；在生态安全与地位上看，生态文明建设关系人民福祉和民族未来；在治理的维度上，倡导山水林田湖治理"普遍联系"的系统治理和着眼于人类命运共同体的全球治理；在保障上看，要求用严密的法治和完善的制度体系来确认美丽中国建设的成果。成熟时期的习近平美丽中国建设思想，实现了发展与保护的辩证统一，以"发展"理念推进环境保护，最终指向人民共建共享生态文明成果的发展旨归。

第五章

美丽中国建设的哲学基础

在考察美丽中国建设理论渊源、梳理其理论形成历史的基础上，我们把其放置于新时代的宏大历史叙事中，找准时代提出的重大课题，并对其主要内涵进行阐释。本章把美丽中国建设的哲学基础概括为人与自然和谐共生的存在论、生态兴则文明兴的历史观、以人民为中心的价值论和绿水青山就是金山银山的发展观。

第一节　人与自然和谐共生的存在论

党的十九大报告提出新时代坚持和发展中国特色社会主义基本方略，"坚持人与自然和谐共生"是其中之一，充分体现了社会主义生态文明观的新境界，旨在推动形成人与自然和谐发展的现代化建设新格局。习近平在2018年全国生态环境保护大会上强调，要"坚持人与自然和谐共生"，在马克思诞辰200周年纪念大会上再次强调，我们要认真学习和践行马克思主义思想中的"人与自然关系"思想。"人与自然和谐共生"的理念，具有中华民族生态文明深厚历史底蕴，是对马克思主义"人与自然关系"思想的创新与发展，为新时代美丽中国建设和全球生态治理提供了理论指导与行动指南。美丽中国的基础是人与自然的和谐共生。马克思讲，"作为完成了的自然主义，等于人道主义，而作为完成了的人道主义，等于自然主义，它是人和自然界之间、人和人之间的矛盾的真正解决"①，这里的"自然主义"就是指称人与自然的和谐共生的存在论。从自然不外在于人来说，人与自然是生命共同体；从自然不外在于社会来说，生态环境是社会存在与发展的基本物质前提；从自然化人与人化自然来说，社会是人与自然共生关系的历史生成过程。

一 人与自然是生命共同体

习近平在天人合一、道法自然理念的基础上，强调要"坚持山水林田湖草是一个生命共同体的系统思想"②，进而强调"人的命脉在田，田的命脉在水，水的命脉在山，山的命脉在土，土的命脉在树"③，从而得出，"要用系统论的思想方法看问题，生态系统是一个有机生命体，应该统筹治水和治山、治水和治林、治水

———————————

① 《马克思恩格斯文集》第 1 卷，人民出版社 2009 年版，第 185 页。

② 《习近平关于社会主义生态文明建设论述摘编》，中央文献出版社 2017 年版，第 55 页。

③ 习近平：《在中共十八届三中全会关于全面深化改革若干重大问题的决定的说明》（2013 年 11 月 9 日），载《十八大以来重要文献选编》（上），中央文献出版社 2014 年版，第 507 页。

和治田、治山和治林等"①。能否自觉坚持人与自然是生命共同体的理念，是实现人与自然和谐共生的重要思想保障。

（一）地球生物圈是一个共同体

人与自然是生命共同体，源于地球本身就是一个生命共同体。地球是有生命的生物体，是生命和物质循环紧密联系的共生进化系统。英国大气学家詹姆斯·洛夫洛克（James E. Lovelock）把这个迄今所知的最大的生物体命名为"盖娅"，并提出了"盖娅假说"，即地球具有自我调节功能，具有使物质与能量新陈代谢的稳定的机制，使地球成为适宜于生物居住的星球，人类是其有机组成部分。

地球上孕育的各个生命存在形式本身就是生命共同体，以土壤为例，生物依赖于土壤，土壤也依赖于生物。土壤的起源及其天然特性都与动植物有紧密的关系，在一定程度上，土壤是生物创造的，是地球生态的演化过程。原始的成土物质，诸如岩石的风化变质、地衣的碎屑、微小昆虫的外壳以及各种动物的碎片在各种自然现象中集聚，生命的腐殖质转变为土壤。土壤形成后，丰富多彩的生命物质就随之生存于土壤之中，土壤为生命提供生存空间，而土壤里的各种生物同时使土壤中充满了空气，并促进水分在整个植物生长层的疏排和渗透，进而亿万个细菌、真菌和藻类，还有大量的小昆虫，它们浸软和消化了

---

① 《习近平关于社会主义生态文明建设论述摘编》，中央文献出版社 2017 年版，第 56 页。

树叶，并促使分解的物质与表层土壤混合在一起，这样，土壤综合体成为一个错综交织的生命之网——土壤孕育动植物，动植物保护土壤，动植物和土壤结成合作共生的紧密关系。土壤是自然生产力所生产的产品，是有价值的，是人类的劳动对象、劳动资料。土地作为生命共同体，既有作为人的工具的价值，还有内在价值，即具有对人类及非人类生命的价值。地球上的各种物质形态不是独存的，它们相互联系形成一个整体，山水林田湖草就是一个循环相生、相生相克的生命共同体。人是自然的一部分，人同资源环境，人同动物之间也是一种生命共同体。人作为地球生物圈的一分子，其生存就需要地球，人在生物圈存在的前提是生物多样性，没有了生物多样性，地球就成为寂寥的毫无生机的星球，因此人有维护整个生态系统完整、有序的责任和义务。

（二）人类生命与非人类生命是相互依存的共同体

"人—社会—自然"系统是一个生态整体。一方面，非人类生命营造了人类赖以生存的生态环境，地球圈生物间都处在食物链循环中，人的存在离不开其他生命体的存在；另一方面，"世界不会满足人，人决心以自己的行动来改变世界"。① 没有了人的实践活动，自然万物对人类社会来说就毫无意义，人类需要从生态环境中获取适合自身生存的物质资料，因此，人类既需要关心自身所处的生态环境，优先保障人类的生存与发展权，还要关心非人生命的生存环境，维护与尊重所有生命的生存

---

① 《列宁全集》第55卷，人民出版社1990年版，第183页。

发展权。这是因为，自然界的一切物种在生存竞争与协作中，不仅实现了自身种群的生存利益，也为其他生命创造了生存条件。

正确认识环境正义与生态正义的区分与关联。维护人类自身的生命共同体，需要关注代内不同人以及代际的环境权益与义务即环境正义，而维护生命与非人类生命的关系，是要实现生态正义；前者侧重人与人之间的关系，后者侧重人与自然的关系，环境正义与生态正义相互缠绕，在人与其他生命的关系上，要达到人类生命权益的最大化与对其他生命损害的最小化的统一。生命共同体既是人类内部的环境正义，还是人类与非人类生命的生态正义，后者强调人类对非人类生命及其生存环境的保护义务，站立在人类与非人类生命在地球生物圈中的共生关系的基础上。人类以道德的方式对待非人类生命，人类拓展发展空间与非人类生命维系多样性复杂性达到一种相对的平衡，使非人类生命能够自我调节，从而使人类生命适宜于生存环境。生态环境问题的产生来源于人类社会领域的环境不公正和人类对非人生命的不公正对待，要解决环境恶化的问题，作为道德主体的人类只有放弃民族与地域的狭隘，以包容的胸怀从环境正义与生态正义两个维度着力，才能从根本上解决环境问题。

（三）伤害自然最终会伤及人类自身

人类宰制自然的异化行为会遭到自然的报复。人是自然界长期发展的产物，是自然界的一部分，然而工业文明往往会过分突出人的主体性，人与自然的关系渐渐走向疏离。在实用主义的影响下，人把自然作为索取对象和工具手段，不断地对自然提出各种要求，逐渐发生了人与自然的分化，错误地认为人可以主宰自然。然而，自然发展的客观规律却一次次地教育了人类，人并不能凌驾于自然之上。正如恩格斯所指出的："我们不要过分陶醉于我们人类对自然界的胜利。对于每一次这样的胜利，自然界都对我们进行报复。每一次胜利，起初确实取得了我们预期的结果，但是往后和再往后却发生完全不同的、出乎预料的影响，常常把最初的结果又消除了。"① 人类不能站在自然界之上去支配自然界，人的血肉之躯来源于自然界并存在于自然界之中，奴役自然是不明智、不现实的，切近的利益在短时间内能达到预期的效果，但是随着时间的推移，往往会事与愿违，把最初的结果又消除了。

自然不是人的外部环境，自然是"人的无机的身体"。人改造环境，同时也改造人自身，正如马克思在《资本论》中所指出的："当他通过这种运动作用于他身外的自然并改变自然时，也就同时改变他自身的自然。"② 因此说，人是有机的身体，自然是无机的身体，有机的身体和无机的身体处在不断的物质交换过程中。从这个意义上说，自然本身就是人类生命的一个部分，不要把自然理解成外在的东西，而要理解成内在的。人类依靠科技进步深

---

① 《马克思恩格斯文集》第 9 卷，人民出版社 2009 年版，第559—560 页。

② 《马克思恩格斯文集》第 5 卷，人民出版社 2009 年版，第208 页。

度地改变自然，但科技进步也有负面效应，使人逐步具备了毁坏自然的力量。有两个方面的基本事实：不同发展程度的国家、民族、种族对于生态环境认识具有不平衡性，同一个国家内部不同阶层对于生态、资源、环境的认识也是不平衡的，这是一个事实；地球是人类目前唯一的生存家园，失去地球，人类将无立足之地，人类赖以生存的资源是有限的，不仅煤炭、石油、天然气、矿石等不可再生资源，不厉行节约会很快枯竭，即便是淡水、森林等可再生资源，不节约也会供不应求，最终导致枯竭，这也是一个事实。摆在人类面前的只有两条路：要么生存，要么毁灭。人类若要走向永续发展，就要像对待生命一样对待生态环境，以生态环境承载力为刚性界限开发利用自然，秉持尊重、顺应、保护自然的态度。尊重自然，是讲人与自然平等互利，就是把我们自己纳入自然生态系统的存在秩序中①；顺应自然，即人类要遵循自然规律与自然法则，在人与自然美美与共、和谐共生的基础上进行实践活动；保护自然，是作为万物之灵长的道德主体，需要确定生态红线，保护生物多样性，而自然生态系统的繁荣稳定正是人类实现幸福美好生活的前提和基础，生物多样性也正是自然生态系统更高的稳定性与繁荣水平的重要标志。人类要遵循自然，就是接受其规律和规则，使人类知道自己是谁，来自何方，置身何处，人类作为道德主体的天职是什

① ［美］霍尔姆斯·罗尔斯顿：《环境伦理学：大自然的价值以及人对大自然的义务》，杨通进译，中国社会科学出版社2000年版，第54页。

么，就是要使人类相互团结，结成有序的社会，抛弃对待自然的傲慢态度。在实践活动中变得有分寸，就要在自然回馈的"报复"中明白应把握什么尺度，应该在什么程度上获得人类生存与发展的满足。

自笛卡尔以降，西方学者秉持人与自然主客二分的人类中心主义思想，如洛克认为"对自然的否定就是通往幸福之路"，康德认为"人是自然界的最高立法者"等。人类中心主义作为西方现代社会的核心价值观，是取得工业文明成就的思想根源，同时又是产生大量环境问题的主要思想根源。不同于西方的主客二分思想，习近平的生命共同体思想，创新性地发展了中国古代的"天人合一"与"道法自然"的生态智慧，科学地揭示了人与自然关系的内在规律，强调树立社会主义生态文明观，思考的出发点既不是以自然为中心也不是以人类为中心，而是从人与自然的整体性关联、协同进化的高度把握人与自然的关系，引领了我国生态文明的发展方向。

因此，人与自然是一个有机的生命系统，美丽中国建设要自觉坚持人与自然是生命共同体的"和合"理念，正确处理社会与自然的和谐共生关系，人类的实践活动既要尊重、顺应与保护自然，又要推动形成绿色的生产方式、生活方式和思维方式，走永续发展之路。

二 生态环境是基本物质前提

历史唯物主义认为："动物只是按照它所属的那个种的尺度和需要来构造，而人却懂得按照任何一个种的尺度来进行生产，并且懂得处处把固有的尺度运用于对象；因此，人也按照美的规律来构造。"① 人需要借助自然界及其规律的尺度来建设美丽中国。基于唯物史观立场，习近平提出，"纵观世界发展史，保护生态环境就是保护生产力，改善生态环境就是发展生产力"②，阐明了生态环境与生产力的辩证统一关系，首次把生态要素纳入生产力系统的组成部分，深化了对生产力内涵的认识。

（一）生态环境是最基础的生产力

生态环境是人类生产活动的自然基础。生态环境不仅为生产力提供了自然资源和能源，而且还是影响生产力结构、规模与布局的重要因素。良好的生态环境是人类生存繁衍、经济社会持续发展和人们生活质量不断提升的重要基础，离开良好的生态环境，不要说经济社会的持续发展，就连人的生存繁衍也将无从谈起。人类离不开自然，生态环境不仅满足人的基本生存需要，而且陶冶人的情操，发展人的体力智力，促进人的身心健康和全面发展，是重要的精神享受。马克思指出："劳动生产力是由多种情况决定的，其中包括：……自然条件。"③ 在这里，"自然条件"被列为生产力的决定因素之一。马克思把劳动生产力区分成两种，即劳动的社会生产力与劳动的自然生产

---

① 《马克思恩格斯文集》第 1 卷，人民出版社 2009 年版，第 163 页。

② 《习近平关于社会主义生态文明建设论述摘编》，中央文献出版社 2017 年版，第 4 页。

③ 《马克思恩格斯文集》第 5 卷，人民出版社 2009 年版，第 53 页。

力，而"在无机界发现的生产力"① 就是马克思的自然生产力，主要指称的是自然条件、自然资源和自然禀赋。马克思还进一步探讨了劳动生产率与自然条件的关系，举例说明"瀑布"这种自然力之所以能产生超额利润，是因为"被人垄断的自然力的利用"②。因此，我们既要看到，人类通过劳动改变了自然物的存在形态，改变了自然物的价值表现形式，也要看到劳动价值与自然价值是并存的，自然条件本身蕴含着生产力，二者是辩证的统一。

从生态科学视角探讨生态环境的基础性作用。在生态学中，资源指的是被生物消耗的东西，包括食物、光、营养物和重要的空间等，通常分为土地、矿产、生物（主要是森林）、淡水、海洋资源五类；环境是指生物所依存的条件，是物理环境和生物环境的结合体；生态，指称生物群落与其生存环境在一定区域内相互作用形成的动态平衡系统。③ 生态学认为，资源都是环境的组成部分，环境又是生态的组成部分。资源强调的是实体功能，环境强调客体的

---

① 在资本主义生产存在的地方，资本主义生产在土地最肥沃的地方生产率最高。劳动的自然生产力，即劳动在无机界发现的生产力，和劳动的社会生产力一样，表现为资本的生产力（参考《马克思恩格斯全集》第26卷（第3册），人民出版社1974年版，第122页）。

② 利用瀑布产生的超额利润，不是产生于资本，而是产生于资本对一种能够被人垄断并且已经被人垄断的自然力的利用（参见《马克思恩格斯文集》第7卷，人民出版社2009年版，第727页）。

③ 黎祖交：《关于资源、环境、生态关系的探讨——基于十八大报告的相关表述》，《生态经济》2013年第2期。

受纳功能和服务功能，生态强调主体的状态以及主客体的协同进化功能。在历次党代会报告中，我们按先后顺序讲"资源约束趋紧、环境污染严重、生态系统退化"，就是一个由认识资源，到认识环境，再到认识生态系统这样一个由浅入深、由表及里、由个别到一般、由要素到系统的逐步深化的认识过程，我们已经认识到，资源、环境、生态系统三者都统一于自然这个整体，都属于自然对于人类的功能关系（生存繁衍和经济社会发展）的范畴与体现，三者之间相互依存、相互渗透、相互影响、相互制约。

（二）人类的生产活动要遵循生态规律

生态系统是生物与环境组合而成的自然系统，是人类从事能量流动、物质循环和信息传递的自然基础和载体。人类的生产因为是对生态环境的改变，需要在"人—社会—自然"复合生态系统中进行，要充分考虑生态系统各个要素及其要素间相互作用的影响，不能破坏生态平衡，更不能违背自然规律。生态系统总在划定了生产力活动的阈值范围内进行物质、能量与信息的循环，人类利用和改造自然不能超越这个生态系统自我调节的范围，打上了人的烙印的人化自然过程若破坏了循环的规律即生态链规律，最终必将给人类造成灾难。宰制自然的异化行为会遭到自然的报复。据联合国环境规划署报告，2016 年，冲突、暴力和自然灾害造成约 3110 万人在自己的国家失去家园，其中因自然灾害而流离失所的达 2420 万人；到 2050 年，可能有多达 2 亿人由于环境原因流离失所，这意味着，在一个有 90 亿人口的世界，45 人中就有 1 个人因为环境原因被迫离开家园。自然对人类的报复还体现在自然物种的加速灭绝上，自然资源的大量流失，气候变暖、土地沙漠化、空气污染等，全球生态危机给人类敲响了警钟。实质上，自然灾害越来越多地表现为以"天灾"为表象的"人祸"，即人类不合理地发挥自己的主观能动性，过度地干预、开发和利用自然资源的结果。因此，在开发利用自然条件的过程中，要充分考虑到生态环境对于生产力的基础性作用，遵循自然生态规律，否则就会走向反面。

（三）生态环境与生产力的辩证关系

从新中国成立到 20 世纪 90 年代，受苏联教科书及现代工业文明对于定义"生产力"取向的影响，中国主流著作对于"生产力"概念片面强调"人对自然的关系"，很多有"改造自然""征服自然"类的关键性表述，同时，在生产力组成要素上，更加强调生产工具和劳动者，忽视了劳动对象也是生产力的重要构成要素，这就将"自然力量排除在社会生产力之外，割裂了生产力的整体性"[①]。习近平丰富和发展了马克思主义关于"劳动生产力"[②] 的思

---

① 龚万达、刘祖云：《生态环境也是生产力——学习习近平关于生态文明建设的思想》，《教学与研究》2015 年第 3 期。

② 马克思恩格斯仅仅把那些进入社会生产过程且来自自然界的劳动对象、劳动资料纳入自然生产力的范围，我们将整个生态环境系统中存在的如水力、风力、太阳能、土壤肥力等自然资源生产环境资源产品的能力以及生物生产力都纳入自然生产力的范围；马克思恩格斯只关注进入生产过程的自然生产力有助于使社会提高物质财富生产的促进能力，我们还重视自然环境本身具有生产自然产品的能力。

想，超越了 20 世纪 90 年代以前对生产力内涵的片面认识，认为自然界本身就是生产力，是建立在"自然—人—社会"复合生态系统协调共生发展基础上的生产力。生态生产力，将资源、环境、生态一同并入生产力的整体范畴，是生产力的生态转向，指向自然与人类友善共处、共生共荣、双向互补，旨在推动自然与社会（人）的整体发展。生态生产力符合生态发展规律，是绿色生产方式和生活方式的物质基础，在满足人的需求的同时，只有维持生态平衡实现可持续发展，人类才能持续生存和永续发展。从自然恢复的角度看，自然生态环境一旦排除人为的干扰，获得休养生息的机会，潜在的生命力就会在适宜的条件下展现出强大的自我修复和再生能力，遵循了这一自然规律就会收到事半功倍的效果，这就显现了发挥自然生产力的作用。"生态生产力论"是习近平在"劳动生产力"思想基础上的理论创新，强调了发展生产与保护生态二者关系的有机结合。当前，要同时发展好生态生产力和社会生产力，实现提升人的主体能动性与发掘自然潜质二者的有机结合。

生态环境与生产力具有内在一致性。习近平的绿色发展思想着重从整体的角度看待发展生产与保护生态环境的关系。在生产力的诸要件中，劳动对象是生产力的基本组成要素，保护环境就是在保护劳动对象，优美的生态环境可以为我们提供更多更好的劳动对象，因此，保护环境就是保护生产力；保护环境也是保护劳动资料，只有良好的自然环境，才能提供可持续的劳动资料；保护环境更是保护劳动者，劳动者只有在良好的生存环境中生产生活，才能保证健康的身心，才能更好地投入到实践活动中去。进言之，生产力的发展进步受到资源环境的约束与限制，治理好生态环境，变自然生产力的阻碍因素为促进因素，同时就是发展生产力。习近平的"两山论"，生动阐明了生态优势可以转变为经济优势和发展优势，即生态资源可以转化为生态农业、生态旅游等生态产业，绿水青山可以转化为金山银山。

三　人与自然共生关系的历史生成

生态与文明具有内在依存的联系。任何时候，人类不能忘记，人可以通过改造自然环境达到人类的目的，但人改造自然的活动都是在尊重自然规律和在物质环境的制约下进行的，人类的生产活动不能失去生态环境的依托，维持并改善生态环境本身就是保护人类自身。皮之不存，毛将焉附？无论文明发展到何种程度，我们时刻不能忘记，生态环境遭到彻底破坏之时，就是人类文明就走向覆灭之日。

（一）马克思主义的自然观与历史观相统一

马克思在《1844 年经济学哲学手稿》中讲，"历史本身是自然史的一个现实部分，即自然界生成为人这一过程的一个现实部分"①，人与自然是不可分割的共同体。一方面，人要依赖于自然而生存发展，从自然中获得直接的生活资料和生命的活动资料；另一方面，自然对人类社会也有依赖，依赖于人对它的认识和开发，依赖于人对它的尊

———————

①　《马克思恩格斯文集》第 1 卷，人民出版社 2009 年版，第 194 页。

重，进而发挥其存在价值。在人与自然的关系中，一方面是自然化人，即自然环境决定人的生存前提；另一方面是人化自然，即人使自然适应人的生存需要。"自然化人"包括外在自然与内在自然，前者指客体世界成为人类主体的认识与改变对象，后者是指人类主体通过实践活动从客体世界中获得审美情感与审美体验。"人化自然"是自然界不断进入人类活动并实现对象化的过程，二者体现了人类认识世界和改造世界两大基本活动。在历史演进过程中，自然生态与人类社会形成了一个相互影响、相互制约的动态平衡系统。

（二）人与他者共生关系的生成

人在劳动中与他人和外物共生互动，劳动的过程就是人与自然相互生成的过程。生产的过程应是个人生成自我和生成他者的统一。[①] 自我与他者的同一性，同时生成了自我与他人的本质，实现了自己的本质个性和他人的本质个性的双重统一。这一过程是本性出自内心的真意，从而生成了自己、生成了爱人、生成了亲朋、生成了他人、生成了万物，不需要中介环节，是自己的本性与对象之间的同一，正如马克思所讲："假定我们作为人进行生产。在这种情况下，我们每个人在自己的生产过程中就双重地肯定了自己和另一个人。"[②] 这样，我与他者互为中介地实现了向作为

---

① 张永缜：《"中国梦"开辟了马克思主义中国化的新境界》，《理论月刊》2014 年第 4 期。

② 《马克思恩格斯全集》第 42 卷，人民出版社 1979 年版，第 37 页。

类的人的转换，同时感觉到互相不可分割和彼此分离，我的生命价值、生命意义、快乐以及本质在别人对我发自内心的爱中得到确证和延伸。马克思说："他自己意识到和感觉到我是他自己本质的补充，是他自己不可分割的一部分，从而我认识到我自己被他的思想和他的爱所证实。在我个人的生命表现中，我直接创造了他人的生命表现，因而在我个人的活动中，我直接证实和实现了我的真正的本质，即我作为人的本质，我的社会本质。"① 据此，有学者认为，从审美实践出发去生活，实现自我的同一性，这种生活状态中个人与他人、与社会、与自然万物是统一的，人以这种方式生成自己的同时，也生成了他人和万物；个人在成就自己的同时也成就了他人和万物；个人在享受和获得幸福的同时，也实现了他人的享受和幸福。②

（三）生态文明与人类文明的统一

生态文明与人类文明的统一，就是要达到人与自然和谐共生与人类命运共同体的统一。在面对自然生态时，要处理好"天育物有时，地生财有限，而人之欲无极"之间的矛盾关系，把人类的行为限定在一定的范围内，从而治理好全球生态环境。地球生态系统生生不息、无限循环，但是，在一定的时间内，地球生态系统的各种资源的储量是一定的，这还表现在自然生态承载能力和人类适应自然能力的有限性

---

① 《马克思恩格斯全集》第 42 卷，人民出版社 1979 年版，第 37 页。

② 张永缜：《共生的伦理学考察》，《新疆社会科学》2009 年第 3 期。

上，其自我修复和调节能力只能在一定的生态阈值之内发挥作用。当前环境问题已经成为影响人类能否生存的全球性难题，我们今天面临的生态危机，主要是由于无视生态系统的有限性，在资本驱动和利润刺激下无限度开发资源破坏环境所导致的。因此，我们需要反思全球的经济发展模式和思维导向，维护人类生存环境，打破各自为政的治理格局，需要构筑生态安全共同体。在解决全球生态的问题上，2015年10月，习近平阐释了"共商共建共享"的全球治理理念，旨在保障国际持续安全，和而不同、交流互鉴、美人之美，寻找利益各方的最大公约数，把中国人民的利益关切与世界人民的共同利益紧紧联系在一起。2017年1月，在日内瓦联合国总部主旨演讲时习近平提出"共同构建人类命运共同体"理念，要从唇齿相依与人类存续的高度达成全球共识，包含各个国家共同参与全球生态治理，推动全人类权责共担、和衷共济的历史责任，并形成国际生态共治的公平合理的合作模式和运行机制。

第二节 生态兴则文明兴的历史观

习近平提出："人因自然而生，人与自然是一种共生关系，对自然的伤害最终会伤及人类自身。只有尊重自然规律，才能有效防止在开发利用自然上走弯路。"[①] 并从生

---

① 习近平：《在省部级主要领导干部学习贯彻党的十八届五中全会精神专题研讨班上的讲话》，人民出版社2016年版，第18页。

态与文明二者关系的角度指明，生态兴则文明兴，生态衰则文明衰，丰富和发展了马克思主义生态文明观。历史一再证明，生态与文明具有内在的本质联系，旨在自然的解放和人的解放、生态文明与人类文明的有机统一。

一　人类文明的历史演进

人类文明与自然生态的协调发展曾经持续数千年，从人类文明的发展史看，自然是人类生存的基础，无论文明发展到何种程度，一种文明若要健康地发展，都离不开良好的自然生态；相反，从文明的兴盛与衰落看，一旦生态安全得不到保障，文明与发展就无从谈起。四大文明古国曾经是寰宇璀璨的明珠，孕育了人类的早期文明，人们在这里繁衍、生息，主要是得益于当地得天独厚的生存环境。古埃及、古巴比伦、古印度、楼兰古国等古代文明均都发源于森林茂密、水草丰美、适居宜业的生态环境良好的富庶之地。对于人类社会而言，自然地理环境，包括地形地貌、气候变化、山川水利等生态环境，对于人类文明形态产生了重要的影响。古埃及形成于下埃及的法尤姆地区，正是源于纵贯全境的尼罗河定期的泛滥，才将大量富养的泥沙带到下游，成为肥沃的"黑土地"，人们在尼罗河河谷定居，进行生产活动，古埃及文明与尼罗河紧紧联系在一起，因而也被称为尼罗河流域文明。古巴比伦发端于幼发拉底河和底格里斯河，即两河流域的美索不达米亚平原，这里河渠纵横、土地肥沃，建造了人类早期的城市，苏美尔人较早地修建了大量的灌溉工程，不仅培育了大量肥沃的土地，而且避免了洪涝灾害，进而产生了第一种楔形文字、第一种法律等绚烂的古巴比伦文明。古印度文明发端于喜马拉雅山的印度河—恒河流域，在这里，农业生产条件优越，气候适宜，交通便利，哈拉巴文明于是产生。丝绸之路沿线的文明，曾经是中国历史上强大的灌溉农业文明，张骞出使西域，尚有大量的见闻，楼兰古国曾经繁盛一时，然而随着水资源的匮乏，良田变为流沙，浩瀚的罗布泊断流，绿洲渐为荒漠所吞噬。世界上的古代文明的兴起与相继湮灭，说明了优越的自然环境催生了文明的产生和人口的繁衍，而支撑人类文明的生态环境受到了彻底的破坏，丧失了支撑文明的基础，人类文明也随之湮灭，这就给未来人类敲响了警钟，尊重自然、顺应自然关乎人类生存，关乎文明存续。

　　人类文明与自然生态始终围绕人类如何生存、人类文明如何发展的关系来展开。实际上，一部人类文明兴衰发展的历史，就是一部人类由敬畏自然到征服自然，进而自食恶果的辛酸历史，再进一步痛定思痛，走向人与自然的和谐共生共荣的未来史。远古时期人以采集、狩猎为主，由于认识与改造自然的能力极小，自然在人类面前是神秘、强大和危险的，自然是人类可怕的主宰者，人敬畏自然；就在这一时期，产生了大量的神话故事。新石器革命后开始的农业社会，人类学会了模仿自然，与自然的关系处于一种相对平衡的状态中，人对自然产生了朴素的热爱，对土地有天然的亲近感，产生了从事农耕生活的美好而浪漫的情愫。随着改造自然能力的提升，人开始以自我为中心，把自然视为改造和征伐的对象，人类中心主义大行其道，这时，人与自然的关系极其异化，工业文明由是产生。在工业化的社会中，"经济人"把自然的价值贬低为追求经济价值的工具和手段，不仅自然遭到了破坏，而且人性的自然也遭受了破坏。随着工业科技的发展，现代人逐步树立起征服自然的信心，将自然视为一架机器，这个机器按照其之外的理智设计并按照其字面意义按照既定目标加以排列组合①。人类把征服自然视为胜利，认为人类在自然之外可以再创造一个人工的文明，却忽视了自然的力量和生态规律，从而终结了自然，导致了环境危机。人类深层次地影响着自然，创造了人化自然的生存方式，甚至在某种意义上创造了反自然的现代工业文明。人类根据自然对于人类自身的有用性，无视自然本身所固有的客观价值，将自然资源分为有用的和无用的，并将有用的资源进行了最大化的开发利用，把对人类认为无用的垃圾实施了最大化的排放，这种根据自然对人类的有用性进行价值取舍的做法加剧了地球的资源枯竭和环境污染。因此，现代工业颠倒了自然与文明的有机联系，是人类走向自我毁灭的发展模式。

生态文明是对工业文明的扬弃，是基于对工业文明的反思。习近平总书记指出："工业化进程创造了前所未有的物质财富，也产生了难以弥补的生态创伤。"生态文明昭示着未来的社会形态，即尊重、顺应、保护自然，经由高级的社会文明，实现人与自然的和谐共生。如果说资本主义是以工业机器为手段对自然和工人进行双重盘剥，那么生态

①　[英]罗宾·科林伍德：《自然的观念》，吴国盛、柯映红译，华夏出版社1990年版，第5页。

文明本质上是要建立一种社会与自然、消费与生产、物质与精神之间平衡协调发展的社会文明。任何时候，人类不能忘记，人可以通过改造自然环境达到人类的目的，但人改造自然的活动都应在尊重自然规律和物质环境的制约下进行，人类的生产活动不能失去生态环境的依托，维持并改善生态环境本身就是保护人类自身。

二　生态关乎文明能否存续

依照历史唯物主义的视角，我们既要避免堕入环境决定论，又要反对忽略自然环境，片面强调人的自觉能动性的唯意志论。静态来看，人类文明产生于适宜于人类定居的地理环境中，从而在稳定的环境中衍生文化与文明。动态来看，随着人类过度地掠夺和使用自然资源，资源的不恰当使用造成了环境承载能力的不堪重负，大自然开始报复人类的"近视"和短视行为，人类文明逐渐走向衰落。

在生态环境的多种因素中，水是支撑人类文明的重要物质基础，因而古代人类都栖息于河流流域的周围，以便于汲水灌溉和生活。一方面，生态环境资源为人提供了生存的基础。我们以黄河流域为例。黄河是中华民族的"母亲河"，黄河哺育了中华民族，有了黄河水的滋养，中华民族繁衍生息、绵延不绝。黄河流域是灿烂夺目的中华文明的发祥地，在早期，黄河流域气候温和、物产丰富、生态良好，成为孕育古代文明的沃土。远古人类，诸如蓝田人、半坡人、河套人、大汶口人都在这里繁衍生息，黄河流域也成为仰韶文化、马家窑文化、龙山文化、齐鲁文化的发祥地。中国古代文化中心，如郑州、西安、洛阳、开封等古都，元朝以前，历代王朝建都大都选择这些城市，古代中国在相当长的时期以来成为世界文明的中心。在这里，有李太白"黄河之水天上来，奔流到海不复回"的豪迈，有刘禹锡"九曲黄河万里沙，浪涛风颠自天涯"的澎湃，有温庭筠"黄河怒浪连天来，大响硠硠如殷雷"的雄壮，有《木兰辞》"不闻爷娘唤女声，但闻黄河流水鸣溅溅"的哀思，有《黄河大合唱》的雄浑，……黄河精神激励了一代又一代的中华儿女。另一方面，生态治理与文明发展相伴而生。以黄河来看，据统计，从先秦到国民党统治的2500多年时间，黄河下游决溢1500多次，大规模的改道达到26次，黄河两岸的人民群众苦不堪言。黄河的历史变迁与中华民族的历史相伴而生，中华民族的文明史就是黄河的泛滥史，因此可以说，中华民族治理黄河的历史同时就是一部治国史。

历史上的黄河，关乎政权更替。黄河南徙与北徙，成为历代王朝霸业兴衰、政权更替的导火索。政权的不稳，无暇顾及黄河治理，导致千里泽国，百姓流离失所、民不聊生，而治理河道又加剧了集权统治下的苛捐杂税和摊派徭役，进而导致政权倾覆。黄河的每次决堤都伴随着政治的变化，以宋朝为例。北宋围绕着黄河疏浚的问题形成了"东流派""北流派"的激烈争锋。治河论争不仅仅是单纯的技术的争论，往往与政治争斗、军事对峙，乃至政治家们的个人恩怨联系在一起。也正是由于黄河泛滥频繁，黄河堵口技术进入发展的顶峰，北宋成立了专事堤防堵口的职能机构——埽所，制度的制定、官员的配置、官兵的布排、责任的追究等都有章可循，是堤防堵口、组织抢险、抗击险情的时候堵口的专职办事机构。然而，到公元1117年，即宋徽宗政和七年，黄河决堤，"沧州城不没者三版，民死者百余万"，是有史以来黄河历史上死亡人数最多的洪水灾害。洪水的泛滥，常常伴随着大饥馑和疫病的流行，进而引发了一系列的社会问题。正是在这次决河之后不久，北宋就在金兵的大肆入侵下灭亡了。正因如此，历朝历代都重视黄河的治理，汉武帝率众堵口黄河岸，宋太祖御诏疏通黄漕运，忽必烈钦令察河源，康熙帝亲览修黄淮……正因为治河的重要性，历代河官对黄河治理都是战战兢兢，如履薄冰，不敢有丝毫懈怠。黄河决堤，第一个跳进河水堵口的是县官，因为治河失败，对于县官来说是死罪，正如古语所言"黄河决了口，县官活不成"。伴随着治理黄河，历史上镌刻着中华儿女的名字。东汉王景筑河堤、修汴渠、通黄淮，此后800多年黄河没有发生大的改道，故有"王景治河、千载无恙"之说。元代贾鲁采取疏浚与塞堵并举的方略，使黄河复归故道，南流合淮入海，为了纪念他的功绩，河南中牟的一条河命名为贾鲁河。明朝刘大夏疏通河流、修筑长堤，水灾得以根治，遂将张秋镇改名为"安平镇"。然而，北宋的杜充，官至宰相，面对金兵南下，两次开掘黄河的堤防，导致百姓淹死数十万，流离失所和疫病死亡的人数不计其数，两淮地区毁于一旦，同时代的郭永评说："人有志而无才，好名而无实，骄蹇自用而得声誉，以此当大任，鲜克有终矣。"杜充之流将被后世永远钉在历史的耻辱柱上。

　　由此可见，对于生态与文明的关系，我们不能仅仅局限于一般意义上的人与大自然的关系，而是要上升到生态与文明的关系。对此，总书记有基本的判断："生态兴则文明兴，生态衰则文明衰。"以往，我们只把生态作为文明的一个要素，强调生产力在社会发展中的基础性作用。总书记把生态作为文明产生与发展的主导因素来看待，生态的作用进入全新的认知领域。昭示我们：人的实践活动不是任意妄为的，人类安全离不开生态安全的基础保障。总书记的"人与自然是生命共同体"理论，深化了人与自然休戚与共的内在关系的认识，成为矫正西方生态主义的有力理论武器。

三 生态文明的历史唯物主义视角

马克思主义历史观，把历史理解为一个能够变化，并且经常处于变化过程中的有机体，看成生态与文明变迁的历史过程。按照马克思恩格斯的观点，自在运动着的是物质实践活动，人们在改造认识自然界的同时，也改造创造和认识着自己本身的肉体组织、社会关系和思维结构等等。从根本上说，历史就是人对自然和社会的改造活动在时间中的展开。同时人类创造历史的活动又是实际改造活动和观念认识活动共同作用的结果。其中，认识历史的活动也是人们创造历史活动的组成部分，如同自然是人们认识活动的客体一样，历史也是人们认识活动的客体，并同样转化为认识的内容。而被观念的历史观来说，首要的就是揭示人们的物质活动。从根本上说，历史是人的实践活动，在实践中的展开是主体连续不断的建构过程，是自然界对人的生存过程，是人改造自然与人改造人的过程。马克思始终是把历史和主体联系在一起来考察人类历史的，并认为人既是历史的"剧中人"，又是历史的"剧作者"。经济变革需要通过政治变革，而观念变革就是政治变革先导，如此等等。正确观念的交互作用，形成一种立体网络，历史演变正是通过这种网络结构而进行的。

社会与自然，在历史的互动中得以生成。自在自然，是人类社会产生之前就已经存在的，或是人类的实践活动尚未达到或深入的自然，即未被人化的自然。人化自然，也就是社会的自然，相对于自在自然而言，是经过人的实践活动改造并打上了人的目的和意志的自然，就是说："人化自然是被人的活动所造成的自然，它体现了人的需要、目的、意志和本质力量，是人的活动的对象化。"① 人在自在自然中延续了自己的存在，人化自然不可避免地要参与到大自然的整个生成过程，仍然要加入到支配的自然运动过程中，马克思曾经批判费尔巴哈没有看到"他周围的感性世界决不是某种开天辟地以来就直接存在的、始终如一的东西，而是工业和社会状况的产物，是历史的产物，是世世代代活动的结果，其中每一代都立足于前一代所奠定的基础上，继续发展前一代的工业和交往"②。这样就会出现两种情况：一是自然运动

① 杨耕：《关于马克思实践本体论的再思考》，《学术月刊》2004 年第 1 期。

② 《马克思恩格斯文集》第 1 卷，人民出版社 2009 年版，第 528 页。

的强大力量，强行铲除人化自然的痕迹；二是人的活动改变了自然规律起作用的范围和改变自然过程，不断改变原生的自然生态系统。社会不同于自然，但社会又离不开自然，任何一个人都生活在自然与社会二位一体的现行世界中。

　　实践活动是生态与文明有机衔接的纽带。在人的物质生产实践中，将自在自然这个"自在之物"转化为体现了人的目的并能满足人的需要的"为我之物"，就是将自在世界转变为属人的世界。其结果是从自在自然的单一维度分化出了人化自然，是自然界对人说来的生成与演变过程。也就是说，自然的人化强调的不是自然界自身的变化，而是自然界在人的实践过程中不断获得属人的性质，不断地被改造为人的生存和发展的条件。对于历史规律的理解，就是要揭示人的生存与生态的平衡性，追求社会与自然平衡，这是必由之路，即按照人的内在需要和自然规律这两种尺度的统一去改造自然。同时，现在的社会制度，那个创造合理利用科学技术的外部环境，与动物被动地适应自然不同，人要通过认识自然规律进而改造外部世界，达到物被人所掌握和占有的目的，从而创造出适合人类生存和发展的属人的世界，于是，世界成为为我而存在的关系，由此确立了人对自然界的主体地位。再者，人在实践中自觉发挥人的主体性，事物运动变化的过程成为人的主体性不断发展和提升的过程，同时也是人的主体意识不断映射到自身的过程，人以目的的形式贯彻到、转化为物质的自在之物，因为为我之物是从属的，直接建立起一种新的更高的统一的关系。复次，主体的感情和意志，这种感情和意志对于主体实践能力的发挥程度与范围起着强烈的调控作用，是人追求自己的对象的本质过程中所展现出来的人的情感的变化。

人化自然是人的本质力量的确证和展现，体现了人的体力和智力。正如马克思所说，"工业的历史和工业的已经生成的对象性的存在是一本打开了的关于人的本质力量的书"①。动物完全靠自身的躯体从事活动，适应生态环境是它们唯一的活动手段。但人的世界却大不相同，人将外部的自然力作为人手、眼睛、鼻子等身体器官的延伸，把已经掌握的自然力转化为人延伸了的本质力量，以此力量作为基点进一步征服未知世界。人的实践活动的特点就在于人自身的器官与生态器官的和合统一，"在对现存事物的肯定的理解中同时包含对现存事物的否定的理解"②，人类在实践活动中，以否定的方式实现自身与自然的统一，从而形成实践活动的否定的辩证法。人化自然还体现了人的审美能力，人也按照"美的规律"来建造。社会发展不同于自然，也不同于超自然，而是内蕴着自然运动变化并与自然运动规律相类似的运动过程。因此说，"自然史"与"人类史"紧密不可分割，社会与自然形成内在的必然联系。那种将人的物质生产实践从社会历史中分离出去的做法，就等于把社会历史悬置于虚无之上，就是空中楼

---

① 《马克思恩格斯文集》第 1 卷，人民出版社 2009 年版，第 192 页。

② 《马克思恩格斯文集》第 5 卷，人民出版社 2009 年版，第 22 页。

阁。因此说，以实践为纽带，实现了自然—社会的有机融合，生成了社会的自然和自然的社会，或者说是历史的自然和自然的历史。

习近平承续了马克思恩格斯的生态观，从历史的、全球的视野考察了生态兴衰与人类文明进步的内在联系，环境变迁对人类生存的影响与作用，指认自然是"生命之母"，生态环境是人类经济社会发展的前提和基础，人类是否尊重自然相应地会得到自然相应的回馈。社会主义生态文明超越了工业文明，旨在通过"绿色"的生产方式、生活方式与消费观念，进而塑造宁静、和谐、美丽的生存环境。

第三节　以人民为中心的价值论

人民是社会历史的主体，也是美丽中国建设的主体。以人民为中心，以历史唯物主义作为理论基础，发展了中国传统文化的民本思想。本节认为，人民创造历史并推动社会进步，体现了中国共产党的根本宗旨和为人民谋幸福的初心使命，表征了中国共产党的政治立场、价值追求与责任担当。以人民为中心，是新时代中国特色社会主义建设的 14 条基本方略之一，是普惠于民的治国理政理念，是美丽中国建设的根本价值指向。

一　良好的生态是最普惠的民生福祉

习近平认为："良好生态环境是最公平的公共产品，是最普惠的民生福祉……决不以牺牲环境为代价去换取一时的经济增长。"① 这就启示我们，不管是发展经济，还是保护环境，都是为了改善民生。良好的生态环境关乎人民群众切身利益，关乎人民福祉与民族未来。

良好生态具有普惠性。马克思恩格斯指出，"无产阶级的运动是绝大多数人的、为绝大多数人谋利益的独立的运动"②，广大人民群众既是社会主义现代化建设的创造者，又是改革发展成果的享有者。不同于传统经济学语境中的产品，指涉优美环境需要的生态产品具有维系生态安全、保障生态调节功能、提供良好人居环境的自然要素，因其作为自然生态系统为人类提供必需品而共有的服务功能，所以是最普惠的公共产品。物质财富、精神财富与优美生态环境需要，都是社会主义现代化建设的内容，要使"发展为了人民、发展依靠人民、发展成果由人民共享"③，要使之变为现实，就需要把文明成果更多、更公平、更实在地惠及全体人民。"绿水青山"用之不觉，失之难续，是不分阶层、种族、民族、国家的全体人类的基础性需要，良好的生态环境不仅可以在当代共享，还可以在代际共享，不仅在国内共享，还可以在全球范围共享，因而具有普惠性。很长一段时间以来，我们有两个错误倾向：一是把人与自然的关系，亦即生态环境与人们的美好生活之

---

① 《习近平关于全面深化改革论述摘编》，中央文献出版社2014年版，第107页。

② 《马克思恩格斯文集》第2卷，人民出版社2009年版，第42页。

③ 《习近平谈治国理政》第2卷，外文出版社2017年版，第214页。

间的关系看成目的性的存在；二是就生态谈论生态，片面地看待某些具体的环保问题，忽略了改善生态环境的最终目标还是为了人类的福祉。事实上，自然生态是美好生活的本真内容与内在目的，改善生态环境恰恰是为了满足人类生存与发展的基础需要。

回归生态的公共性。在改革开放初期的一段时间里，由于物质资料和生活资料匮乏，满足民众的物质需求成为首要的民生目标，较少顾及生态环境与代际生态公正的问题，我国一度把 GDP 增长和工业化发展水平作为考量经济社会发展的唯一指标。由于片面强调这些指标，一些地方盲目追求发展速度，对资源实行掠夺式开发，忽视了资源环境的合理利用和工业化建设本应遵循的生态规律，因而随着物质财富的迅猛增长、物质文化产品生产能力的增强，人们的物质文化生活水平不断提高，总体上实现了小康，但是提供生态产品特别是优质生态产品的能力却不断减弱，雾霾频发、垃圾"围城"、绿水青山渐行渐远，这与人们对于生态产品的需求形成强烈的反差，使得人民的幸福指数不升反降。生态产品供给与需求的严重失衡成为人民群众反映的突出问题，环境污染成为"民生之患、民生之痛"①，甚至爆发了与环境相关的群体性事件，一定程度上成为制约中国经济社会可持续发展的"瓶颈"。这就表明，生态安全的需求已经成为除物质需求、文化需求之

———————

① 习近平：《在省部级主要领导干部学习贯彻党的十八届五中全会精神专题研讨班上的讲话》，《人民日报》2016 年 5 月 10 日。

外的人民追求美好生活的主要需求之一，人民从期盼温饱转向生态保护，从物质需求转向生态健康，创造良好的生产生活环境已经成为人民群众的急迫需求。因此，需要划定生态红线，用最严格的制度和最严密的法治保护生态环境，保障民众在美丽中国建设中的知情权、决策权、监督权和受益权，回归其公共性的本来面目，让民众充分享受健康美丽生态环境的权益。

保护生态就是保护民生福祉。民生凸显社会公平和正义，弥补民生短板，提升人民群众的获得感。习近平提出，小康全面不全面，生态环境质量是关键。[①] 蓝天白云、青山常在、绿水长流，人民群众生活在良好的生态环境中，本是小康社会的题中应有之义。在十八届中央政治局第四十一次集体学习时，习近平讲，"如果经济发展了，但生态破坏了、环境恶化了，大家整天生活在雾霾中，吃不到安全的食品，喝不到洁净的水，呼吸不到新鲜的空气，居住不到宜居的环境，那样的小康、那样的现代化不是人民希望的"[②]。改革开放以来，人民实现了物质的富足，没有这样的基础，就不能有美好生活，因为美好生活需要现实物质条件的支撑，但仅仅有物质层面，也不是美好生活的全部内容。只有在生产发展的基础上，使心灵得到安顿，精神拥有家园，公平正义更加充实，自我的德性

---

① 《习近平关于社会主义生态文明建设论述摘编》，中央文献出版社 2017 年版，第 8 页。

② 《习近平关于社会主义生态文明建设论述摘编》，中央文献出版社 2017 年版，第 36 页。

修养和能力水平得到提升，这才表现了人的内在的本质属性，而要带来这些精神属性的重要前提是使民众具有自然本性的"共同感"并感知社会的温度，由物质文化需要转向美好生活需要。"环境也是民生，青山就是美丽，蓝天也是幸福。"① 生态环境与民生紧密联系、紧密结合，生态民生回应了人民群众对于环境问题的关切，丰富和发展了民生与幸福的内涵与意蕴。习近平从"最普惠的民生福祉"的社会层面扩展至国家民族层面，把生态环境优势转化为经济社会发展优势的绿色富民的经济层面，及至"建设天蓝、地绿、水清的美丽中国，让人民切实感受到发展带来的生态效益"②，要求把绿水青山留给百姓，不因当下的"百姓富"而取代长远的"生态美"，由 GDP 论英雄到"去掉紧箍咒"的民生导向，正是执政为民，生态为民的生动诠释。

二　生态为民彰显人民立场

习近平要求"把实现好、维护好、发展好最广大人民根本利益作为出发点和落脚点，坚持以民为本、以人为本。要树立以人民为中心的工作导向"③。以人民为中心，标举了人民的主体性的基本立场，满足了人民美好生活的价值诉求，增进了人民的获得感、安全感和幸福感。

----

① 习近平：《在参加十二届全国人大三次会议江西代表团审议时的讲话》，《人民日报》2015 年 3 月 7 日第 1 版。

② 习近平：《深化伙伴关系　增强发展动力》，《人民日报》2016 年 11 月 21 日第 3 版。

③ 《习近平谈治国理政》，外文出版社 2014 年版，第 154 页。

人民群众是社会发展的主体。唯物史观认为，人民群众既是社会历史的剧作者又是剧中人，既是历史的创造者也是历史的见证者，社会历史从根本上说是生产发展的历史，是人民群众"历史合力"（恩格斯）创造的历史，人民群众作为实践主体、生活主体和价值主体，推动社会历史向前发展。毛泽东认为，"真正的铜墙铁壁是什么？是群众，是千百万真心实意拥护革命的群众"①，要求全党同志全心全意为人民服务。邓小平认为："正确的政治领导的成果，归根结底要表现在社会生产力的发展上，人民物质文化生活的改善上。"② 习近平继承发展了唯物史观的这一基本思想，"体现了我们党全心全意为人民服务的根本宗旨，体现了人民是推动发展的根本力量的唯物史观"③，是唯物史观关于人民群众的主体地位的当代阐释和创造性运用，其核心是将群众路线贯彻到国家治理的过程中，从而凝聚人民群众的合力，在进行"四个伟大"的奋斗中创造非凡业绩。人民对美好生活的向往同人民群众的主体性、人民群众的根本利益的保障和满足直接关联、内在一致，是习近平新时代中国特色社会主义思想的终极目标。新时代的中国，公有制为主体的经济制度保障了人民

---

① 《毛泽东年谱：1893—1949》（上），中央文献出版社2013年版，第422页。

② 《邓小平文选》第2卷，人民出版社1994年版，第128页。

③ 习近平：《在省部级主要领导干部学习贯彻党的十八届五中全会精神专题研讨班上的讲话》，人民出版社2016年版，第24页。

的根本经济地位，协商民主的社会政治制度保障了人民当家做主的地位，社会主义先进文化提供了丰富的精神滋养，社会主义生态文明建设为人民群众提供良好的生存发展环境，所有这些条件，为人民群众的创造性活动提供保障，成为人民干事创业、艰苦奋斗的基础条件。

坚持人民立场。人民立场是马克思主义的根本价值旨趣。马克思认为，人民是历史的主体，不是上帝、理性和观念创造历史，而是人们自己创造自己的历史，在正确区分决定力量与非决定力量、主导力量与非主导力量的基础上，马克思进一步指出，"全世界无产者联合起来"，通过革命的、实践批判的活动形成"自由人联合体"。毛泽东在《中国社会各阶级的分析》和《关心群众生活，注意工作方法》中分别提出了"革命党是群众的向导"和"一切群众的实际生活问题，都是我们应当注意的问题"，并在《为人民服务》中系统阐释了"为人民服务"的思想。党的十八届五中全会鲜明提出："坚持以人民为中心的发展思想，把增进人民福祉、促进人的全面发展、朝着共同富裕方向稳步前进作为经济发展的出发点和落脚点。"① 在新时代的历史条件下，习近平扩展了为人民服务的内涵和外延：其一，强调改革发展成果由全民享有，要让每一个公民享受到改革发展的红利，扩展了人民立场的内涵；其二，不仅要保证广大人民群众的政治、经济、文化等权益，更要保证其优美生态、社会公平正义、身心健康

---

① 《习近平关于社会主义经济建设论述摘编》，中央文献出版社 2017 年版，第 30—31 页。

等方面的权益，扩展了人民立场的外延。实现中华民族伟大复兴，必须坚持群众路线这一党的生命线和根本工作路线。

维护人民的根本利益。邓小平提出，中国共产党党员要"全心全意为人民服务，一切以人民利益作为每一个党员的最高准绳"[①]；江泽民提出，我们党要始终"代表着中国先进生产力的发展要求，代表着中国先进文化的前进方向，代表着中国最广大人民的根本利益"[②]；胡锦涛提出，"必须坚持把实现好、维护好、发展好最广大人民的根本利益作为一切工作的根本出发点和落脚点，把立党为公、执政为民真正落到实处"[③]；习近平提出，"人民对美好生活的向往，就是我们的奋斗目标"[④]。可见，党对于维护人民群众根本利益的态度是一以贯之的。在十八届中央政治局第七次集体学习时，习近平指出："只要我们党始终坚持人民利益高于一切，紧紧依靠人民，就能永远立于不败之地。"[⑤] 党的十八届五中全会提

[①] 《邓小平文选》第 1 卷，人民出版社 1994 年版，第 257 页。

[②] 江泽民：《在广东考察工作时的讲话》（2000 年 2 月 25 日），载《十五大以来重要文献选编》（中），人民出版社 2001 年版，第 284 页。

[③] 胡锦涛：《在中共十六届四中全会第一次全体会议上的讲话》（2004 年 9 月 16 日），载《十六大以来重要文献选编》（中），中央文献出版社 2006 年版，第 253 页。

[④] 《习近平谈治国理政》，外文出版社 2014 年版，第 4 页。

[⑤] 《习近平关于社会主义社会建设论述摘编》，中央文献出版社 2017 年版，第 6 页。

出"共享发展"理念，内蕴的含义十分丰富：就共享的广度而言，是人人享有、各得其所的"全民共享"；就共享的内容而言，是"五位一体"各方面都具备的"全面共享"；就共享的实践途径而言，是发扬民主、汇聚民智、激发民力的"共建共享"；就共享的推进进程而言，是从低级到高级、从不均衡到均衡发展的"渐进共享"。① 这一理念的变化，彰显了人民美好生活需要的升级换代，指引着党带领人民为之奋斗的方向。在党的十九大报告中，习近平明确指出："新时代我国社会主要矛盾是人民日益增长的美好生活需要和不平衡不充分的发展之间的矛盾，必须坚持以人民为中心的发展思想，不断促进人的全面发展、全体人民共同富裕。"② 面对人民群众对清新空气、健康食品、洁净饮水、优美环境的要求，美丽中国建设要求既要"金山银山"，更要"绿水青山"，从可持续发展和永续发展的高度来认识经济发展与环境保护的关系，让人民群众共享生活富裕与绿水青山的成果，让改革成果更多地惠及全体人民群众。

人民作为评价主体。人民群众的评价是衡量工作成效的根本尺度，就要使"人民获得感、幸福感、安全感更加

———

① 《习近平关于社会主义社会建设论述摘编》，中央文献出版社 2017 年版，第 38—39 页。

② 习近平：《决胜全面建成小康社会　夺取新时代中国特色社会主义伟大胜利——在中国共产党第十九次全国代表大会上的报告》，人民出版社 2017 年版，第 19 页。

充实、更有保障、更可持续"①，这是因为社会主义制度内在地要求各项工作符合为人民服务的根本方向。邓小平指出，社会主义的本质，最终指向共同富裕，做工作要符合的评价标准是：群众拥护不拥护、赞成不赞成、高兴不高兴、答应不答应。人民是实现美好生活的价值主体、实践主体，也是评价主体。习近平指出，人民是评判依据，是不是全面小康了，光是共产党宣布达到了不能作数，要人民群众答应和赞同。生活是不是美好了，要有清新的空气、健康安全的食品、干净的饮用水等，这与人民群众的感受与认同直接相关。习近平在文艺工作座谈会上指出："以人民为中心，就是要把满足人民精神文化需求作为文艺和文艺工作的出发点和落脚点，把人民作为文艺表现的主体，把人民作为文艺审美的鉴赏家和评判者，把为人民服务作为文艺工作者的天职。"② 由此可见，人民群众不仅是物质财富的评判者，还是精神财富的评判者。五大发展理念即是以人民群众作为评价标准。创新发展意在解决发展动力问题，形成"大众创业、万众创新"的创新实践；协调意在解决发展不平衡不充分问题，达到城乡、区域、行业等的共同发展；绿色发展意在达到人与自然的和谐，提升人民群众的生存与生活的品质；开放发展意在统

① 习近平：《决胜全面建成小康社会　夺取新时代中国特色社会主义伟大胜利——在中国共产党第十九次全国代表大会上的报告》，人民出版社 2017 年版，第 45 页。

② 习近平：《在文艺工作座谈会上的讲话》（2014 年 10 月 15 日），载《十八大以来重要文献选编》（中），中央文献出版社 2016 年版，第 127 页。

筹国内与国外两个资源，交流互鉴人类文明的成果；共享发展意在增强社会成员的获得感和可持续发展的动力源泉。五大发展理念所回答的关于"实现什么样的发展"的现实问题，其评判主体正是人民群众的获得感与幸福感，体现了"老百姓关心什么、期盼什么，改革就要抓住什么、推进什么"①的价值旨归，是对"发展为了谁，依靠谁，谁来享有"的当代回答。

三　美丽中国建设满足人民美好生活需要

党的十九大报告 14 次提到"美好生活"，"美好生活"成为国家治理的热词和关键词。建设"美丽"的中国是现代化强国建设的重要任务之一，"满足人民美好生活需要"是目标取向，更体现了党的责任担当和初心使命。

关于"美好生活"，马克思主义者的历史叙事各有不同。马克思强调"自由人联合体"，毛泽东强调建立人民"站起来"的新中国，邓小平概括为让人民"富起来"的改革开放，习近平进而提出"强起来"的中国梦。强国的重要体现正是人民美好生活的实现。2010 年以来，"美好生活"这一日常生活话语日益上升为政治话语体系的主导性概念，实现美好生活成为新时代中国共产党治国理政的价值理念。新时代，"不平衡不充分的发展"成为当前我国社会主要矛盾的主要方面，从物质文化需要过渡到美好

---

① 习近平：《改革既要往增添发展新动力方向前进也要往维护社会公平正义方向前进——在中央全面深化改革领导小组第二十三次会议上的讲话》，《人民日报》2016 年 4 月 19 日第 1 版。

生活需要是更为全面、更高品质、更可持续的需要，旨在使改革成果惠及全体人民，不断提升人民的生活满意度和幸福感，这只能通过更全面、更高品质、更可持续的供给来实现，即提供满足人民群众需求的内容和形式。2012年11月，在十八届中央政治局常委与中外记者见面会上，习近平指明了当下的美好生活需要是要求更高质量的物质富足，人民民主权利的切实实现以及生态环境的持续改善，亦即将"美好生活"的概念表述为"更好的教育、更稳定的工作、更满意的收入、更可靠的社会保障、更高水平的医疗卫生服务、更舒适的居住条件、更优美的环境，期盼孩子们能够成长得更好、工作得更好、生活得更好"①。对此，党的十九大报告有了新的描述，强调把满足人民美好生活需要作为治国理政的根本指向，提出"以人民为中心"的新发展观。

美好生活，是现实地实践着的一种具体生活目标，是未来可期的一种理想生活状态，体现在经济社会发展的各环节与全过程。它兼具人的主观体验和客观衡量标准的统一，公民的民主、法治、公平、正义等利益诉求是"美好生活"的更高层次的现实需求，此外还具有合理的政治制度做保障，从而发挥人的潜能和生命价值。中国古代的"美好生活"，有《诗经》描绘的"民亦劳止，汔可小康"，讲信修睦的"大同社会"（《礼记·礼运》），"鸡犬之声相闻"（老子）的农业社会，冯友兰提出的人生四大

---

① 《习近平总书记系列重要讲话读本》，学习出版社、人民出版社2016年版，第212页。

境界：自然境界、功利境界、道德境界和天地境界，这同时也是美好生活所要达到的四重境界。国外学者对于"美好生活"也有具体的视角，苏格拉底认为幸福的生活是追求智慧的"德性"生活，亚里士多德认为是"至善"即合乎德性的、沉思的实践活动，杰里米·边沁归纳为"快乐"，海德格尔归纳为"诗意地栖居"，德尼·古莱认为是"最大限度的生存、尊重与自由"，等等。马克思对于"美好生活"经历了一个不断推进的认识过程，在其博士学位论文中提出要追求人类的幸福和自身的完美，在《哥达纲领批判》中提出"各尽所能，按需分配"，并最终提出人的自由全面发展（自由人联合体）是美好生活需要的最高价值目标。新时代的"美好生活"是对以往各种理念的扬弃，指向善的生活，而非奢侈享乐的生活，表征了行为主体通过自由自觉的劳动在创造美好生活的过程中对自己本质力量的确证，体现了工具价值和内在价值的统一。在"美好生活"的社会形态中，物质富足、制度良善、文化繁荣、社会有序、生态优美，并逐步走向共产主义社会，即劳动成为人的第一需要和施展个人才能的手段，社会调节着整个生产，人的自由时间更多地被用于丰富个人的精神文化生活，每个人实现人尽其才，享有身心解放的"自由王国"的美好生活。

美好生活的基本特征。人的需要具有社会性、无限性、多面性和上升性。人是"自然存在物"，首先需要满足生存的需要；人是"社会存在物"，社会属性是人的本质属性；人是"政治存在物"，需要满足民主公平正义等需求，最终指向自由个性的人的全面发展。新时代，人民群众美好生活需要呈现新的特征。一是品质性。人民需要从短缺的票证经济时期的物质性需求，逐步走向物质性、发展性、精神性与享受性并存的多层次立体化时代，从物质文化需要走向美好生活需要。"食必常饱，然后求美；衣必常暖，然后求丽；居必常安，然后求乐"（《墨子·佚文》），当基本的生活需要得到满足后，更高层次的需要就会逐渐进入生活。2017 年新修订的党章明确用"更高质量、更有效率、更加公平、更可持续发展"代替了以往的"又好又快发展"的表述，是党对当前人民群众高层次、高质量需要的正确研判。二是全面性。人民群众不仅要达到丰裕的物质资料的满足，还要有民主法治公平正义的社会政治生活、丰富充实的精神生活、和谐安全的社会生活以及清洁优美的环境需求的满足。三是个体性。美好生活不是某些群体和个人的美好生活，而是指称每一个中国人的美好生活。由于每个人的天然禀赋、性格特征等都存在差异，是有不同情感特征的具体而特殊的个体。要让每一个人都感受到美好生活，需要有针对不同个体的不同供给，如对于极度贫困的群众首要的是发展生态经济实现脱贫，对于经济较为发达地区的群众要把优美环境作为重要的考核指标，需要区别对待，差异化推进，从而实现经济社会发展与生态环境保护的有机统一。四是动态性。中国的社会主义现代化建设日新月异，不断发生着各种变化，社会的变化同时也催生并重塑着人们新的需要，新的需要具有运动性与发展性，这包括对优美生态环境的需求的渐趋迫切，美好生活的需要具有永无止境的特征。五是比较性。对此，马克思曾以"小房子"为例有过经典的论述。

人对房子大小的满意度是由社会的期望值确定的，小房子本身没有发生任何变化，但若"近旁耸立起一座宫殿"，就会被视为"茅舍"的模样了。因此，房子是否狭小不只是由其实际用途来决定，还要有心理上的满足感，更有甚者，"只要近旁的宫殿以同样的或更大的程度扩大起来，那座较小房子的居住者就会在那四壁之内越发觉得不舒适，越发不满意，越发感到受压抑"①。社会成员的幸福感，既要与自己的过去做纵向比较，还要与"他者"做横向比较，如果社会成员之间的生活差距太大，即便是个人的生活有进步也丝毫不能增加其幸福感，因此，走向共同富裕是全体人民美好生活的价值目标。

美丽中国满足了人民美好生活的需要。"绿色"正是美好生活的底色，人民的美好生活离不开优美宜居的生态环境。优美宜居的生态环境并不一定为人类带来美好生活，但拥有美好生活的前提一定不能离开优美宜居的生态环境。由此来看，人民美好生活与建设美丽中国是一致的。只有建设好美丽中国，才能最终实现美好生活，美丽中国建设既是实现人民美好生活的前提，还是美好生活实现了的内容。美丽中国建设是动态的平衡，在满足美好生活需要时有三对矛盾关系：一是正当需要与不合理需要。当前，在政治领域，法治建设、协商民主和党内民主的实现形式不断丰富和完善，这是正当需要，而要求不适合中国国情的西方的"民主制度"就是不合理需要。在经济领

---

① 《马克思恩格斯文集》第 1 卷，人民出版社 2009 年版，第729 页。

域，人民共建共享的活力持续激发，绿色的生产生活方式，这是正当需要，而要求受攀比、诱导下的"想要"的不合理经济需要则是异化的需要。在社会领域，改善民生，逐步形成"大众创业、万众创新"的良好氛围，这是合理需要，而提出超越发展阶段的社会发展目标是不合理的需要。在文化领域，增强人民群众的文化自信和精神力量成为重要导向，不断推进人的自由全面发展，这是合理需要，而要追求奢靡的文化需要则是不合理需要。在生态领域，绿色发展理念深入人心，只重视经济建设而忽视生态环境保护的状况得到明显改观，人民日益增长的生态需求不断得到满足，这是合理需要，而提出发展中国家能力范围之外的生态需要就是不合理需要，不能混淆基于生存与当下的合理需要与未来社会的发展与长远需要之间的界限。二是生存需要与发展需要。恩格斯把人的发展分为生存需要、享受需要和发展需要三个先后相继的阶段。当前，享受性和发展性需要增长迅速。习近平要求"让发展更加平衡，让发展机会更加均等、发展成果人人共享，……提升发展公平性、有效性、协同性"[1]，是要在新时代逐步满足人民的发展变化了的需求。三是当下需要与长远需要。当前，既要关切发达地区与城市人们日益增长的多元的现实需要，还要对经济落后地区和乡村巩固扶贫攻坚成果，实现全面建成小康社会的目标。再进一步，就要以社会主义公有制做保障，以实现人民福祉为目的，通

---

① 习近平：《共担时代责任　共促全球发展》，《人民日报》2017年1月18日第3版。

向中华民族伟大复兴。更进一步，在"美美与共"的人类命运共同体视域下，用中国精神、中国价值凝聚中国力量，维系中华民族共同体，在中华民族伟大复兴的征程中创造美好的生活，进而与世界人民一道实现人类的美好生活。

第四节　绿水青山就是金山银山的发展观

2005 年 8 月 15 日，习近平根据安吉县余村关停污染矿山，靠发展生态旅游致富的"景美、户富、人和"的经验事实得出：既要绿水青山，又要金山银山。其实，绿水青山就是金山银山。后经长期的实践，"两山"理论逐步完善。2015 年 3 月 24 日，"坚持绿水青山就是金山银山"理念被写进中央文件《关于加快推进生态文明建设的意见》，成为美丽中国建设的重要指导思想。2017 年 10 月18 日，党的十九大指出，要"树立和践行绿水青山就是金山银山的理念"，并将"增强绿水青山就是金山银山的意识"写入《中国共产党章程》，至此，"两山"理论成为全党的共同意志与切实行动。

"两山"理论是关于高质量绿色发展的创新思想，其全面表述是，"我们既要绿水青山，也要金山银山。宁要绿水青山，不要金山银山，而且绿水青山就是金山银山"①，这就系统整体地阐明了"绿水青山"与"金山银

---

① 习近平：《弘扬人民友谊　共创美好未来——在纳扎尔巴耶夫大学的演讲》，《人民日报》2013 年 9 月 8 日第 3 版。

山"的兼顾论、优先论和转化论的辩证统一。把绿水青山和金山银山的关系转化置于人类社会发展历史进程中审视，如果说，"宁要金山银山，不要绿水青山"是前现代发展观，"既要绿水青山，又要金山银山"就是现代发展观，进而"绿水青山就是金山银山"大致属于后现代发展观。"两山"理论是新的时代条件下关于财富、幸福和发展的创新思想，要求把生态化和现代化统一起来，创造一种超越工业文明的新的文明形态，其中蕴含着绿色财富观、绿色幸福观和绿色发展观。

一　绿色财富观：经济社会发展的抉择逻辑

中国的人均生态财富并不高，资源环境成为影响中国经济社会可持续发展的关键性因素，对此，习近平指出，经济发展不能以生态破坏作为代价，"宁要绿水青山，不要金山银山"，这就指明了"两山"理论的抉择逻辑，即在特定条件下若"两座山"之间产生了对立和矛盾，"绿水青山"是其主要方面，发挥主导作用，进而影响政府决策的方向。习近平的绿色财富观，其实质在于，生态优先是推动经济社会发展的首要原则。

财富观的历史变迁。财富在人类文明社会备受关注，创造、拥有并享受财富是人类的本性，也是社会发展进步的动力源泉。财富观影响着人类的生存方式和发展趋向，在不同的时代，人类的财富观有着不同的历史嬗变。在原始社会，生产力极端低下，人类能否生存是最大的现实问题，财富观相应地表现为朦胧的特征。在农业社会，生产资料主要是土地，自给自足的自然经济占据主导地位，因而主要表现为对土地财富的追求。在工业社会，以商品经济为主要经济形式，生产与消费分离，城市与乡村分离，主要呈现为对资本的膜拜和对自然资源的无节制开发和浪费。西方的财富理论，如亚当·斯密与李嘉图的"劳动价值论"，萨伊与克拉克的"要素价值论"，立论基础均是在对自然资源的掠夺式开发的基础上，经济社会是不可持续的。生态技术、循环技术等深刻影响着现代社会生产方式的转变，催生了生态文明的理论与实践。绿色财富观成为时代的呼唤，是对不择手段获取财富的传统财富观念的反思与超越，要求从生产到消费都实现绿色化，是可持续的财富观。

绿色财富观的确立及意义价值。绿水青山既是自然财富，又是社会财富、经济财富。① 绿色财富遵循了自然与人类社会的运行规律，是有利于经济社会可持续发展和人的全面发展的财富。② 传统财富观只是把人造资产视为财富，重"金山银山"轻"绿水青山"，把自然资源和生态环境排除在财富之外，重物质追求轻人的自由全面发展，牺牲资源环境以获取物质财富。绿色财富观超越了传统财富观，是由单一财富观向全面财富观的转变。在财富的来源上，认为自然资源本身要参与财富的生产，人类要依赖生态资源创造财富，保护生态环境与创造物质财富是密不

---

① 人民日报社理论部编：《深入领会习近平总书记重要讲话精神》，人民出版社 2014 年版，第 369 页。

② 黎祖交主编：《生态文明关键词》，中国林业出版社 2018 年版，第 167 页。

可分的共生互动关系。在财富的创造方式上，认为生态环境就是生产力，应调整生产关系、优化资源配置，以推动生产力的可持续发展。在财富的评判标准上，"要把生态环境保护放在更加突出位置，像保护眼睛一样保护生态环境，像对待生命一样对待生态环境，在生态环境保护问题上一定要算大账、算长远账、算整体账、算综合账，不能因小失大、顾此失彼、寅吃卯粮、急功近利。"① 绿色财富观要求财富的生产与创造是绿色的，将绿色财富指数与生产力发展、社会进步、人类幸福、可持续发展等结合起来，呈现生态性、和谐性、节约性、安全性等特征，体现了习近平对经济社会发展与生态环境保护"共赢"关系的科学把握。绿色财富的意义价值表现在，良好的生态环境是人类生存发展的根本，绿水青山不同于人造资产或货币资本，更具基础性和本源属性。自然资源、生态环境本身就具有价值，绿水青山作为良好的自然生态系统，本身对人类有着直接的或间接的服务功能，涵盖了生态功能和文化功能，有形功能和无形功能，现实可量化的功能和潜在不可量化的功能，所有这些服务功能本身就说明其具有价值，就是财富。金山银山不一定能买到绿水青山，资源、环境和生态安全对于人类具有生存意义上的价值。生态环境保护与经济社会发展，犹如鱼和熊掌，当二者不可兼得时，我们必须做出理性选择，必须要坚守生态底线，不能逾越生态红线，切实把保护和优化生态环境放在首位。须

---

① 习近平：《在云南考察工作时的讲话》，《人民日报》2015年1月22日第1版。

知，"很多国家，包括一些发达国家，在发展过程中把生态环境破坏了，搞起了一堆东西，最后一看都是一些破坏性的东西。再补回去，成本比当初创造的财富还要多。特别是有些地方，像重金属污染区，水被污染了，土壤被污染了，到了积重难返的地步"①。

绿色与财富的辩证关系。创造绿色财富、发展绿色经济，这是 21 世纪人类的理性选择。对于发展经济来说，不以物质财富作为终极目的，要追求绿色的财富；对于保护生态环境来说，不以保有绿色作为唯一目标，要追求财富的绿色；绿色和财富，不能偏执一端，二者是辩证统一的。习近平在福建宁德期间，把森林与林业看作"钱库"，置于闽东脱贫致富的战略地位来考虑问题与制定政策，实现了经济效益、生态效益与社会效益的统一。在浙江主政期间，要求不重蹈西方"先污染后治理""边污染边治理"的老路，认为"欠债还钱，天经地义。生态环境方面欠的债迟还不如早还，早还早主动，否则没法向后人交代"②。在参加河北省委常委班子民主生活会时讲道："在治理大气污染、解决雾霾方面做出贡献了，那就可以挂红花、当英雄。反过来，如果就是简单为了生产总值，但生态环境问题越演越烈，或者说面貌依旧，即便搞上去了，

---

① 习近平：《在广东考察工作时的讲话》（2012 年 12 月 7日—11 日），载《习近平关于社会主义生态文明建设论述摘编》，中央文献出版社 2017 年版，第 3 页。
② 习近平：《之江新语》，浙江人民出版社 2007 年版，第 141页。

那也是另一种评价了。"① 这就改变了唯 GDP 的政绩观，倡导绿色财富导向的政绩观。在长江经济带开发问题上，"共抓大保护，不搞大开发"②，达到建设的绿色化，不搞破坏性开发，不因一时的经济发展而大肆破坏生态环境，并在生态环境容量允许的前提下使黄金水道产出黄金效益。黄河流域生态保护和高质量发展成为重大国家战略，是习近平生态文明思想的重要组成部分。我们既要看到黄河流域连接青藏高原、内蒙古高原、黄土高原、宁夏平原等生态廊道和生态屏障，其水土流失严重，生态系统脆弱，流域的生态安全关乎国家生态安全的重要价值，还要看到河套灌区、汾渭平原等是农产品主产区，资源能源储备丰富，沿黄 9 省人口与经济发展不平衡，需要走高质量、绿色、可持续发展之路。

绿色财富观的价值旨归。人是财富的目的，经济发展归根结底还是为了让人们过上幸福美好的生活，这是考量经济发展社会进步的根本尺度，须知，人的个性需要"建立在个人全面发展和他们共同的、社会的生产能力成为从属于他们的社会财富这一基础上"③。社会财富的生产与分配都由社会来决定，人在创造财富中体现了人的本质力量与人的品质，彰显了其公共性质。当前，除了生态文化与

① 《习近平关于社会主义生态文明建设论述摘编》，中央文献出版社 2017 年版，第 21 页。

② 习近平：《在中央财经领导小组第十二次会议上的讲话》，《人民日报》2016 年 1 月 27 日第 1 版。

③ 《马克思恩格斯全集》第 30 卷，人民出版社 1995 年版，第 108 页。

文化生态的培育外，需要遵循在发展中保护、在保护中发展的原则，充分运用绿色与生态的统一关系做文章，从而以环境治理为手段，恢复和加强财富创造能力，大力发展生态工业、生态旅游等生态产业形态，真正把绿色资源变成绿色财富。落实自然资源资产的所有权，实施河长制与湖长制，确定受损与受益的责任人，减少"公地悲剧"，增强资源保护的动力。正如英国科学家哈丁在《科学》杂志上说的，每个人追求自己的最大利益，最终出现了公共利益受损的恶果，这是因为个人理性的选择必然地导向悲剧，要避免这样的不利后果，需要明确个人的权益，自觉保护原属公共利益的部分。这样，有了"为了人"的导向与"财富"绿色化的手段，才能最终贯彻绿色财富观。

二 绿色幸福观：追寻人类幸福的多元需求

幸福是人类亘古追寻的永恒话题，"既要绿水青山，也要金山银山"是对绿色幸福观的探索，从字面意义上讲，就是既要保护好生态环境，又要发展生产力，让人民过上高品质的美好生活。简言之，既要生态美，又要百姓富。进一步讲，"绿水青山"与"金山银山"是有机统一的整体，表征了人与自然是相互依存的生命共同体，绿水青山指的是资源利用科学、环境保护良好、生态优美宜居的生存与发展状态，体现了人与自然关系的和谐；"金山银山"不仅指富裕，而且指生产力发展带来的经济效益，金山银山（生产力发展）与绿水青山（资源、环境与生态），都是经济社会发展的重要因素，自然资源具有经济属性和生态属性的双重属性，既能满足人的衣、食、住、行等生活需要，还能满足人的身心健康的环境需要。既要绿水青山，也要金山银山，就是既要有良好的生态系统，又要有活跃的绿色经济，既要实现生态资源的经济化（绿水青山的经济属性），又要实现经济发展的生态化（绿水青山的生态属性）。

绿色幸福观的判断标准。人的幸福既是主观感受，又受到环境制约，因此，幸福来自人的价值性存在与事实性存在的辩证统一，其评判标准主要是客观环境是否满足了主体的需要及满足主体需要的程度。习近平讲，"对人的生存来说，金山银山固然重要，但绿水青山是人民幸福生活的重要内容，是金钱不能代替的。你挣到了钱，但空气、饮用水都不合格，哪有什么幸福可言。"[1] 试想，"绿水青山"的调洪蓄水功能缺失，则城镇的街道就会变成"内海"；净化环境功能缺失，就会出现空气 PM2.5 超标，人的生活与出行受到严重影响；生物多样性破坏，就会出现美国生物学家卡逊在《寂静的春天》中所描绘的死气沉沉的生存境遇；疫病流行，人不能自由出行，不能自由交流，过着"孤岛"式的封闭生活；此类情景，何谈人类自身的幸福？因此说，当人的基本生存需求都得不到满足时，单一地发展生产力就失去了其本身的意义。人的幸福是对象化的活动，人的本质力量在从事劳动中转化为别人的消费产品，既包括物质的还包括精神的，在他人的需要得到满足中我获得了对自我生命价值、意义的肯定和确

---

① 《习近平关于社会主义生态文明建设论述摘编》，中央文献出版社 2017 年版，第 4 页。

证，并感受到无比的幸福。人的幸福体现了动态性，人的幸福期望与人的需要的迫切程度直接相关，恩格斯将人的需要分为生活需要、享受需要和发展需要，当前者达到基本的满足时才能为后面的需要层次提供条件。马斯洛根据人的动机分为由低级走向高级的五个层次，其高低决定了个体的人格发展境界。例如，一个饥肠辘辘的人对食物的需求、一个处在沙漠中的人对水源的需求，一个处在战乱频仍的人对和平安宁的需求，一个长期患病在床的人对于健康的需求，一个身处污浊阴霾环境的人对呼吸新鲜空气的需求，一个无法为子女找到安全食物的人对于食品安全的需求等等。需求的动态性体现在当人既饥肠辘辘又身处污浊阴霾环境时更需要解决生存的急迫需要，而当生存的需要得到满足时，进一步的发展需要就会凸显出来。人的幸福是人的合理需要的满足，评判一个需要是否合理，这与生产力与社会整体发展水平息息相关，不同的生产力发展水平和自主活动的程度，决定了人的自由与幸福的实现程度，总体上，人的幸福不仅仅是物质需要的满足，更应是自然需要与社会需要统一、个人幸福与社会幸福的统一、物质幸福与精神幸福的统一。当前，我国人民群众在基本物质文化需要得到满足的情况下，自然地就由关注人的物质需求转向人的精神世界、幸福指数和现实的生活世界的转变，更关注优美和生机勃勃的生活环境、人的精神内心世界的呵护与尊重，更加追求美好的自然家园、社会家园与精神家园，这也是美丽中国建设的题中应有之义。幸福的评判主体是人，人的丰富性与能力的实现程度是幸福的重要指标，人的幸福最终指向人的自由全面发展。

　　人类幸福观的异化会导致生态幸福的危机。人类在工业文明时期片面地致力于增加物质财富，只将"绿水青山"转化为"金山银山"的部分视为有价值，否则被人为遗弃，这种错误的价值判断，导致自然给人类提供幸福的原初价值链条被人为阻断，破坏了自然本身能提供并满足人的需要的能力。物质主义、个人主义、消费主义追求无限度的物质幸福，否定自然价值，不顾及自然本身的规律一味地控制自然、索取自然，使地球生态系统不堪重负。须知，人的利益与自然的利益是同一的，若是凸显人类利益的"金山银山"而无视自然利益的"绿水青山"就会导致后者的"报复"，人类也并不能从中得到预期的幸福和快乐。只顾眼前利益忽视长远利益，只顾代内利益而忽视后代利益，导致人的内心不安与失衡，亦成为不幸福的重要原因。对于经济社会发展与生态环境保护，长期以来存在三种不同的观点：纯经济主义认为经济社会发展高于一切，生态环境即便破坏了也没有关系，可以先破坏后治理。极端生态主义认为生态环境保护高于一切，经济社会是否发展无关紧要，人类只能像其他动物那样，被动地适应自然、屈从自然，最好是完全回归自然。人与自然和谐的观点认为经济社会发展与生态环境保护是可以辩证统一的，主张在经济社会发展的同时保护好生态环境，在保护生态环境的同时推动经济社会发展。纯经济主义是极端人类中心主义的观点，它与极端生态主义都是片面的，都不符合我国国情，不是通向幸福彼岸的适宜路径。人与自然和谐的观点是值得提倡的观点。当前我国仍需要借助资本驱动经济社会发展，资本主义工业文明的一些弊病在当下中国也不同程度地存在着，生态幸福状况总体不佳，民众的身体健康受到威胁，心理疾病、社会矛盾的诱发因素存在，人们对生态产品的需求增大，生态幸福成为物质幸福、精神幸福以外的迫切需要。

绿色幸福观通向人与自然的和谐共生。"环境就是民生，青山就是美丽，蓝天也是幸福"① 的良好生态环境，包括蓝天白云、皓月当空、青山绿水、鸟儿翔集、锦鳞游泳，花卉绿草等都是人类幸福的载体，不可或缺。天蓝、地净、水清、山绿，这些都是民生福祉的指标，良好的生存环境能让人亲近自然，愉悦人的身心，是衡量人类生存质量的重要标尺。与工业文明时代的"理性功利主义幸福观"不同，绿色幸福观不是黑色经济，而是绿色发展，不是肆意浪费，而是简约节约，不是单一物质，而是崇尚精神文化的满足，是绿色的、整体主义的幸福观，是"生产发展、生活富裕、生态良好"，是"望得见山、看得见水、记得住乡愁"。生态环境与经济建设不是对立的，而是统一的。绿水青山与金山银山都客观存在，二者不是两个组成部分的联合，而是一个逻辑整体，即在"金山银山"的发展中巩固"绿水青山"，通过自然先在的"绿水青山"的持续不断的生态支持而促进"金山银山"的进一步发展。从"绿水青山"到"金山银山"就是一个"人化自然"的过程，是人的自由自觉的活动的过程，前者是前提基础，后者是发展归宿，通过绿色发展使得自然的"绿水

---

① 习近平：《在参加十二届全国人大三次会议江西代表团审议时的讲话》，《人民日报》2015年3月7日第1版。

青山"转化为符合人类价值的"金山银山"，这样就实现了人与自然的和谐共生。

三　绿色发展观：生态与经济优势的相互转化

"绿水青山就是金山银山"是社会主义生态文明观的形象表达，生动阐释了我国社会主义现代化建设中经济增长与社会发展的有机统一，标志着习近平绿色发展思想的基本形成。绿色发展，既关乎经济发展，也关乎环境保护，还关乎民生福祉，绿色发展观的最终目标是建设美丽中国。我们逐步认识到，单纯经济增长并不会直接导向社会的发展进步，物质生活水平的提高也不一定能够导向人们的真正幸福。为此，习近平认为，在"绿水青山"与"金山银山"的关系上，要重生态的、长远的、整体的、综合的效益，走"在发展中保护、在保护中发展"[①] 的绿色发展之路。

发展观是关于发展问题的世界观和方法论。改革开放以来，"中国共产党把马克思主义生态观同中国经济社会发展实际相结合，相继形成了邓小平的辩证发展观、江泽民的可持续发展观、胡锦涛的科学发展观和习近平的绿色发展观"[②]。党的十八届五中全会系统阐释了绿色发展理念，进而认为："绿色发展是生态文明建设的必然要求，

---

①　《习近平关于社会主义生态文明建设论述摘编》，中央文献出版社 2017 年版，第 19 页。

②　参见冯留建、管靖《中国共产党绿色发展思想的历史考察》，《云南社会科学》2017 年第 4 期。

代表了当今科技和产业变革方向，是最有前途的发展领域。"① 绿色发展是在永续发展的前提下统筹人类自身与生态环境两个维度，是经济和生态的协同进步，彰显了生态文明建设与经济、社会、人的全面发展之间的价值统一性，在这里，发展不仅仅是经济的增长，更包括社会的进步和人民生活需求的满足。绿色发展观可以说是科学发展观的进一步深化，"绿色发展的内涵就是将科学发展、可持续发展以及生态文明建设相结合的发展，其本质就是以人为本的可持续发展"②，指向经济、社会与自然系统之间的整体性、系统性和协调性。改革开放 40 多年来，"发展是硬道理"深入人心，但对怎样发展存在片面理解，比如单纯重视经济增长的"黑色发展观"，因此，导致部分地方出现了"唯经济增长"的错误政绩观，认为 GDP 决定一切，客观上抛弃了社会与人的发展维度。实际上，GDP 是个数量概念，不能完全反映增长的结构和质量，也不能全面反映人们实际拥有的社会福利水平。只抓经济建设，不抓社会建设，就会出现"一条腿长""一条腿短"的问题；只抓经济建设不抓生态建设，就会造成人与自然发展的不协调，从而造成经济社会发展的不可持续。对于回答"实现什么样的发展、怎样发展"这一时代课题，胡锦涛指出："科学发展观，第一要义是发展，核心是以人为本，

---

① 《习近平关于社会主义生态文明建设论述摘编》，中央文献出版社 2017 年版，第 34 页。

② 赵建军、杨博：《"绿水青山就是金山银山"的哲学意蕴与时代价值》，《自然辩证法研究》2015 年第 12 期。

基本要求是全面协调可持续，根本方法是统筹兼顾。"[①] 早在 2004 年，习近平撰文《发展观决定发展道路》，提出要"以最小的资源环境代价谋求经济、社会最大限度的发展，以最小的社会、经济成本保护资源和环境，走上一条科技先导型、资源节约型、生态保护型的经济发展之路"[②]。面对发展中不平衡、不充分、不可持续的现实问题，需要明晰几个方面的关系：其一，生产力是社会发展的基础，人与自然之间对立的最终解决要建立在生产持续发展的基础之上；其二，正确处理好发展观、政绩观与群众观之间的关系，发展不仅是"又好又快"的发展，更是为了人民并依靠人民的发展，无论是发展经济，还是保护环境，都以"为了人"作为价值目标；其三，要在经济发展与社会全面发展的基础上促进人的自由全面发展。习近平强调："推动形成绿色发展方式和生活方式，是发展观的一场深刻革命。这就要坚持和贯彻新发展理念，正确处理经济发展和生态环境保护的关系，像保护眼睛一样保护生态环境，像对待生命一样对待生态环境，坚决摒弃损害甚至破坏生态环境的发展模式，坚决摒弃以牺牲生态环境换取一时一地经济增长的做法，让良好的生态环境成为人民生活的增长点、成为经济社会持续健康发展的支撑点、成为展

---

①　胡锦涛：《在中国共产党第十七次全国代表大会上的报告》（2007 年 10 月 15 日），载《十七大以来重要文献选编》（上），中央文献出版社 2009 年版，第 11—12 页。

②　习近平：《之江新语》，浙江人民出版社 2007 年版，第 93 页。

现我国良好形象的发力点。"① 绿色发展强调的是经济发展的绿色"底色",是协调、全面、可持续的发展。

"绿水青山就是金山银山"的内涵意蕴。以往,因机械发展观的错误导向,人为制造了"绿水青山"与"金山银山"的二元对立。实际上,从辩证法的角度来看,"绿水青山就是金山银山"是发展观念和思路的转变,是"两山"理论的精髓,它强调了保护与改善生态环境与保护与发展生产力的绿色生产力思想,体现了生态优势与经济优势在一定条件下可以相互转化的客观规律,是从"经济人"到"理性经济人"的跃迁与升华。对于"绿水青山就是金山银山"的理解,主要是两个方面:一方面,绿水青山提供的生态产品,在发挥生态效益的同时产生经济效益,进而满足了人民的美好生活需要;另一方面,自然本身具有价值,马克思称之为"自然富源",因其自身具有经济价值,对人类具有良好的服务功能,所以保护自然就是增殖自然价值,就是保护和发展生产力。习近平把人与自然的关系看作生命共同体,推动自然资本大量增殖,将绿色的原则融入和渗透到生产力发展的各方面和全过程,这是建设美丽中国的题中应有之义。

要实现二者的转化,需要多方面的条件,关键有三。一是转变观念,由原先不承认"绿水青山"具有自然资本和自然价值的传统观念转变为把"绿水青山"视为"金山银山"的新理念。实际上,自然生态系统提供的生态产品

---

① 《习近平关于社会主义生态文明建设论述摘编》,中央文献出版社 2017 年版,第 36 页。

如同农业品、工业品和服务产品一样，是人类生存繁衍与
经济社会发展所必需的、不可或缺的"金山银山"。根据
Costanza 和 Coulder 在《自然》发表的研究文章表明，在全
球 16 个生物群落（不包括沙漠、苔原、冰、岩石和耕地）
的 17 种生态系统服务价值平均每年为 33 万亿美元，而同
年的国民生产总值（GDP）大约为每年 18 万亿美元。① 显
然，地球生态系统为人类提供的自然资本远远超过人类社
会生产总值。如此巨大的财富，人类理当保护好并发挥好
其作用，这正是对工业文明财富观的偏差的纠正。二是破
除二元对立思维。改变以往将生态环境保护同经济社会发
展割裂开来的形而上学的观点，自觉坚持"保护生态环境
就是保护生产力，改善生态环境就是发展生产力"② 的正
确思维，回归生态环境的公共性和普惠性。三是调整发展
思路。生态环境恶化，民众健康遭受严重伤害的物质富裕
是不值得称道的，要从本地实际出发，找准发展经济与保
护生态环境的结合点，因地制宜地开发适宜本地的绿色低
碳发展的生态产业，让青山与绿水既能提供有效的生态产
品，又可创造丰富的物质精神财富，从而实现生态效益、
社会效益和经济效益的统一。习近平用"生命共同体"
"对待生命""保护眼睛"等比喻来强调生态环境对于人
类生存发展的重要性，同时指明："我们强调不简单以国

---

① 黎祖交主编：《生态文明关键词》，中国林业出版社 2018
年版，第 156 页。
② 《习近平关于社会主义生态文明建设论述摘编》，中央文献
出版社 2017 年版，第 4 页。

内生产总值增长率论英雄，不是不要发展了，而是要扭转只要经济增长不顾其他各项事业发展的思路，扭转为了经济增长数字不顾一切、不计后果、最后得不偿失的做法。"① 更进一步讲，"生态环境保护的成败，归根结底取决于经济结构和经济发展方式"②，"金山银山"与"绿水青山"不是单纯对立关系，而是相互依存并相互转化的辩证统一。金山银山，作为物质财富，是一个"社会性的和社会自然关系性的概念"③，要实现其与"绿水青山"的协调发展，是一个经济政治的问题，我国当前利用资本手段和市场机制的现实，只能是实现二者的结合，而不是非此即彼的独断论式的回答，即实现生态经济准则与社会公正性、可持续性的统一。因此，绿水青山是不是能保护得好，最终取决于经济社会结构和发展方式，经济发展不能竭泽而渔，生态保护也不能是单纯为了保护而保护的缘木求鱼，二者应在保护与发展的互动中实现，走生机盎然的"绿水青山"与物质丰裕的"金山银山"的共生相生之路。

习近平认为："绿水青山和金山银山绝不是对立的，关键在人，关键在思路。"④ 关键在人，是说把绿水青山看

① 《习近平关于社会主义生态文明建设论述摘编》，中央文献出版社 2017 年版，第 23 页。

② 《习近平关于社会主义生态文明建设论述摘编》，中央文献出版社 2017 年版，第 19 页。

③ 郇庆治：《社会主义生态文明观与"绿水青山就是金山银山"》，《学习论坛》2016 年第 5 期。

④ 转引自范鹏主编《统筹推进"五位一体"总体布局》，人民出版社 2017 年版，第 199 页。

成金山银山，成为人民群众自觉自愿的活动。关键在思路，也就是说，"绿水青山既是自然财富，又是社会财富、经济财富"①。习近平在 2015 年中央扶贫开发工作会议上讲道，贫困地区之所以穷，重要的原因是山高沟深路远，而这些地方要想富裕，"恰恰要在山水上做文章。要通过改革创新，让贫困地区的土地、劳动力、资产、自然风光等要素活起来，让资源变资产、资金变股金、农民变股东，让绿水青山变金山银山，带动贫困人口增收。……不少地方通过发展旅游扶贫、搞绿色种养，找到一条建设生态文明和发展经济相得益彰的脱贫致富路子，正所谓思路一变天地宽。"② 良好的生态环境和生产生活环境有利于拉动经济投资、引进各方人才、发展旅游产业。因此，我们要建设的美丽中国，既需要金山银山，也需要绿水青山，是人与自然和谐共生关系的现代化，是经济发展方式与保护环境互动相生的现代化。因此说，绿水青山与金山银山，既会产生矛盾，又可辩证统一。经济发展不能竭泽而渔，生态保护也不能缘木求鱼，二者应在发展与保护的互动中实现。当我们掌握了生态优势与经济优势在一定条件下可以相互转化的客观规律，变竭泽而渔为蓄水养鱼，变缘木求鱼为活水固本时，就是一种浑然一体的更高境界，是一种导向美好生活的发展境界。

---

① 任勇：《关于习近平生态文明思想的理论思考》，《中国环境报》2018 年 5 月 29 日第 3 版。

② 《习近平关于社会主义生态文明建设论述摘编》，中央文献出版社 2017 年版，第 30 页。

四 "两山"理论：彰显时代意义和全球价值

建立健全生态产品价值实现机制，是"十四五"规划和 2035 年远景目标的重要制度安排。以绿色为导向，推动生产消费、产业发展、基础设施的绿色化、高端化、智能化改造，促进经济社会发展全面绿色转型，成为新发展阶段的风向标。黄河流域生态保护和高质量发展，作为重大国家战略，就是要正确处理发展经济与保护环境的关系，破解社会与自然的不和谐问题，实现人与自然、人与人的双重"和解"，进而为实现中华民族伟大复兴和全面建成社会主义现代化强国提供实践指向，为破解全球生态难题提供中国样板。

习近平的绿色发展理念，对于实现中华民族伟大复兴和全面建成社会主义现代化强国具有重要的时代意义。新中国成立 70 多年来取得了历史性成就，我们前所未有地接近实现中华民族伟大复兴的目标。随着生活水平的整体提升，新的需求产生了，人的幸福已经不能单纯靠物质财富的增加来获得，民主、法治、公平、正义、安全、环境、健康等美好生活需要提出来了，对于绿水青山与环境友好等生态供给提出了更高的要求，社会主要矛盾发生转化成为客观事实。于是，解决不平衡不充分的发展是满足人民群众美好生活需要的关键，是社会主要矛盾的主要方面。新时代，社会主要矛盾的解决需要努力提升发展质量和效益，实现高质高效、公平公正与更可持续的绿色发展，使改革成果惠及全体人民，不断提升人民的满意度和幸福感，这是历史发展的现实需求。当前，绿色化、生态化是先进生产力的重要标志和显著特征。将生态化融入经济社会发展的各环节、各方面和全过程，这是现代社会的发展方向。人民美好生活客观需要以绿色发展理念为指导，发展生态生产力，实现"生态现代化"为核心的现代化建设与生态环境保护的良性互动，这是在当前世界高质量竞争环境中的必由之路，也唯有实现绿色高质量的发展，才更能彰显中国特色社会主义的优越性。比如说，在城乡建设上，建设具有绿色底色的海绵城市和独特文化元素的人、城、境、业高度和谐统一的现代化城市，以吸纳留住人才；农村的发展，关键在产业的兴旺，特别是发展生态有机农业，有机食品正是城乡居民的需求方向；打造乡村旅游业，为城市快节奏的工作生活减压；留住乡村文化的"根"与"魂"，才能充分挖掘农村的产业发展潜力；城乡按照各自的特点发展起来，互补共济，才能最终实现乡村振兴与城镇化高质量提档升级的双赢。

"两山"理论要求实现绿色可持续发展，为破解世界生态环境难题提供了中国样板。"两山"理论继承并发展了马克思恩格斯自然观，传承了中国传统文化的生态智慧，从全人类的广阔视野来看，构建以绿色发展为内核的人类命运共同体，维系地球与全人类的生存与发展，成为各国的共同课题和责任。从历史上看，一个文明的湮灭，最根本的原因是支撑文明的生态基础的丧失。两河流域文明、印度文明、玛雅文明等在远古时代都曾经是水草丰茂、富庶美丽的宜居之地所创造出来的光辉灿烂的文明，但是由于水源匮乏、沙漠化等自然环境作用机制的变化，这些文明终将衰落甚至消失。从全球化趋势看，世界越来越紧密，在同一个"地球村"里，各国的依存程度在不断加深，每一个国家都不可能在全球问题面前独善其身。从世界发展阶段看，西方工业文明在资本逻辑的推动下，其所倡导的生产方式、生活方式与消费方式将手段异化为目的，忽视自然价值和生态成本，对工人和自然进行双重盘剥，埋下了社会危机和自然危机的种子，形成了20世纪全球性的环境问题和生态危机。资本主义生产方式，西方走了一条"先污染后治理"的道路，如今西方发达国家本国环境与生态问题的改善实质是以其他国家的环境与生态的恶化为代价的，其国内治理也是治标不治本的外部治理模式。西方社会失去了率先建设生态文明的机会。中国的发展，有西方的前车之鉴，中国传统生态文化中有"天人合一""道法自然""仁爱万物""众生平等""重义轻利""兼相爱、交相利"等文化基因，中国的社会主义生态文明是基于东方智慧的文明之道，中华民族有条件也有可能率先走上生态文明的建设之路。中国不但不会重蹈西方的覆辙，而且在发展中走绿色高质量发展之路的中国必将为人类的发展提供新的选择和发展方案，从而为人类的发展做出新的伟大贡献。因此说，"两山"理论与实践，关注经济社会发展与人口资源环境相协调，既具有世界范围的共性特征，又具有中国特色和中国元素，是新时代中国特色社会主义的时代课题；既是社会主义现代化建设的内在要求，又是建设"人类命运共同体"的中国方案，无疑会给全世界的健康可持续发展贡献中国智慧和中国力量。

第六章

美丽中国建设的基本路径

立足"中国特色社会主义进入新时代"的历史条件，在全球生态治理的视域中，本书揭示了美丽中国建设的时代性、民族性与实践性的基本特征。运用马克思主义"自然史—人类史"的系统性思想对美丽中国建设的思想渊源做出辨析和考察，厘清其与人民群众美好生活需要的关系，论证其历史必然性与价值合理性。在揭示美丽中国建设的哲学基础之上，提炼建设美丽中国的重要原则，以此回到现实中提出构建美丽中国的基本路径，从而实现理论创新与实践创新的融合。

第一节　美丽中国建设的现状分析

当前的美丽中国建设，既取得了显著的成效，又面临着错综复杂的困境，要综合面对，寻求解决的有效路径。本书主要选取河北塞罕坝的人工林培育、浙江安吉的美丽乡村建设、内蒙古库布其沙漠治理三处典型案例予以分析说明。

一　建设美丽中国的历史成就

美丽中国建设成效显著。习近平在出席 2018 年全国生态环境保护大会讲话中指出，总体上看，我国生态环境质量持续好转，出现了稳中向好趋势。中国确立了节约资源、保护环境的基本国策，生态环境保护发生了历史性、转折性、全局性的变化。生态需求不断提高，绿色发展理念逐步深入人心，成为人民的自觉行动。生态文明顶层设计逐步完善，主体功能区制度、国家公园体制试点、河长制湖长制、中央环境保护督查制度积极推进。法治建设加强，我国的生态文明制度的"四梁八柱"已经初步建立。建立环保行政机构，1982 年设立环境保护局，后于 1984 年更名为国家环保局，1992 年设立中国环境与发展国际合作委员会，1998 年设立国家环境保护总局，2008 年成立环境保护部，2018 年成立生态环境部，生态保护力度与治理能力显著增强。能源资源消耗强度持续下降，重大生态保护和修复工程加快进展，森林覆盖率稳步提高。履行国际责任，积极引导、广泛开展全球气候变化国际合作，中国"成为全球生态文明建设的重要参与者、贡献者、引领者"[1]。党的十九届五中全会做出判断，生态环保任重道远，我们的目标是到 2035 年，生态环境根本好转，美丽中国建设目标基本实现。

----

　　[1]　习近平:《决胜全面建成小康社会　夺取新时代中国特色社会主义伟大胜利——在中国共产党第十九次全国代表大会上的报告》，人民出版社 2017 年版，第 6 页。

在建设美丽中国的过程中，积累了丰富的经验。主要有：坚持中国共产党作为领导核心，在党中央集中统一领导下，有利于克服地方保护主义和"邻避困境"等"瓶颈"问题。坚持以人民的美好生活需要作为建设的价值取向，抓住了"生态为民"这一关键，明确了建设的依靠力量和目标旨归，抓住了不竭的动力源泉。坚持马克思主义中国化的指导思想，既包括马克思恩格斯生态理论的指导，又有中国优秀传统文化的深厚积淀，以解决实际问题为导向，建设推进扎实有效。坚持绿色化生态化的基本建设路径，从生产方式生活方式入手，把生态化融入"五位一体"全过程，增强了建设的整体性和协同性。着眼建设的根本性，以法治制度巩固建设成果，着眼建设的长远性，以生态文化养成全社会的生态意识自觉。"美丽"作为社会主义现代化强国的重要组成部分，成为中华民族伟大复兴的思想愿景，凝聚了全社会的最大公约数。同时，在建设美丽中国的过程中，出现了河北塞罕坝、浙江安吉、内蒙古库布其等生态治理的典型范例，其经验值得学习借鉴。

（一）河北塞罕坝的人工林培育

河北塞罕坝机械林场位于围场北部坝上地区，由新中国成立初期黄沙遮日的恶劣生态环境，到现在全国最大的人工林林场，也是"世界上面积最大的人工林"。2017年12月5日，在肯尼亚首都内罗毕举行的第三届联合国环境大会上，河北省塞罕坝机械林场荣获2017年"地球卫士奖——激励与行动奖"；2021年2月25日，全国脱贫攻坚总结表彰大会上，党中央、国务院授予其"全国脱贫攻坚楷模"荣誉称号。为了阻滞沙源、涵养水源，建设京津绿色生态屏障，原国家林业部于 1962 年开始建设，截至目前，全场总经营面积 140 万亩，林地面积 112 万亩（建场前 24 万亩），森林覆盖率达到 80%，林业总蓄积 1012 万立方米（建场前仅为 33.56 万立方米），森林覆盖率 80%（建场前仅为 11.4%），林木平均年生长量 62 万立方米①，每年超过 120 亿元的生态价值。塞罕坝的森林每年可产生氧气 55 万吨，可供近 200 万人呼吸一年，在首都北方，形成了一道宽约 30 公里，长约 360 公里的绿色生态屏障，起到涵养水源、保持水土、保护生物多样性、吸收二氧化碳、减缓全球气候变暖等生态功能。河北塞罕坝人转变单一林业产业，探索林下经济模式，发展生态旅游、绿色养殖、交通运输等产业，年社会总收入 6 亿多元，辐射带动近 4 万人受益，解决了当地大量人口的就业问题，实现了"从最初植树造林、绿化祖国，发展成为现在生态效益、经济效益、社会效益有机统一的生态文明建设范例"②，生态环境优势逐步转化为经济社会发展优势，实现了更高质量、更可持续的发展。在生态脆弱地区，塞罕坝人探索了适宜本地实际的管理模式，在林木管护经营、有害生物防治、质量考核等方面形成了一系列制度成果，并探索运用科学造林、育林的技术攻关，书写了高寒荒漠造林的科技探索史。在让沙漠变为绿洲的奋斗中，克服高寒地区风

---

① 王立军等：《河北省塞罕坝机械林场改革发展调研报告》，《林业经济》2015 年第 3 期。

② 刘奇葆：《弘扬塞罕坝精神　大力推进生态文明建设》，《党建》2017 年第 10 期。

沙、干旱、贫瘠的恶劣气候，把视野扩展至京津冀乃至全国，习近平总书记对河北塞罕坝林场建设者批示："用实际行动诠释了绿水青山就是金山银山的理念，铸就了牢记使命、艰苦创业、绿色发展的塞罕坝精神。"[①] 塞罕坝人的无私奉献、科学务实、开拓创新、爱岗敬业为我们留下了宝贵的生态财富和精神财富。

（二）浙江安吉的美丽乡村建设

作为全国首个生态县，安吉成为标准化打造美丽乡村的中国样本。[②] 2003 年，当地正确处理保护历史文化和村庄建设的关系，对有价值的古村落、古民居和山水风光进行保护、整治和科学合理地开发利用，使传统文明与现代文明达到完美的结合。[③] 2010 年国家标准委将安吉列为中国美丽乡村国家标准化示范县，随后浙江省、国家质检总局与标准委分别根据安吉蓝本颁布全省、全国美丽乡村建设标准，彰显了乡村生态化经济对城市工业化经济的超越和转型。2018 年 9 月，"千村示范、万村整治"工程获联合国"地球卫士奖"。在生态农业方面，当地两大资源是毛竹和白茶。安吉以全国 1.8% 的立竹量创造了全国 20% 的竹业产值，走出了一条低消耗、高效益的绿色经济之路，

---

① 《习近平关于社会主义生态文明建设论述摘编》，中央文献出版社 2017 年版，第 123 页。

② 李晓西、潘建成：《2013 中国绿色发展指数——区域比较》，北京师范大学出版社 2013 年版。

③ 王慧敏、方敏：《群众关心什么就做什么——浙江推进"千村示范、万村整治"工程纪实》，《人民日报》2018 年 4 月 25 日。

成为著名的"中国竹乡"。竹产业上游以原料竹生产、涉竹技术的研发为主，中游环节是竹地板、竹编织产品、竹家具、竹纤维制品、竹工艺品、竹笋绿色有机食品、竹饮料、竹机械八类产品，下游是竹制品的销售、品牌运营，包含生态、低碳、绿色文化理念的推广，形成了竹产业的产业链条。安吉白茶茶园 17 万亩，数千种植户，白茶产业品牌价值达 40 余亿元，成为农民增收的另一重要途径。在生态旅游方面，安吉有 4A 级景区 5 家，农家乐 700 余户，旅游总收入 300 多亿元，入选首批国家全域旅游示范区，成为 2019 中国县域旅游竞争力百强县，并呈上升趋势。在生态工业方面，安吉充分利用资源优势，延伸产业链条，椅业和竹木制品传统产业实现转型升级，开发绿色食品、医药、太阳能光伏等新兴产业，成为富民强县的重要依托。在安吉，竹笋加工成各类休闲食品；竹竿用来做地板和其他原材料；竹梢用来编工艺品，竹根可做成根雕，竹叶提取生物制品，竹屑当燃料并深度开发利用。安吉的竹节、竹屑等加工废料 20 万吨被开发利用出来，研制出竹屑板、重组竹胶合板等新产品，利用废弃竹叶生产竹叶黄酮以及天然的保健食品，这种变废为宝的做法使资源利用率近 100%，既减轻了环境的压力，又增加了收入。可谓"一根竹子吃干榨尽"，从竹地板、竹家具、竹纤维到竹饮料，有七大系列 3000 多个品种。[①] 当地的竹产业数

---

① 中共中央组织部组织编写：《贯彻落实习近平新时代中国特色社会主义思想在改革发展稳定中攻坚克难案例：生态文明建设》，党建读物出版社 2019 年版。

千家，从业数万人，是农民增收的主要来源。在生态环境保护方面，全县森林覆盖率、植被覆盖率均保持在70%以上，空气质量优良率保持在86.5%以上，县控以上断面水质达标率保持在100%，即地表水、饮用水、出境水达标率均为100%，被誉为气净、水净、土净的"三净之地"，获评全国首个生态县，2012年获得中国首个县级"联合国人居奖"。安吉"创造出一个'生态环境、生态经济、生态人居、生态文化'之间持续性良性互动的'安吉模式'，是对传统集中型城市化的否定和对城乡之间平等、公平、均衡发展的目标性追求"①，体现了在农村实现生态现代化的典型模式。

（三）内蒙古库布其沙漠治理

库布其沙漠东西长365公里，南北宽约40公里，总面积1.86万平方公里，是我国第七大沙漠，其腹地寸草不生，荒无人烟，风沙十分严重，流动沙丘占整个沙漠面积的65%，沙丘高度一般为10—40米。经过多年的努力，治理面积达6000多平方公里，绿化面积达3200多平方公里，三分之一得到治理，实现了由"沙逼人退"到"绿进沙退"的历史性转变。其历史经验主要有，其一，库布其沙漠治理是党的十九大提出的政府为主导、企业为主体、社会组织和公众共同参与的环境治理体系的成功样板，使大漠通过生态治沙变为森林绿洲，真正成为人类赖以生存的"水库""粮库""药库""钱库"。2017年，由《联合

---

①　郇庆治：《生态文明建设的区域模式——以浙江安吉县为例》，《中共贵州省委党校学报》2016年第4期。

国防治荒漠化公约》第十三次缔约方大会所达成的《鄂尔多斯宣言》中提出："推广政府、私营部门和当地社区三方合作模式，提供经济和生态服务，使企业和受土地退化和贫穷影响的当地农户能够分享成果。鄂尔多斯库布其沙漠的'沙漠绿色经济'就是此类合作的成果体现。"其二，在治理中孕育出"守望相助、百折不挠、科学创新、绿富同兴"的"库布其精神"，成为成功治沙的精神动力。其三，坚持国际视野，库布其沙漠治理被联合国确认为"全球生态经济示范区"。联合国副秘书长、联合国环境署执行主任埃里克·索尔海姆讲，在库布其，沙漠不是一个问题，而是被当作一个机遇，当地将人民脱贫和发展经济相结合。我们需要这样的案例为世界提供更多治沙经验，库布其沙漠治理成为防治荒漠化的全球典范。

此外，浙江仙居、福建长汀、云南普洱、上海崇明、江苏苏州、江西靖安、贵州贵阳、广东深圳、雄安新区、长江经济带与黄河流域沿线城市等地生态治理均取得了一定的成就，积累了丰富的生态治理经验。这些成功经验的密码是：不是停留于现象层面的单纯环境保护，而是通过人与人关系的和解，采取融自然观与社会历史观于一体的治理方法，助推生态环境治理。

第一，生态优先，加大美丽中国建设力度。一是坚持"生产—生活—生态"一体规划，形成以生态为底色的发展布局，让居民"看得见山"。二是建立综合蓄水系统，使水体自然积存、自然渗透与自然净化，让居民"望得见水"。三是打造独特文化优势与现代化深度融合的文化品格，让居民"感受得到文化"。四是保留新农村建设的乡土气息，形成城乡互补、各显其美的城乡融合生态格局，让居民"忆得起乡愁"。

第二，经济与生态"双化互动"，推动高质量绿色发展。一是腾笼换鸟。以"治山""治水""治田"等项目作为载体，为重化工业产业"瘦身"，实现生态产业化、产业绿色化。二是科技驱动。瞄准世界产业发展制高点，以科技创新驱动绿色发展，破解传统产业占比高的难题。三是打造绿色金融。构建绿色政策体系，积极探索产前金融支持、产中技术帮扶、产后产品销售"三位一体"扶持模式，破解涉农"瓶颈"问题。四是发展数字经济。推进5G基站、大数据、人工智能、工业互联网等"新基建"，推动经济转型升级。五是差异化发展。立足省情，抢抓乡村振兴战略政策红利，全领域开发清洁空气、洁净饮水、有机食品等生态产品，打造绿色有机农业高端品牌。

第三，构建长效机制，完善生态补偿的制度保障。一是扩大生态补偿范围。在环境空气质量生态补偿的基础上，全方位打好蓝天、碧水、净土、清废生态攻坚战。二是完善生态补偿办法。通过征收资源环境税、发放生态建设补贴等办法，解决生态建设的负外部性问题。三是全面推行地区间的横向补偿机制。对生态脆弱地区的利益损害进行生态补偿，严格追究生态污染主体责任，最大限度降低生态破坏的连锁效应。四是引入第三方评估机制。把生态建设评估结果作为资金拨付的主要依据。

第四，转变思路，深刻认识"两山"理论的本质内涵。"两山"理论的实质要义是既要生态美，又要百姓富。具体而言，在财富观上，承认自然在财富形成中的基础性作用，不以牺牲资源环境为代价获取财富，发挥自然资源的倍数效应。在发展观上，变"竭泽而渔"为"蓄水养鱼"，培育"绿色生产力"，实现生态建设与经济发展双赢。在幸福观上，不仅是物质的满足，还追求优美环境和精神的满足。思想是先导，只有清除思想上的"雾霾"，才能消除环境中的雾霾。

第五，树立生态思维，提升绿色发展能力。一是转观念。破除"环境保护是对经济发展的负扣除"的观念，树立保护自然就有经济回报的"双赢"发展理念，促动"山水有生态"向"心中有生态"转变。二是善治理。改变生态治理与社会治理单兵突进的做法，以"天人合一""人与自然和谐共生"的生态理念调整利益格局，调处社会矛盾，构建联席联动机制，形成生态社会治理模式。三是强宣传。发挥主流媒体正面引导和专家学者的群聚效应，通过微信、抖音、快手等自媒体，传播健康生活和绿色消费理念。四是重实践。通过生态课堂、文化旅游等深度体验项目，使生态优先理念融入生产生活，助推"两山"理念植根人心，形成行动自觉。

二　建设美丽中国的理论难题

本书的理论难点有三。难点之一是如何找准研究的角度。党的十九大报告明确将"美丽"作为建设社会主义现代化强国的重要目标之一。按照通常的解释，"美丽"对应生态文明建设。如何将本书的论域延展至除人与自然关系之外的人与社会、人与人以及人与自身的关系，这将需要找准切入点并找到学理上合适的角度。这是本书的首要难点，也是本书是否能成功完成的关键。难点之二是衔接已有研究成果与现有研究方向。与本研究相关的背景材料很庞杂，如中国传统文化中的思想、生态学马克思主义理论、中西方美学理论等，需要梳理的有很多，但是都与本题不直接相关。目前关于美丽中国建设的研究，理论性的文章大多也只是从人与自然关系角度来阐释，主要是研究生态文明建设；或是只作为研究的视域，只是政策解释类的文章。直接相关的学位论文主要是硕士学位论文，对美丽中国概念界定的差异就很大。如何寻找、衔接、运用已有的不直接相关的研究成果，这就涉及如何进一步剪裁现有材料的问题。难点之三是如何厘清"美"与"人"的关系。自然之美、社会之美、人文之美、身心之美的美好图景的展现涉及艺术与美学，而课题的研究需要有明确的反思批判和问题意识。如何将"感性"的人与"理性"的人统一起来，如何按照"美的规律"来建构"美丽"的世界，亦即感性美与理性美的平衡。讲"美"，必然地涉及"真""善"与"人"，这本是哲学研究的基本问题。"真"与"善"的统一是"美"，"美"的主体与归属是"人"，人对幸福美好生活的需要和向往是世界变化发展的原动力。人在改造外部世界的同时，精神世界得到改造，精神世界的提升，增强了人的改造世界的能力。探寻真、善、美，归根到底是探寻人自身及其与世界的关系问题。

三　建设美丽中国的现实困境

新时代建设美丽中国的内外部环境错综复杂，涉及人的生存与自然生存，本我生存与他者生存，物质需要与精神需要的不平衡等。具体表现为：因生态失衡、环境破坏出现了生态危机，因社会失衡、道德危机造成了社会危机，因心理失衡、精神危机导致了个人危机，加之生态危机、社会危机、个人危机与国际大环境等交织在一起，导致社会风险加大，每一个人的行为都成为引发全球环境变化的"蝴蝶"，如果其生活理念有害于人类生存环境，随着范围的扩大势必影响人类的整体生存。

全球生态危机趋向恶化。罗马俱乐部最早提出全球问题，事关全人类命运，需要通过全球人共同努力才能克服。随着全球人口规模扩大对资源能源需求的增加，尤其是人的物质欲望的膨胀，对于物质需求的数量与质量大大提高，自然资源的承载力达不到人类的无限度需求，于是出现了全球性环境问题。伴随着人类认识与改造世界能力的增强，自然界发生了巨大的变化，但人为破坏的自然会造成人类发展的困境。罗马俱乐部得出结论：按照当前经济发展的趋向，人类将会在 2100 年走向灭亡，人类死于饥饿和资源匮乏，地球也不再适宜人类居住和繁衍，人类最终会走向毁灭。当前，我国经济发展面临严峻的生态环境约束问题，在发展过程中积累的生态危机进入了集中爆发的阶段，美丽中国建设道路任重道远。生态环境部 2018 年 5 月发布的《2017 中国生态环境状况公报》显示，我国大气污染仍然比较严重，2017 年，338 个地级及以上城市中，空气质量达标数占比只有 29.3%；全国地表水监测结果显示，三类以下水质占到 32.1%；地下水水质达到较差或极差级别的监测点比例达到 66.6%。我国耕地单位面积的平均农药使用量是世界平均水平的 2.5—5.0 倍。城市垃圾的产生量和清运量大幅度增加，全国城市垃圾年总产量已超过 2.15 亿吨，城市垃圾的填埋和处理不仅占据了大量土地，而且还造成了严重的环境污染。水土流失、土地荒漠化以及生物多样性减少等生态破坏问题严重，土壤侵蚀面积达 356 万平方公里，占到国土面积的 31.1%，是世界上水土流失情况严重的国家之一。土地荒漠化面积达 261.16 万平方公里、沙化面积达 172.12 万平方公里，土地退化加剧了土地供需矛盾。至今，环境治理仍是急迫的难点问题，生态危机已成为我国经济社会发展的"瓶颈"。

中国经济社会转型的现实困境。我国当前处在多重挑战的关键期、满足人民多种需要的攻坚期和解决生态问题的窗口期，"三期"叠加，各种矛盾和问题集中显现。一是社会利益主体和需求表达呈现多元化、复杂化态势。在市场主体层面，一些企业对绿色发展认识不够，盲目追求自身的经济利益，不愿意主动承担环境成本，部分企业甚至存在宁愿缴纳排污费也要污染的情况；我国企业的绿色技术创新乏力，生态工艺应用不足，尚未形成企业生态化建设的技术支撑体系。在个人层面，生态环境知识欠缺，频繁出现"邻避困境"的群体性事件，影响到全社会共同致力于环境治理的进程；绿色消费的意识不强，认识不到个人消费对资源环境保护的直接影响，加之居民总体处于中等收入水平，因个人消费能力有限，制约了对绿色产品的消费能力。在管理层面，国家对绿色企业的政策扶持力度不够，排污收费的杠杆作用不明显，财政、税收、价格补贴政策有待加强，不能有效调动企业进行绿色产品的研发和生产；部分地方政府不作为、慢作为，绿色市场秩序混乱，非绿色和低价产品大量进入市场，主管权威部门发布印证绿色产品的准入标准和标志标示的工作力度不够。二是管理制度困境。社会主义民主法治不健全，现有的环境保护法律法规有待进一步明确具体，没有真正起到震慑的作用；部分地方政府没有承担起环境监管的主体责任。近年来，虽说地方政府的环保意识有了很大的提高，但是一旦经济发展与环境保护发生冲突，地方政府通常会舍弃"环保"而优先保障"发展"，甚至通过制定"绿色通道"的地方政策牺牲地方的资源环境，环境保护在一定程度上停留在报告、讲话等层面；环境执法失之于"软"，部分企业与行政执法人员周转回旋，排污设施存在应付检查督查的现象；社会公众参与少，多元共治的格局没有形成，环境监察机构及人员执法任务繁重，而公众由于政策、法律、技术等能力不足不能有力承担环境监督的应有作用。三是社会公正困境。中国经济社会结构全面转型，一些领域存在公平失衡、阶层利益分化现象，因而影响到不合理开发自然资源和破坏生态环境。比如，在经济至上语境下，人们通常把生态建设作为拉动经济的工具与手段，地区与个人贫富差距在拉大；在消费社会语境下，人们通常把生态作为一种消费品来看待，把环境治理视为经济增长的负扣除，不能把生态价值上升为经济社会的基础价值；在构建生态正义时，通常注重共享生态成果和生态权益，较少考虑共担生态风险；根本问题是，在思考生态问题时，缺少健全的制度机制和自觉的人文关怀。四是文化道德困境。现代文化奉行"人类中心主义"价值观，具有"反自然"的性质，人类中心主义文化和实用主义文化在社会文化生活中深刻影响着人们的价值取向和行为模式。物质主义、经济主义、消费主义盛行，对于物欲的无限追逐，自然界被视为无偿的资源供应站和垃圾场，对自然规律的理性被淹没在无穷无尽的欲望之中。同时，精神文化的缺失、制度文化的不健全，科技缺乏道德引领等对人类道德伦理形成挑战。人们的生态文化理念远远滞后于时代发展，培育公民的生态人格，践行生态价值理念迫在眉睫。

个人的精神危机。人的身心分离成为危及人类未来的困局。一是自然家园的失落。人从动物界中脱颖而出，在相当大的程度上挣脱了自然的奴役和束缚，然而同时也失去了自己本真的"自然"家园，物质文明的追逐与城市化给人们的心理造成疏离感。在物质主义、经济主义的影响下，家族观念、血缘关系松懈，亲情和朋友存在为利益竞相争夺的现象，人处于孤独、无助和焦虑之中。回归生活世界、重返归依自然的精神家园成为人的迫切需求。二是过度依赖科技。科技具有两面性，人类既苦于科技的落后，又苦于科技的发达。一方面，科技还达不到预测各种自然灾害并避免人类遭受灾难的程度；另一方面，人类运用科技这一延伸人体能力的工具做出许多超越理性范围的"反自然"行为，导致自然的"反人类"的自反性后果，如转基因作物存在"基因污染"的风险，其抗病虫害的优良特性对人的身体健康产生了难以预测的负面影响。人类在享有科技便利的同时，思想精神凝固，无暇认真思考人生和人的生活，价值世界失落，精神世界空虚，技术的胜利在一定程度上引发了道德危机，科技的进步扩大了"蝴蝶效应"的力量。三是信息焦虑症。人在创设自己新的精神家园的时候，虚拟网络空间成为重要的选择。互联网空间降低了人的判断能力和反思能力，信息的不确定性强化了人的不安全感，海量的依赖转变为焦虑与恐惧。大量的时间用于阅读碎片化的信息，消耗了青少年的大好年华，消磨了其意志力和进取心，降低了人们的人际交流的能力和愿望，人成为手机网络所奴役的对象。

此外，发达国家对核心技术的垄断，为发达国家获得超额利润的同时，影响了发展中国家的产业升级和治理环境的能力，中国走近世界舞台中央面临新的难题。在处理经济发展与生态保护上，实施路径尚需深入探索，"绿水青山"转化为"金山银山"的效益目前还尚未充分显现。解决这些问题还在于，人不仅有物质需求，还有精神（心）需求，对物质的过分追逐，资本对人的奴役，带来了对自然环境的无限剥削，但人的精神需求的恢复同时也为人走出困局提供了可能。培育健康的生产生活方式，达到物质需要与精神需要的平衡，弥合割裂的身体与心灵，统筹解决好生态危机、社会危机和个人危机多重维度，成为破解当前困境与危局的可行路径。

第二节 美丽中国建设的重要原则

我们要建设的美丽中国不是乌托邦，更不是没有原则的建设，而是要立足中国特色社会主义建设新时代的现实背景，剖析其"实然"状态，寻求达到真、善、美之统一的最高境界即"应然"状态的新时代路径，要把握好建设的重要原则即"三个统一"——真、善、美相统一、物的尺度和人的尺度相统一、科学性与价值性相统一。

一　真、善、美的统一

美丽中国建设是要在"真"和"善"统一的基础上达到"美"，这是一种真实的"美"、以人民为中心的"美"，而不是乌托邦式的、主观臆想的"美"。"真"强调的是美丽中国为何如此即事实与实然，"善"寻求的是美丽中国应当怎样即价值与应然，"美"指认的是美丽中国为何如此与应当怎样的统一，亦即事实判断与价值判断的统一，实然状态与应然状态的统一，"是"与"应当"的统一。

美丽中国建设之真、善、美的统一是主客体的完整的统一。真、善、美具有主客体双重属性，其统一的基础是人的存在方式即人的实践活动及其历史发展。"真"着重从人的存在方式去理解，是主体在认识生态规律活动中与客体相统一的体现；"善"是主体将人与人的伦理道德关系推及人在生态系统的实践活动中与客体相统一的体现；"美"是主体在生态平衡和良性循环的生态系统中的审美活动与客体相统一的体现。具体来讲，"真"是主体的行为合乎事物发展的内在规律的状态，没有人赖以生存的外部世界，人类将失去存活的基础；没有生物的多样性，人的生活将褪去颜色，反而增加了人类最终走向消亡的概率；没有资源能源的可持续，人类将失去获得进一步发展的可能性，因此，人类认识世界的方法论的正确与否，决定了客体的存在状态并反作用于主体的存在。从主体与客体矛盾运动的角度看，"善"是主体所追求的终极目标，是主体的利益与需要与客体矛盾的解决，亦即自由与必然之间矛盾的解决，是人类实践活动所担负使命的高度概括。"美"是人按照自己的目的将生活活动（即对象化活动）及其改变了的世界变成自己的"意志和意识的对象"，生成了人审美的对象，是实践活动中所实现的"合目的性"与"合规律性"的统一，是"对象的性质"与人的"本质力量"即主体（人）的能力的统一，是人在创造世界的过程中创造了人自身与创造了能够发现美的人的感觉的过程性统一。

美丽中国建设的真、善、美的统一是具体的历史的统一。真善美相统一是永无止境的、历史地发展着的过程。美丽中国建设必须遵循生态规律即求真，这是一个不断由相对走向绝对的过程，不仅有特定时代的特定表现，而且是贯穿人类历史发展的整个过程的，是具体的与历史的统一。生态规律之真不是仅仅作用于生物本身，而是作用于"社会—经济—自然"整个复合系统的。特定时期人类的认识是具体的，表现为时代性的具体内容、民族性的具体形式和个体性的特定风格相结合，如在农业时期有"天人合一"思想，而在工业时期产生了"大地伦理"的思想，二者在强调的方向上大致相似，但都体现了地域文化的不同和产生时代的不同。美丽中国建设的善是生态伦理之善，同样也是具体的，并非离开了利益的伦理之善，是与人民群众的利益紧密联系的善。具体地体现在社会的价值取向与个人的价值取向的矛盾中，美丽中国是"善"的生活环境的社会价值取向与民众"追求美好生活向往"的个人价值取向的统一。当个人的生计与社会环境的要求产生矛盾的时候，由于个人的利益、欲望、需要与兴趣是千差万别的，就需要社会的价值取向起到引领性的导向作用，需要社会的法律制度和正义规范对个人的价值取向进行规制与引导，以实现理想与现实、集体利益与个人利益、整体利益与局部利益、长远利益与眼前利益的平衡。个人的价值取向总是要取决于社会的价值取向。人对美的追求同样是具体的、历史的，体现了时代精神的精华，美丽中国建设需要从人的社会生成、历史传承、文化涵养与更新创造的统一去理解美。因为，人类的创造活动是历史性的，其创造性活动所指向的真、善、美的认识也是历史性的；人类的创造也是具体的，受其生存的环境与历史时期的影响，因而也是具体的，是历史的与具体的嬗变统一。

美丽中国建设是真、善、美的辩证统一。真、善、美不是外在的集合，而是内在的辩证统一。真是前提与基础，善是关键与灵魂，美是提升与归宿。把符合客观规律的生态之"真"和有利于人类社会的生态之"善"，通过具体而历史的审美形态表现出来，那这个形态就是"美"，这是从统一的角度来看待。"真"强调客体的必然性，这是判定其是否为真的核心要件，主体的活动要以生态的客观规律作为判定的基础。"善"是主体由内向外的过程，主体通过生态伦理由人与自然的客观判定走向主体的内在需要与客体的外在尺度的统一，在这个意义上，诉诸生态道德伦理规范的求善的活动是求真活动的延续与升级。"美"实现了充分的主体化过程，人在生态系统中遵循生态规律和伦理规范直观自身，体现了真理之美和道德之善，是真与善的统一与升华，是以道德伦理为底色的和谐，只有和谐才是美的。既真又善才可能是美的，只有在社会（人）与自然的和谐中，才能直观具体地体验和谐之美。真、善、美的统一，是完整与辩证的统一，是具体与历史的统一，是主客体的差异性与共同性的矛盾运动，其层次性与统一性指导美丽中国建设。

二　物的尺度和人的尺度的统一

关于物的尺度和人的尺度的统一，马克思在《1844 年经济学哲学手稿》中有比较完整的论述，即"通过实践创造对象世界，改造无机界，人证明自己是有意识的类存在物，就是说是这样一种存在物，它把类看做自己的本质，或者说把自身看做类存在物。……动物只生产它自己或它的幼仔所直接需要的东西；动物的生产是片面的，而人的生产是全面的；动物只是在直接的肉体需要的支配下生产，而人甚至不受肉体需要的影响也进行生产，并且只有不受这种需要的影响才进行真正的生产；动物只生产自身，而人再生产整个自然界；动物的产品直接属于它的肉体，而人则自由地面对自己的产品。动物只是按照它所属的那个种的尺度和需要来构造，而人却懂得按照任何一个种的尺度来进行生产，并且懂得处处都把固有的尺度运用于对象；因此，人也按照美的规律来构造。"① 人与世界的关系，是认识与被认识、需要与被需要、改造与被改造的关系，人们认识并掌握"客观规律"亦即"物的尺度"，与此同时，按照"人的尺度"把理想中的世界变成现实的世界，即人通过实践活动创造了属人世界的社会历史。其

---

①　《马克思恩格斯文集》第 1 卷，人民出版社 2009 年版，第 162—163 页。

中包含了"人的尺度"在里面。何为"人的尺度"，应包括：和谐共存的人与自然的关系，公正合理的人与社会的关系，平等融洽的人与人的关系，有丰富个性的人与自身的关系，最终指向人的自由全面发展。

美丽中国建设的物的尺度和人的尺度的统一，是"人化自然"与"自然人化"的统一。"两个尺度"是相互渗透、相辅相成的，是人的自然化和自然的人化的统一。通过实践活动的中介和桥梁，自然界成为灌注了人的意志、知识和能力的自然向人生成的人化自然，同时人成为将自然内化为人的本性的自然化的人。人不可能撇开自然之"道"来任意改造自然，否则就会招致"报复"与惩罚。人改造自然生态系统不能逾越一定的阈值，人类的生态足迹如果超过这个阈值，生态系统会失衡，甚至归于毁灭。"两个尺度"内含了尊重自然生态规律和满足人的内在需求的统一，即人按照自己的内在价值追求和谐的人与人（社会）的关系，达到"人道主义"与"自然主义"相互和解的和谐状态。对于建设美丽中国，要在人化自然过程中顺应自然本性，处理好发展经济和生态平衡的关系，以达到生物与环境之间的共生统一，最终达到自然的人化和人的自然化的和谐统一状态。

美丽中国建设的物的尺度和人的尺度的统一，是物质创造与精神家园的统一。"人的尺度"不仅仅是动物的一个尺度，即自身的、直接的、受肉体需要支配的、本身物种所具有的那个尺度，人不仅有作为人自身的尺度，还包括"任何一个种的尺度"，既包括物质的，还包括精神的。对于自然，不仅仅是其经济的、功利的效用价值，还包括客观的、社会的价值（真与善）和文化的、审美的价值

（美），过分强调效用而忽视精神意义的物质主义的做法不符合美丽中国建设的完整意义。物质本身是实现人类幸福的手段，如果将目的与手段头脚倒置，人们在追求无限更新的商品中获得精神的满足，这种物质欲望就会导致自然资源被无限掠夺与人的内心世界无限空虚的双重危机。超越功利心态、摒弃物质至上，回归人的精神家园和审美意识能力的人与自然情感交融的对象性关系，这才是建设美丽中国的题中应有之义。

美丽中国建设的物的尺度和人的尺度的统一，是求索真理与遵循价值的统一。"任何一个种的尺度"都是"真"，即合规律性，对于美丽中国建设来讲就是对生态规律的真理的求索。马克思强调人改造自然是有目的的、有自由意识的实践活动，在这种实践活动中，主客观同步得到改造，人的精神与肉体得到同步完善。人不是盲目地顺从自然规律，而是按照适合自己需要的内在尺度主动改造自然，整个自然界变成人化的自然，而不仅仅是与人相对立的盲目的存在。世界变成人化自然的属人世界的同时，就是人的尺度对象化的过程，亦即人的意志和本质力量得到展现的根本标志。马克思的"按照美的规律来构造"就是人的本性得到实现的过程，是劳动不再作为求生的手段，而是作为生存与艺术（审美）的统一。从本体论的角度看，世界的存在符合"物的尺度"，自然的先在性和客观性不可能依据"人的尺度"而存在；从认识论的角度看，人类不同于动物的地方在于，人是"全面的""真正的""按照任何一个种的尺度"来再生产"整个自然界"的过程，"人的尺度"指向了人的主体性和创造性，二者的统一体现了真理与价值的统一。

三　科学性和价值性的统一

美丽中国建设是马克思主义生态文明思想在新时代中国特色社会主义建设的科学实践，是科学性和价值性的统一。科学性是价值性的必要前提，价值性是科学性的目的旨归，二者统一于美丽中国的建设实践中，其结合点是对于其合理性的指认。合理性问题是一个涉及事实与价值、科学与价值、真理与价值、实然与应然、认知与评价等关系的问题域，指向了是否合乎规范的正当性，合乎目标的自觉性，合乎依据的应当性，合乎效用的可接受性等。

科学与价值的统一。基于科学理性，美丽中国建设需要生态学等自然科学的学理支撑。生物圈是人类与其他生物的共同家园，动物的多样性对于人类的生存有重大意义：生态系统成分越是复杂，食物链的营养结构的物种越多，自动调节的能量就越大，以物质、能量、信息为纽带的生态平衡越容易维持。生态系统不是无限的，而是有其阈值与承载力的限度，只有实现社会—经济—自然复合生态系统在时间、空间、结构、序列等方面的正态耦合关系，才能维护生态系统的健康与可持续。科学离不开判明价值，"为了人"是美丽中国建设的价值取向。近代以来，科学理性主导的工业文明发展了生产力，但随之带来了环境、能源、资源、气候等生态问题并日益凸显，从中国的发展现实来看，特别是伴随着改革开放40多年来的发展成就也存在发展中的"代价"问题。在这里，科学与价值产生了矛盾，科学着重工具理性和计算原则，价值彰显价值理性和精神依归，后者对于社会发展更具有革命性意义。科学精神与人文精神发生对立，这就需要正确判断当前处于新时代中国历史方位的主要矛盾的变化，因时代问题而施策，实现科学与价值的有机统一。

事实与价值的统一。科学性与价值性的统一根源于事实与价值的统一。中国内生性与开放性并举的发展模式引发了世界经济史上前所未有的经济增长，这是不同于西方新自由主义的中国创造，中国有集中力量办大事的政治优势，有中国化马克思主义和中华悠久传统文化的文化优势，这些事实就在那里。当前中国存在发展的不平衡不充分等现实问题，这些问题也在那里。价值，人民美好生活需要的价值追求，是一种整体的走向，走向自由人联合体社会的途中，判断价值存在与否要符合共产党执政规律、社会主义建设规律与人类社会发展规律。建设美丽中国是中国社会发展的理想追求，价值性是其不可回避的主题。从社会主义的属性看，贫困不是社会主义，精神空乏、文化落后也不是社会主义，不站立在当前事实的基础上，不实事求是地将理想中的未来中国变为现实，就会流于虚幻和空想。从建设的目标指向看，人民群众创造历史，是建设的主体和目的，共建共享建设的成果，实现社会正义与共同富裕，维护广大人民群众的根本利益，实现人的自由全面发展是根本价值目标。从社会追求的目标看，要实现的和谐社会是包括人与自然、人与社会（人）、人与自身全方位和谐的社会，是包含自然美、社会美、人文美、心灵美等在内公平正义的社会形态。

实然与应然的统一。实然与应然的关系符合理想与现实的辩证法，理想源于现实又高于现实，理想是应然的世界，是对未来美好状态的描绘，是超于现实之上的理想状态。我们要建设的美丽中国，其应然状态是到 21 世纪中叶达到的自然之平衡、社会之向善、人文之臻美、身心之平和的美丽中国图景和价值目标。当前的实然状态是中国已经发展起来，处在由富国走向强国的征程中，面临着不平衡不充分的发展现状，因此，既要看到经济等方面的发展成就，又要看到当前存在的实际问题，以实现在"实然"中创造"应然"的基础和条件，使"实然"成为不可逆转的现实。实然是事实状态，应然是应当这样，本然是本来这样，在这个意义上，实然和应然是本然的现实效用。本然是实然之源（物质形态的总体）和应然之归（善的理念而非质的规定性）①。在"本然"意义上的美丽中国与"应然"状态的美丽中国中间有一个既非"本然"又非"应然"的中介环节，因为物质主义、消费主义的潮流，当下中国既要限制资本的无限制蔓延以降低对自然的盘剥，又需要利用资本作为发展动力和组织形式来搞好中国特色社会主义建设。这就要破除理想中的中国与当前现实中的中国之间的樊篱，体认美丽中国的实然与应然之本源何以可能，寻求达到真、善、美之统一的最高境界的人类永续发展的美丽中国。

---

①　王春梅、李世平：《实然、应然、本然》，《人文杂志》2007 年第 3 期。

第三节　美丽中国建设的基本路径

建设美丽中国，主要从提升建设的整体性入手，着眼于构建生态文化体系（文化化育）、巩固生态经济体系（夯实根基）、完善目标管理体系（系统治理）、健全生态文明制度体系（完善机制）、优化生态安全体系（安全屏障）。美丽中国建设是一项系统性工程，要增强联动，全方位施策，保障建设的系统性、针对性和有效性。

一　文化化育——构建生态文化体系

文化与人的生存方式紧密相连。文化一般包含器物、制度、精神和行为四个层次，对应的是物质、社会、观念和实践等层面。文化与人类文明的脚步相影随行，人类文化经历了从自然文化、人文文化、科学文化到生态文化的依次嬗变。随着工业文化带来的地球资源环境的严重破坏，自然对人类的报复加剧，人类不得不反思社会与自然的关系，从而生成了新的思维方式与理念模式——生态文化。生态文化是实现社会可持续发展的文化，关乎人类生存，是人类健康发展的价值追求。生态文化的产生不仅是时代发展的需求，更是社会进步的需要，有学者指出，"生态文化就是一个民族对生活于其中的自然环境适应性体系"[1]，以生态学的思维方式来认识世界，进而将社会主

---

① 郭家骥：《生态文化论》，《云南社会科学》2005 年第 6期。

义生态文化的普遍价值准则内化为人们的生态意识、价值取向、生活方式和行为准则，体现了文化作为"化育"的功能。生态文化不仅能助推人与自然的和谐，还能增进人的身心健康，生态文化建设不仅是中国可持续发展的可行路径，更是世界健康发展的有效策略。这一文化形态，是用生态学的观点与方法思考现实世界的一种理论框架，要求致力于绿色经济、绿色技术、生态伦理，实现人类生活方式的"绿色化"，由生产方式、生态哲学、生态伦理学、生态制度、价值观念、生态美学、生活方式等构成。本书着重论及生态世界观、生态意识、生态价值观、生态人格四个方面的实践路径。

树立"天人合一"的生态世界观。生态危机，究其实质是人类的文化危机。中华文明从肇始之初就有"天人合一""道法自然"的生态化思维，从"人—自然—社会"整体意义上认识和思考人与自然、人与人的关系。"天人合一"认为人类和自然万物是一种整体性的大生命观，是宇宙自然界的"生生之德"完满合一的自然状态，人以其文化创造成为协和万物的德性主体，能"为天地立心"，把生养万物作为自己的职责，用仁爱之心对待自然万物，行自然界的"生生之道"。"天人合一"的整体生态思维是对工业文化的整体性超越。工业文化的理论前提是自然资源是无限的，可以凭借科技和工具的进步无限制地开发利用；其价值目标是资本利润最大化，对工人和自然进行双重盘剥；其实践指向是奉行物质主义和个人主义，以无限追求物质财富的方式实现人的价值，忽视人的精神文化需求的满足，片面追求个人权利，无视个人应当承担的责任，为社会与自然危机埋下了隐患。新时代的生态文化是对现代工业文化的超越和扬弃，从而走向"天地人"整体观的视域。新时代，"人与自然是生命共同体"思想和山水林田湖草系统治理的价值理念与行为方式是为了"大写的人"这一目的本身，是系统化的整体思维，它要求统筹生产、生活、生态三大布局，用协调发展的方式对待人与社会，使人能够享有自然界的生态资源，并实现永续的发展。

培育公民生态意识。生态文化具有"化育"功能。文化环境，特别是生态价值观念的熏陶，影响着人的思维方式和行为方式。塑造公民尊重自然、顺应自然与保护自然的生态意识具有长期效应，有益于超越自私短视的资本逻辑，形成人的自律自觉意识。在《中共中央国务院关于加快推进生态文明建设的意见》中，要求"坚持把培育生态文化作为重要支撑。将生态文明纳入社会主义核心价值体系，加强生态文化的宣传教育，倡导勤俭节约、绿色低碳、文明健康的生活方式和消费模式，提高全社会生态文明意识"[1]，就是把生态环境作为思考的起点与出发点，使地球公民认识到对生态环境的保护就是对人自身的保护，对生态危机的解决就是对人自身问题的解决。这是一种新的价值思维方式，是对工业文化的扬弃，要求自觉维护生态系统的动态平衡、维系生物的多样性、遵循生态系统的自然规律。其一，切实增强生态意识，通过生态环境教

---

① 《中共中央国务院关于加快推进生态文明建设的意见》，《人民日报》2015年5月6日第1版。

育，使生态文化在潜移默化中提升人的知识，培育人的眼界，熏染人的心灵，塑造人的品格。丰富生态文化的社会土壤，唤起人对自然环境的道德理性，增强人对自然的责任感与善待自然的人文关怀。其二，将生态教育纳入国民教育体系，从青少年抓起，从家庭教育、学校教育抓起，普及生态科学、生态哲学等生态素养，从小养成良好的环境意识与环保习惯。纳入干部教育培训体系，示范引领形成绿色消费和适度消费的社会风尚，变追求物质消费满足的狭隘消费观为崇尚自然的高品质绿色文化的消费方式，形成低度消耗资源、节约使用能源的有益于生产生活持续发展的资源能源消费体系。其三，加大社会生态意识的宣传力度，不仅要组织好主题日宣传活动，更要采用喜闻乐见的能贴近群众、贴近生活、贴近实际的宣传方式，运用微信、微视频、通俗读物等载体进入百姓生活，发挥"乡贤"定分止争的调解作用和生态宣传的带动作用，切实将生态意识化为人民群众的自觉行动。

培育公民的生态价值观。价值观是文化的核心。随着工业文明价值观对意识形态的侵蚀，人们的共同体意识缺失，需要进行生态启蒙以消解西方工业文明的弊病，培育道德共同体的伦理价值理念。生态整体主义要求把"自然—经济—社会"复合生态系统的整体利益作为最高价值，以此作为评判人类生产生活、科技进步、经济社会发展的客观标准。罗马俱乐部在《人类处在转折点》中提出全球伦理学，蕾切尔·卡逊的《寂静的春天》促进了人类对生态伦理的普遍关注，奥尔多·利奥波德在《沙乡年鉴》中提出大地伦理，要求人对构成生态的无生命物也负有道德责任，建立一种系统的、整体的、和谐的价值观，实现人与人、人与自然的动态平衡。生态整体主义的核心要义是，树立道德共同体的价值理念，主要体现在尊重意识、责任意识、公正意识和价值意识四个方面。一是在尊重意识上，既要对不同种族、民族、性别的人尊重，还要尊重生物等非人生命。二是在责任意识上，强调既要对人和社会负责，也要对大自然负责，认为只有当一个人像对待亲人那样对待他人，视自然万物（动物和植物）为自己同胞的时候，这个人才是一个有高尚道德境界的人。三是在公正意识上，强调既要突出人与人之间的公正，还要体现种际、代际和环境公正。例如，以均衡的条件、平等的机会实现代际的有效整合，发达国家作为生态污染的主要破坏者和全球能源资源的最大消耗者，有义务和责任为全球环境的平衡和恢复做出更大的贡献。四是在价值意识上，强调既要树立工具价值理念，也要树立人的内在价值理念，即实现求真和向善的统一。人们在物质生活得到基本满足的基础上改变以往一味追求物质的过度消费行为，逐步转向追求精神的满足、文化的进步等生活方式。在地球环境遭受大量生产、大量浪费的今天，只有将生态系统的整体利益作为衡量人类一切思想观念、生活方式和发展模式的基础标准，才能以"仁爱"之心面对自然万物，实现与自然万物的和谐共生共存。

塑造公民生态人格。在实现生态世界观、生态意识和生态价值观的基础上，塑造丰富完美的生态人格。生态文化建设呼唤生态人格的塑造，生态人格是生态意识与生态行为、道德品质与心理品质的集合体，需要生态文化的化育并外化为生态实践。生态人格是生态意识与生态行为、道德品质与心理品质的合体，体现了生态实践的外化。生态人格是指具有生态文明观念和生态建设能力的人所具有的基本品质，是尊严、责任和价值的集合体，集求真、趋善、臻美于一体，是在生态化思维指导下的生存方式和生活方式。康德在《实践理性批判》中写道，有两样东西是世人惊叹其威力并怀有敬畏之情的，"头上的星空和内心的道德律"。作为丰富的人，基础是对大自然的"求真"，即首先需要对自然、社会与人自身及其关系有科学的认知，掌握其客观规律，从而适应强大的自然，进而运用自然满足人的生存需要。其次，生态化的人需要超越工具理性，达到"趋善"的价值理性，具有"人—社会—自然"和谐共生的整体主义生态思维。[1] 在满足人类基本生存需求的同时，认识自然的内在价值，实现"物的尺度"与"人的尺度"的统一，"合规律性"与"合目的性"的统一，权利与责任的统一。康德眼中的"道德律"，就是富有同情心和尊重人的"趋善"的内心自律和价值取向，这是生态人格塑造的第二个基本要求。《吕氏春秋》讲，"天下之士也者，虑天下之长利，而固处之以身若也。利虽倍于今，而不便于后，弗为也"[2]，蕴含了重视长远、可持续发展的理念。在这样的节俭理念的指导下，中华民族养成

---

① 王艳峰：《人与自然和谐共生：新时代生态文明建设的旨归》，《学习时报》2019 年 2 月 27 日第 7 版。

② 臧知非注说：《论语》，河南大学出版社 2008 年版，第 693页。

了勤俭节约的生活习惯。最后，生态人应具有"臻美"的品格，人的丰富感性意识活动本身，架设了人通向他者的桥梁，如人对山水草木、飞禽走兽是出自一种对生命的关怀，而不是控制、宰制、占有，有"乾坤父母，民胞物与"的情怀，关爱自然万物、养育自然万物，奉行"参赞化育"之功，这才是符合人的本性自然的状态，才是健全的生态化人格。求真和向善的统一，即"是"与"应当"的统一，即趋向审美的人，具有生态审美情趣、审美意识和审美能力的生态人格，能真切感受自然的磅礴之势，心存敬畏之心，更具悲天悯人的气质，感受大自然的美好，与大自然交融共鸣，达到人与自然融通的"臻美"之境。人的生态人格根源于人的对象性实践活动，是人的思维方式指导下的生存方式和生活方式。

有学者认为："生态文化是以整体论思想为基础，以生态价值观为取向，以谋求人与自然协同发展为宗旨的文化。生态文化把人对自然的依赖性作为文化建构的前提，力图协调人类在生物学和社会两个层面的冲突，能更真实地反映人的生存状态。"① 在生态文化中，人的地位不再是中心，而是自然的一员，自然的内在价值得到肯定。在生态文化体系中，人与自然的利益都得到考虑，实行人与自然双重标尺的评价体系，这是对工业文明带给人类痛苦的正本清源，回应了人类的急迫需要。生态文化的启蒙，将生态责任和生态意识渗透到人们的内心，自然作为人的无

---

① 雷毅：《生态文化的深层建构》，《深圳大学学报》（人文社会科学版）2007年第3期。

机的身体，要实现人的解放，没有自然环节的参与是不可能的，生态化的思维方式为人的解放提供条件。在经济发展上，当经济发展与生态保护发生矛盾时，自觉认识到人类长远利益和子孙后代的生存发展，不做急功近利、竭泽而渔的不利于可持续发展和永续发展的事。在生活价值评判上，人们的生活价值与评判标准是生活的品质，而不是物质财富积累的多寡。在维系生态权益上，生态环境关乎所有人的切身利益，地球公民有权利有义务参与到这一公共事务中来，切实了解环境知识，既享受监督环境的基本环境权，又积极响应公共事务部门的环境设施建设，破解"邻避困境"。在生态视野上，要凸显中国传统文化的民族特色，彰显中国元素的化育自觉，体现民族精神，同时，要有广博的视角，具有"观乎人文以化成天下"的志向与能力，丰富世界生态文化，从而综合运用马克思主义经典作家、中国优秀传统文化以及现代西方生态文化思想，反思人与自然的关系，以真、善、美相统一的生态化思维及其生态文化体系指导美丽中国建设。

二 夯实根基——巩固生态经济体系

物质生产具有归根结底意义上的作用，马克思认为："人们为了能够'创造历史'，必须能够生活。但是为了能够生活，首先必须解决吃喝住穿以及其他一些东西。"①"历史的每一阶段都遇到一定的物质结果，一定的生产力

① 《马克思恩格斯文集》第 1 卷，人民出版社 2009 年版，第531 页。

总和。"① 历史唯物主义告诉我们，无论人类社会发展到何种程度，物质生产的基础性作用不会改变。生态环境问题主要是因为人类对于自然的过度开发，特别是工业经济超越了环境承载的底线，在发展经济的同时没有实现生态环境的动态平衡，而环境问题的最终解决要靠经济的充分发展。习近平在2014年中央经济工作会议上讲话指出，"生态环境问题归根到底是经济发展方式问题"②，"要坚定不移走绿色低碳循环发展之路，构建绿色产业体系和空间格局，引导形成绿色生产方式和生活方式，促进人与自然和谐共生"③。只有使生产方式和生活方式更可持续，经济实现更充分的发展，人类才具备了解决环境问题的基础能力，从这个意义上说，经济发展是生态环境问题解决的物质前提，绿色低碳循环发展的生态经济体系是建设美丽中国的基础保障。

生态经济是绿色化的经济。在价值观和发展观上，生态经济反思了工业经济的弊病，是对工业经济的矫正、变革与创新，体现了生态文明建设理念融入经济发展的全过程。从经济发展目标上来看，以人与自然和谐为价值取向，以人的全面发展与可持续发展为旨归，着眼经济的长远发展，提升人民群众的生活品质。从经济发展理念上来

---

① 《马克思恩格斯文集》第1卷，人民出版社2009年版，第544页。

② 《习近平关于社会主义生态文明建设论述摘编》，中央文献出版社2017年版，第25页。

③ 《习近平关于社会主义生态文明建设论述摘编》，中央文献出版社2017年版，第32页。

看，生态经济采用绿色经济的发展模式，主要解决人与自然、经济与社会的协调发展问题，其关注点在于提高经济的高质量发展，而非单纯追求经济的数量，把经济发展置于自然生态系统中来审视，旨在用最少的资源环境消耗获取最大的经济效益和社会效益。从经济发展方式来看，生态经济的发展不仅追求物质生活的满足，更倡导绿色文明的社会范式，为了让人们享受到绿色而非黑色、适度而非浪费、简朴而非奢华，是亲近自然的、健康幸福的、人类诗意栖居的美好生活。学者周宏春曾经做过这样的比喻："如果将发展比作一个登山过程，山还是那座山，在不同的发展阶段人们对'绿水青山'的认识是不同的……在登山前的脚下，人们想到'砍柴烧'、绿水青山'不能当饭吃'；在登山中，由于饿怕了会乱砍滥发、破坏生态环境；接近或翻过山顶时，蓦然回首发现绿水青山的美轮美奂，意识到保护生态环境的重要性，并探索用可持续的图景将之转化为'金山银山'。"[①] 新时代，社会主要矛盾的主要方面是发展的不平衡不充分，需要大力提升经济的质量和效益，满足人民对美好生活的更高要求，包括绿色经济生活的需求，客观要求推进产业生态化和生态产业化，即改造传统产业与发展绿色产业。

实现传统产业生态化，就是把美丽中国的思维理念深刻融入经济建设的产业发展过程，本质上来说是产业的绿色化、低碳化与循环发展，要求改造升级传统产业为生态

---

　　① 周宏春：《试论生态文明建设理论与实践》，《生态经济》2017 年第 4 期。

驱动型和生态友好型的产业样态。传统产业，如制造业、采掘业、运输业、炼化业等对经济社会曾经发挥了重要的作用，但是大量消耗水、土地、空气等各种资源，需要依照可持续发展的生态化改造，以供给侧结构性改革为导向，发展节能减排、循环利用资源能源的经济样态。具体来讲，一是产业升级，深入推动"中国制造2025"的绿色制造产业，以绿色化、智能化为发展方向，构建高效、绿色、循环、低碳的制造体系，用高效与绿色的理念和绿色基础制造工艺改造传统的制造流程，大力发展绿色制造产业核心技术和支撑工业绿色发展的共性技术。推进绿色技术创新，将之与生态学相结合，实现技术的绿色化生态化转变，从而提高资源利用效率和较少废弃物的排放。二是鼓励和培育绿色技术市场，促进与鼓励绿色技术与市场的深度对接。对于废物利用的技术和价值，有这样一组数据，到2030年，发展中国家每年将会有4亿—7亿部废旧的个人手机，发达国家则为2亿—3亿部，而从100万部手机中就可以回收24千克黄金、250千克银、至少9000千克铜。① 如果将相关技术运用于废弃电脑的开发利用，必将产生重大的社会效益与经济效益。三是能源产业的绿色化，依照中国的国情，在当前取代以煤为主的能源供应需要时间，这就需要对煤炭、石油的开采绿色化，实现能源的二次转化。当然，能源的绿色生产需要从根本处着眼，如火电的能源开发在生产环节仍属传统能源，再如风

---

① 参见李晓西《绿色抉择：中国环保体制改革与绿色发展40年》，广东经济出版社2017年版，第272页。

能不应建设在耕地上，否则会出现"以绿伤绿"的问题。四是推进企业绿色化转型，发展循环经济。以"开采—生产—消费—废弃"为特征的线性经济不可持续，企业需要发展稳态的循环经济，进行高效、清洁、污染少的绿色工业生产，即遵循减量化、再利用和再循环"3R"原则的经济，降低资源能源的消耗，减少废弃物的排放，实现资源节约集约，传统工业废弃物得到循环利用的一体化生产模式。五是大力发展非物质化经济①。人类当前的生态足迹超越了生态系统能够承载的阈值，物质经济已经达到上限的情况下，需要发展非物质经济，也就是发展满足人们精神的、情感需要的经济活动，从而降低对自然环境的压力。国民财富既包括价值化的物质财富，还包括生态环境与精神文化的财富，自然不仅提供传统意义上的资源、能源，还能提供绿色产品、绿色能源，以及有益于身心健康的文化的与精神的财富。随着互联网及信息技术的发展，高科技服务业已经深刻地影响了人们的生活，加快了传统产业的优化升级，非物质化经济促使工业经济朝向形态更高级、分工更复杂、结构更合理的方向发展。

实现生态产业化，需要加入自然资本的维度，将自然优势转化为产业优势。自然资本是生态系统经济功能的载体，因其具有非排他性、非竞争性和不可替代性，所以是

———————

① 非物质化的概念由德国乌珀帕尔气候、环境与能源学院 F. Schmidt-Bleek 教授首次提出，他认为，我们的生活环境异常复杂，生态圈与人类社会都不是我们能短期预测的，因此，不能盲目滥用资源、破坏生态环境，社会经济不再单纯依靠消耗自然资源能源，而是在地球生态环境可承受的范围内占有资源。

人类生存与发展的公共产品。实现自然资源的高效可持续利用，能有效化解自然资本的"公地悲剧"。习近平认为："绿色生态是最大财富、最大优势、最大品牌，一定要保护好，做好治山理水、显山露水的文章，走出一条经济发展和生态文明水平提高相辅相成、相得益彰的路子。"① 传统工业经济主要依靠人造资本，而生态经济主要是依靠自然资本，后者的经济发展目标是经济收益与社会收益的统一。实现生态的产业化，需要因地制宜地根据本地域的自然禀赋和生态环境阈值，构建生态化的产业结构。遵循生态阈值就是遵循自然规律，从而促进农业、工业、服务业的产业化绿色化，即充分运用新科技革命的成果，形成现代高效生态农业；生态工业变工业废弃物为原料，是循环生产、集约管理的综合工业生产体系，走融合工业化、信息化的发展路径，形成"绿色制造＋互联网"的集高科技含量、社会效益、环境友好为一体的新型工业化之路；着力发展生态旅游业、节能环保产业等新的产业样态，实现第三产业生态化，如负氧离子多的林区、山水秀美的乡村可以发展养生、养老产业。良好的生态环境本身就是生产力，发展战略性新兴产业等绿色产业，体现了区域和城市的生态竞争力，既提升了国际竞争能力，又较少受资源环境的约束。因此，守住了一方净土，就是守住了"金饭碗"。实现生态的产业化，要根据自然资源的稀缺程度制定合理的资源价格，建立与市场价值和运行规则相符合的

---

① 《习近平关于社会主义生态文明建设论述摘编》，中央文献出版社 2017 年版，第 33 页。

生态支付体系，既体现并尊重自然资源的生态价值，又通过有偿使用实现保护的目的。生态资源的正外部性，即生态环保产生的社会价值与生态价值的外溢，使受益人对供给人提供一定的补偿，这是"绿水青山"转化为"金山银山"的正确思路。党的十八届三中全会要求推进自然资源产权制度改革，发挥自然资本优势，通过健全自然资本补偿机制，实现破坏生态成本的内在化，有益于自然资本的保值和增值。实现生态的产业化，需要转变生产方式和生活方式。生产方式是更基础的，人们的大量废弃物与大量浪费支撑了大量生产的持续进行，消费者的一次性消费方式要予以纠正，从根本上说，首要的是改变仅仅以获取利润为导向的生产方式。同时，倡导绿色的生活方式，树立正确的消费观，高档消费不是目的本身，炫耀式消费不是人存在的目的，消费只是人存在的手段，人不是消费的机器，消费要服务于人的自由全面发展这一根本目的本身。此外，实现生态的产业化，需要建立绿色 GDP 的国民经济核算评价体系，这是扣除经济活动中环境与资源成本后的国内生产总值，绿色 GDP 考核评价体系是绿色经济与产业转型升级的重要环节。生态经济运用的动力机制，不仅有传统市场经济的竞争模式，还有基于自然资本的共生模式，是两种模式的互补合一。

中国的工业化发展道路既区别于西方传统的工业化道路，也不同于过去高度集中的计划经济，不走先污染后治理的老路，而是实现集约型增长，这是资源能源高效利用的可持续发展方式。2018 年 4 月 26 日，习近平在武汉召开深入推动长江经济带发展座谈会上强调：旧的不去、新的不来。推动长江经济带高质量发展要致力于培育发展先进产能，增加有效供给，加快形成新的产业集群，孕育更多吃得少、产蛋多、飞得远的好"鸟"，实现腾笼换鸟、凤凰涅槃。这就要求我们在守护好生态系统平衡的前提下发展产业，根据资源的禀赋来发展产业，从而让绿水青山的社会效益得到充分的发挥。发展生态经济不仅是产业发展的需要，还是扶贫攻坚的现实需要，对于经济社会转型升级有重要意义。我们当前面临着实现全面小康的目标，既要带领低收入群众脱贫致富奔小康，又要建设优美的生态环境以满足全体人民的美好生活需要，在对待生态环境保护与经济发展二者的关系上，习近平在参加十二届全国人大二次会议贵州代表团审议时指出："实际上，只要指导思想搞对了，只要把两者关系把握好、处理好了，既可以加快发展，又能够守护好生态。"① 经济的发展需要转换思路，在"山水"资源上做文章，开发生态产品，延伸全产业链条，以生态环境成本最小化提升传统产业产品的附加值，带动贫困人口创收增收，提升改善民生的持续内生动力。

三 系统治理——完善目标管理体系

党的十九届五中全会将"坚持系统观念"明确为"十四五"时期经济社会发展的重大原则之一。整个生态环境就是一个互相依存的整体，任何一个环节，以其为起点发生变化都会发生连锁的系统反应。当前的极端天气、湿地

---

① 《习近平关于社会主义生态文明建设论述摘编》，中央文献出版社 2017 年版，第 22 页。

保护、草原环境等，不要孤立地去看待，而是要以系统思维来认识。气候变化是一个系统性的变化过程。全球气候变暖，陆地温度急剧上升，随之海洋热含量也在持续上升，导致太空飓风的加剧，台风增多。多余的热量导致更多海水蒸发到空气中，极端暴雨天气增多。随着气温升高，增加了暴雨、不规则降雨的同时，又吸收了大量土壤的水分，导致了更加持久而严重的干旱，干旱与暴雨成为并生的自然灾害。干旱还导致了火灾，气候变暖还导致极寒天气和疫病的传播……我们会发现，整个生态环境就是一个互相依存的整体，任何一个环节，以其为起点都会形成连锁的系统反应。如果保护湿地，也需要从系统治理的视角来认识，遵循"在保护中发展"和"在发展中保护"的思路。

湿地公园是人与自然和谐共生的重要载体。湿地是地球上介于水生和陆生生态系统之间的一种独特的水文、土壤、植被、生物等特征的过渡性生态系统。在涵养水源、调节水量、降解污染、促淤造陆、净化生态、美化环境等方面具有重要作用，素有"地球之肾""储碳库""物种基因库"等美称。湿地公园是美丽中国建设的独特一环，集湿地保护、生态恢复、休闲游览、科普科研等功能于一体，是自然保护体系的重要组成部分。湿地公园承载着三重功能。其一，生态保护和建设功能。湿地公园具有"渗、滞、蓄、净"等水土保持功能，像海绵一样涵养水体、维护生态安全、保护生物多样性，以及降解人类消费物。其二，经济发展功能。作为良好的自然生态系统，湿地公园对人类社会的物质生产有着直接或间接、有形和无形、可量化和不可量化的经济效益和价值功能。其三，文化教育功能。湿地公园因其自身具有美学价值，可以通过设立文化美育基地来提升人类的人文素养，实现生态美与心灵美的"美美与共"。这三重功能表明，湿地公园建设需要树立系统治理思维，既要认识其生态功能的基础性和先在性，也要观照湿地对人的经济价值和文化价值，这样才能实现生态、经济、文化等功能的协同发力，实现人与湿地的和谐共生，走好湿地保护与利用双赢的可持续发展之路。正是因为湿地的重要功能作用，党的十九大报告把"强化湿地保护和恢复"作为"实施重要生态系统保护和修复重大工程，优化生态安全屏障体系，构建生态廊道和生物多样性保护网络"的重要抓手。到 2020 年 3 月，经国家批准和试点建设的国家湿地公园已达 901 处，湿地公园建设已经成为湿地建设和开发、生态系统保护和修复的重要载体。

然而，国家湿地公园面临新的困境。从现实情形看，国家湿地公园存在资金投入不足、基础设施建设不完善、湿地景观资源开发程度不高等困境，并衍生了湿地水质污染、知名度不高等问题。首先，湿地保护与开发建设失衡。现实中，湿地开发过度而保护不足。由于湿地的建设资金主要来源于财政拨款，单一的投资渠道与较大资金需求量之间形成突出矛盾，特别是由于湿地建设资金来源的不可持续，一方面造成一些湿地建设项目的滞后，另一方面又造成当地湿地公园主管部门过度开发湿地，比如无限制发展湿地旅游业，这种粗放式开发湿地资源的竭泽而渔的做法，严重违反了湿地保护底线和建设初衷。其次，整体开发利用不当引发水体污染与物种单一性。一些湿地公园在建设时出于生态系统的整体性考虑，将附近的农村耕地一并规划在内，结果出现了农村土地使用方向与湿地建设方向相冲突。农村用地由于种植业、水产养殖业、畜禽业等生产需要而产生的污水被排入湿地，造成湿地水体污染。再加之未能拦截的工业污水、湿地旅游产生的垃圾，都使湿地的自净功能严重退化。此外，由于盲目引进外来物种，使湿地的本土物种受到威胁，湿地物种单一性日渐凸显，如互花米草在我国沿海地区湿地的泛滥就是一个典型事例。再次，建设水平低与品牌效应差并存。湿地公园建设面貌单一，缺乏当地的生态和人文特色。国内大多湿地公园只提供简单的游览休憩设施，很少开发有趣丰富的湿地旅游产品，不能满足游客的体验性、参与性的旅游需求。最后，由于当地政府对湿地公园的"生态旅游"形象不明晰、定位不准确，使湿地公园的开发建设游离于本地旅游产业之外，缺乏官方媒体、社会媒体的广泛宣传报道，湿地公园即使在本地居民当中也"少有耳闻"，在更大范围产生品牌效应就难上加难。这些问题从深层来看，主要涉及三个问题：一是缺乏系统思维和战略眼光，不能从生态系统的整体性角度来保护和开发湿地；二是没有解决好湿地建设"钱从哪里来、用到哪里去"的问题，不能在公益定位的基础上有效利用社会资本，使湿地建设实现可持续发展；三是没有守好生态建设的底线，特别是在解决湿地水体保护这一"湿地之灵魂"的问题上，出现了很大的偏差。

　　在新时代，如何使国家湿地公园实现突围与超越？国家湿地公园的建设该向何处去？只注重湿地原生态建设，或者只注重湿地的资源开发与经济效益，都是片面的。由于湿地的保护开发是一个系统工程，任何单一维度的建设，都不能打好这手牌。只有采用系统治理的思路，同步融合起来打好生态保护、经济建设、文化品牌建设"三张牌"，才能得到实效。一方面，打好"生态牌"。保护生态系统是湿地公园建设的首要目标，是美丽中国建设的重要内容，也是展示各地生态建设成就的有力抓手，因此要抓好湿地公园的生态治理。一是生态优先。当生态效益与经济利益相冲突时，湿地公园建设应优先保障生态效益。二是适度干预。遵循"最小干预"原则，保持湿地原生态，不建亭台楼阁，不盲目引进危害生态食物链的外来物种，减少对湿地的人为破坏，使生态自然修复。三是有序开发。一方面，结合当地的生态城市建设实际，有序开发湿地资源，形成生态优先、有序开发的可持续发展格局。另一方面，打好"经济牌"。湿地公园建设是公益性事业，需要注重生态效益，但由于维护湿地需要大量资金的投入，也需要讲经济效益，因此既不能无视生态效益的"竭泽而渔"，也不能舍弃经济效益的"缘木求鱼"，而是要实现生态保护与经济发展的融合互动、良性发展。一是采取多元融资、差异化建设的模式。在国家和当地政府项目资金支持的基础上，可按照"谁治理、谁受益"的原则，通过社会投资、公益捐助、门票收入、开发体验式旅游产品等办法，拓宽多元化的融资渠道。因此，国家湿地公园建设也应合理地开发各类生态资源，增强湿地公园的吸引力。二是留好"底牌"，确保不超过湿地生态资源的承载限度。以保护湿地生态资源为底线，合理控制湿地旅游、湿地体验项目的规模。对湿地公园生态保护的管理和宣传要落小落细，对破坏湿地资源的行为处罚要从重从严且起到重大警示意义。三是培育"生态养生"品牌。湿地公园是"天然氧吧"，应突出"生态养生"的经济价值，着力发展健康休闲、养生度假、民俗体验、环湖特色体育等新兴业态融合发展的湿地旅游养生产业。四是用足"乡村振兴战略"政策红利，统筹推进周边地区居民的乡村建设，积极吸纳转移劳动力参与湿地公园的特许经营活动，使当地百姓从吃"公家饭"到吃"生态饭"转变。同时，打好"文化牌"。文化是人类共有的精神家园，湿地文化的挖掘是绿色发展的题中应有之义，也只有打造独具文化特色的湿地景观，才能实现湿地公园建设的"腾笼换鸟"和"换挡提质"。一是探索"湿地＋教育"模式，积极传播湿地生态文化。例如，依托丰富的自然人文资源，积极开发和推广自然教育课程，进学校、进企业、进社区。二是探索"湿地＋文化"模式。不同的地理、水文、气候，孕育不同的湿地文化，要从尊重历史的前提出发，深入挖掘当地湿地文化资源，力避"千城一面"。比如，在社会文化打造上，收集有关历史传说、反映湿地文化的实物等，赋予湿地公园以历史文化元素，让游客置身其中"忆得起乡愁"。特别是不断开发湿地文化的深度体验项目，深入挖掘历史文化建设的成功案例，增强湿地公园对游客的吸引力。三是探索"湿地＋互联网"模式。利用互联网、大数据的现代科技成果，为游客提供"智慧化服务"。提升湿地生物文化的宣教功能，大力普及生态文化和湿地知识，使游客通过实地观摩、人与自然的交互性虚拟体验、户外科普的可视化活动、生物多样性数据采集与监测等，给游客上一堂生动的"自然生物课"，完成探索大自然的生态教育之旅。四是加强湿地的保护宣传。利用新媒体、融媒体平台，大力宣传和推广湿地公园的社会价值，在全社会和当地学校开展户外游学活动。在社会宣传方面，建设含有湿地景观元素的文化长廊、生态步道、生态文化公共设施等，举办环湖自行车赛、湿地文明行、湿地垃圾清理志愿活动等公益活动，提高公众对湿地公园的保护意识，在全社会营造爱护湿地、建设湿地的良好氛围。综上所述，国家湿地公园的建设承载着生态环境修复、传承历史文化、推动绿色高质量发展、提升人民生活品质等多种功能，只有运用系统思维来建设，才能更好地突破各种发展"瓶颈"，把"绿水青山就是金山银山"等生态文明理念落实到位，实现生态效益、经济效益、社会效益和文化效益的共赢。①

系统治理的思路同样适用于草原生态治理和保护。草原承载着独特的生态、经济和文化功能，被誉为"地球皮肤"。地球上的草原资源丰富，草原总面积2400万平方公里，约占陆地总面积的1/6。国家林业和草原局公布的数据显示，中国有天然草原3928亿公顷，约占全球草原面积的12%，居世界第一。从我国各类土地资源来看，草原资源面积也是最大，占整个国土面积的40.9%，具有地域

---

① 王艳峰：《湿地公园建设的功能定位及应对之策》，《学习时报》2020年6月10日第7版。

分布广、自然景观美、人文景观独特等特点。中国的草原不仅是最大的陆地生态系统和生物多样性最为丰富的生态资源，而且也是广大牧民群众进行生产生活、实现脱贫致富的重要基地。习近平总书记指出，山水林田湖草是生命共同体……要从系统工程和全局角度寻求新的治理之道。在建设生态文明中，"草"被明确纳入生态治理范围。近年来，我国通过退耕还林还草、沙漠综合治理等办法，使草原生态环境总体向好，但由于草原广布于西北地区，生态基础极为脆弱，一旦遭到破坏，就会形成沙化加剧、沙漠石化等危机，从而对国家生态安全构成严重威胁。因此，深入研究草原生态保护与治理，是关乎我国生态安全、推进美丽中国建设、维护边疆稳定、实现民族地区可持续发展的重要课题。

草原保护和治理，在当前面临严峻的挑战和问题。广袤的草原是长江、黄河上游的主要生态屏障，直接影响两河的生态安全。由于自然、历史和人为因素的影响，草原生态保护面临历史欠账多、统筹发展难、可持续发展后劲不足等问题，需要着力加以破解。一是对"草原"的定位不清。仅从字面理解，草原不过是"以禾草为优势植物的生态区"。但在事实上，"草原"的含义更加广泛，应指包含灌木、乔木、苔原和湿地等一系列生态植被类型，以草本植物为主体的生物群落及其周围环境共同组成的生态系统。由于"草原"的概念模糊，导致人们实施草原保护的范围过窄，没有涵盖全部的草原形态，特别是那些较为少见的草原形态，无法得到有效保护。二是草原自身的生态环境脆弱。草原处在森林与沙漠的中间地带，是最易发生荒漠化的生态系统。草原生态有向森林或沙漠转化的双重可能：草原维护得好，则沙退人进、绿树成荫；反之则沙进人退、沙漠石化。当前，由于草场退化、土地沙化、生物多样性锐减、草场用地规划变更等原因，草原生态环境已成为国家生态安全的薄弱环节。三是草原治理能力不足。由于畜牧密度对草场承载力的严重威胁，草原生态保护与发展开发利用的矛盾突出。面对生态保护、经济发展、能源基地建设等多重任务，以往的草原保护手段已经难以满足新的发展需求，草原治理能力亟待加强。四是草原补奖政策的效能不足。由于补奖资金少、资源要素配置的灵活度不高、缺乏市场化运作机制等原因，草原建设的政策红利尚未被充分释放，协同治理草原的社会参与度和积极性不高。五是牧区自身的生产能力不强。从生产功能看，相较于18亿亩耕地养活8亿人口的事实，我国60亿亩草场仅仅养活了1.6亿人口，生产效率低下。由于草原牧区大多处在欠发达的地区，生产基础设施薄弱、建设资金不足、种植养殖技术不先进，牧区生产仍处在"靠天吃饭"的自发状态，特别是高寒地区牲畜饲养"夏饱、秋肥、冬瘦、春亡"的怪圈仍未被打破，亟待龙头企业带动和科技创新支撑。

如何破解？当前的草原保护与建设，普遍存在边治理边破坏、点上治理面上破坏、单一性治理系统性破坏等问题，亟须从系统工程和全局出发寻求新的治理之道，特别是应该在产业发展、科技支撑、制度创新、生态文化等方面着力，实现人与草原的和谐共生。首先，大力发展草原生态产业。草原大多地处贫困地区，如果没有正确的产业政策配套，只是单纯地强调草原保护，而不重视草原产业的发展，就意味着对当地牧民生计的剥夺。发展草原生态产业，就是解决草原环境保护与草原产业发展矛盾的根本性举措。一是转变发展思路。深刻领会"绿水青山就是金山银山"的思想精髓，牢固树立种草护草就是"金山银山"的理念，立足牧民生活的长远大计，坚持草原保护与开发并举，发掘草原的生态价值。二是分类施策。根据资源禀赋、生态情况、发展目标等划分主体功能区，坚持禁牧休牧、划区轮牧并举，不搞"一刀切"。三是产业带动。坚持以开发促治理，使生态治理与产业化开发相结合。通过建设草原公园、牧业规模化经营等办法，挖掘草原的产业价值，打造绿色产业。四是用活用好政策。深入实施"退耕还林还草"政策，逐步实施季节性和区域性放牧。通过增加财政补贴、实施工程项目、开展督导督查等办法，加大草原修复力度。其次，完善和推动草原科技创新。草原的建设与保护，离不开科学技术的支撑，科技进步和广泛运用为草原的建设与保护插上了高质量发展的翅膀，因此，要实现草原生态治理与科技创新的相互结合。一是加强精细化治理。我国草原地域广阔、形态多样、资源禀赋不同，因此对草原治理的精细化、有效性提出了更高要求。要尽快建立全国草原在面积、类型、质量、利用状况、畜群结构等方面的基础数据库，利用大数据技术提高草原治理和产业发展的能力。比如，黄河流域推行的"种养结合"草原农业模式，就建成了农牧业大数据库、草原数字化一体监控平台、畜产品质量安全检验检测和追溯系统，实现了产品来源可追溯、产品去向可查询，使大数据成为食品安全的"哨兵"，实现了"舌尖上的安全"

和草原地域品牌建设的双赢。二是构建草原生态保护的技术体系。在围栏封育、禁牧休牧、草地飞播、舍饲养殖、育种良种等领域进行技术创新，利用遥感等信息技术监测草原资源及自然灾害，利用云计算技术对草原物种进行保护和救助，构建草原生态快速修复和改善的技术网络系统。三是加快草原生态建设的成果转化。鼓励草原科研机构积极对接企业需求，开展科研机构和企业经营的技术合作，确保科研机构的成果最大限度地迅速转化为现实生产力。再次，用制度创新来保障草原生态治理。草原建设的成果巩固和持续发展，需要制度创新来保障。一是推进畜牧业生产方式转型升级的制度创新。将制度创新作为提高畜牧业生产综合效益和促进农牧业发展的内驱动力。既要尽快完成草原确权，为牧区剩余人口转移和草场的流转铺设条件；又要创新和完善草原土地流转制度机制，通过建立与畜牧业生产投资大、回报慢的生产规律相适应的制度模式，实现畜牧业的高质量发展。二是减轻草原压力。科学统筹各类草原空间规划与开发强度，使人口和资源相协调，促进草原的生产空间集约高效、生活空间宜居适度、生态空间山清水秀；完善禁牧休牧、划区轮牧和以草定畜的制度设计；加大政策补贴力度，推进种养结合，确保牧民减牧不减收。三是加大依法治草力度。依法严格划定基本草原，确保草原面积不减少、质量不下降、用途不改变。依法严厉打击乱垦滥挖等破坏草原生态的行为，加大草原违法案件的查处曝光力度。四是优化补奖政策的运行机制。完善草原生态保护补助奖励机制，明确草原保护的主体责任，鼓励社会资本投入草原生态建设，强化合作经营和共同利益机制，调动全社会参与草原生态保护与建设的积极性。最后，推进草原生态文化建设。文化的养成关乎长远和深层机制。草原文化不仅是中华文化的主源之一，而且还以其丰富而又独具特色的内容、不间断的历史发展，成为中华文化的重要组成部分。一是弘扬草原文化的独特价值。草原文化在形成和发展的历程中，始终保有独特、迥然的文化内涵和风格。游牧民族创造的有利于保护自然生态的游牧经济文化蕴含了天人合一、崇尚自然的进步理念，是朴素的自然伦理价值观。经过历史积淀，草原文化已成为敬畏自然、尊重草原、维护草原生态良性发展的重要精神动力，必须在草原生态治理中大力弘扬。二是尊重当地牧民文化习俗。牧民的文化习俗是在长期生产生活中养成的，是一种"自然法"，对牧民的生产方式和生活方式具有强有力的约束和导向作用，应在充分尊重其文化习俗的前提下，对牧民的现代生产生活进行有效引导。比如，"围栏养畜"的禁牧政策不应粗暴实施，而是要配套休牧、划区轮牧等政策，才能达到更好的政策实施效果。三是创新生态文化的实现形式。以草原生态文化为主题，把草原自然景观与人文景观统筹结合，多角度开展草原知识科普、草原文化体验、草原生命教育等社会人文活动，推动自然与社会的和谐融合。也只有统筹治理、综合施策，在产业发展、科技支撑、制度创新、生态文化等方面着力，才能实现人与草原的和谐共生。①

---

①　王艳峰：《建设美丽中国应重视草原生态治理和保护》，《学习时报》2020年10月7日第7版。

四　完善机制——健全生态制度体系

制度建设是治本之策，既包括正式制度，也包括非正式制度，前者主要包括法律、规章、条例等，后者包括伦理信念、道德观念、风俗习惯等。非正式制度，主要是生态化思维融入社会发展全过程，其内容在本节生态文化中已有详细论述，这里不再赘述。从正式制度来看，党的十八届三中全会将建立系统完整的生态文明制度体系纳入全面深化改革的目标体系，要求"围绕建设美丽中国深化生态文明体制改革"，涉及"源头严防、过程严管、后果严惩"等重要环节，旨在用制度和法治保护生态环境。2015 年 9 月，中共中央、国务院印发《生态文明体制改革总体方案》（以下简称《方案》），要求加快建立"产权清晰、多元参与、激励约束并重、系统完整的生态文明制度体系"，从而"构建政府为主导、企业为主体、社会组织和公众共同参与的环境治理体系"①。用制度创新来规范和引导人类行为和保护资源环境，是建设美丽中国的必由路径。

社会主义制度是建设美丽中国的制度前提。唯物史观认为，人类历史是通过劳动实践与自然界发生新陈代谢关系的历史，无论什么样的社会制度，都在这样的大背景下进行。社会主义公有制，是"社会化的人，联合起来的生

---

①　习近平：《决胜全面建成小康社会　夺取新时代中国特色社会主义伟大胜利——在中国共产党第十九次全国代表大会上的报告》，人民出版社 2017 年版，第 51 页。

产者"① 共同参与社会实践的制度模式，为美丽中国建设提供了根本的制度前提，有利于资源的集约开发和合理配置，有利于集中发展环保产业和重点科技，有利于对经济社会进行可持续的战略结构调整。社会主义民主政治制度代表了最广大人民的根本利益和意志，要求个人利益服从中华民族整体利益，为下好全国"一盘棋"解决环境危机困局创造前提条件。社会主义市场经济体制要求在公有制的基础上，有效发挥市场在资源配置中的主导作用，社会主义制度与市场经济机制的互补共济，有利于实现经济效益、社会效益与生态效益的统一。以共同富裕作为奋斗目标，社会主义的中国旨在实现全体人民在生产发展、社会和谐、环境优美方面的共建共享。美丽中国是走向共产主义社会的重要发展阶段，体现了"自然主义"与"人本主义"的统一，完善与优化生态文明制度与机制，首要的是建立在以上这些基础之上。

建立健全生态制度体制，完善生态文明制度体系。截至目前，我国已有包括环境保护、污染防治、资源保护、生态保护以及专项法律在内的 30 余部法律，另有数以百计的行政法规、部门规章和地方性法规，中国的生态法律体系基本形成。依照 2015 年颁布的《关于加快推进生态文明建设的意见》（以下简称《意见》），生态文明制度体系建设包括自然资源资产产权制度、资源有偿使用和生态补偿制度、空间规划体系等八项基本制度体系，本书着重阐释自

---

① 《马克思恩格斯文集》第 7 卷，人民出版社 2009 年版，第 928 页。

然资源产权、环境监测与综合评价、国家环境督察、生态责任追究、生态环境损害赔偿以及领导干部终身责任追究等方面的制度。一是自然资源资产产权制度，是要实现产权归属清晰、权责明确、监管有效，实质上是发挥经济运作机制的动力作用。依照宪法，我国的自然资源的所有权归全民或集体所有，而使用权、收益权和处置权的主体没有明确的规定，《方案》着力解决"自然资源所有者不到位、所有权边界模糊"的现实问题，由此形成所有权—使用权—排污权的权属分别，形成资源性产品的价格形成机制。二是建立监测制度与综合评价指标体系。在北京林业大学自 2010 年起建立的中国省域生态文明建设评价指标体系（ECCI）环境监测统计的基础上，建立全国性的环境统计监测系统。国务院办公厅颁发《生态环境监测网络建设方案》，目标是全国生态环境监测网络基本实现全覆盖，各部委数据实现共联共享的联动机制。三是建立健全国家环境督察制度。2015 年审议通过《环境保护督察方案（试行)》，并实行省以下环保机构监测监察执法垂直管理制度，督察的思路要"由过去的'督企'为主向'督政''督企'结合转变"，"从单一的'查事'向'查事''查人'并重转变"①，进而将国家、省级层面以督政为主与市、县层级以督企为主相结合，监督检查的问题不仅要落实到具体项目，还要查明原因，分清具体的责任单位和责任人。四是建立生态责任追究制度。科学制定生态环境损害赔偿机制

---

①　李宏伟：《马克思主义生态观与当代中国实践》，人民出版社 2015 年版，第 202 页。

和领导干部终身责任追究机制，用最严格的制度、最严密的法治护航生态文明建设，解决政府过度干预与监管缺位并存的社会现实问题。2015 年《党政领导干部生态环境损害责任追究办法（试行）》要求对显性责任即时惩戒，隐性责任终身追究，这是在《中共中央关于全面深化改革若干重大问题的决定》要求实行最严格的源头保护制度、责任追究制度基础上的进一步压实责任，并实施"环境公益诉讼"制度，提升威慑力和实操性。五是建立健全领导干部生态绩效考核评价体系。将环境代价计入环境成本，纳入对官员的绩效考评的体系之中，不唯经济增长论英雄，实施绿色 GDP 的核算和考评制度，从而将环境保护转化为领导干部的内生动力，如实施万元 GDP 能耗年均下降率的指标，起到了较好的效果。还可以完善 GEP 核算[①]，制定与其相适应的体制与机制，并完善其技术规范，保证计算的科学性与可比性，从而形成核算因子价格体系，提升自然资源资产离任审计的指标权重，有利于地方官员综合考虑经济、社会与生态效益的统一。

发挥政策引导功能，用制度机制保障生态红线。树立底线思维，守住生态环境承载底线，划定生态保护红线，明确资源开发利用上限。目前国外没有明确的生态保护红线制度，我国生态保护区域面积大、类型广，生态保护的

---

① 中国科学院生态环境研究中心欧阳志云等率先提出 GEP 概念，是生产系统生产总值（Gross Ecosystem Production）的简称，是指生态系统为人类福祉提供的产品和服务的经济价值总量。国内公开报道的第一个 GEP 核算项目是内蒙古库布其沙漠，其计算基础是自然资源资产负债表。

体制机制不健全，划定生态红线是根据中国自身生态系统特点而建立的一项独特的制度。要求对能源消费总量管理、划定永久基本农田、确定污染物排放总量限值、保护生态功能区、敏感区和脆弱区等。《意见》确定的资源环境生态红线，如建立国家公园体制对于推进美丽中国建设有重要的意义。制度的实施要切实得到落实，我国的生态环境治理成效仍需提升，主要是实施力度不够，需要将环境保护制度与行政管理制度、经济制度、文化制度等有效衔接起来。深化生态文明体制改革需要制度来护航，正如邓小平所指出的："制度好可以使坏人无法任意横行，制度不好可以使好人无法充分做好事，甚至会走向反面。"① 当前，因为监管机制跟不上市场经济的发展，严格遵循生态保护的市场主体不一定受益，而生态破坏者也没有形成支付相应费用的机制，甚至出现了劣币驱逐良币的现象。制度本就是社会生活的抽象反映，制定出来以后具有相对的稳定性，因不能及时跟上时代变化的步伐，就会表现为相对的滞后性。对此，一是完善经济政策，实施绿色产业政策、绿色税收体系、绿色信贷和政府绿色采购；完善制定"绿色采购清单"，为绿色企业发展营造良好的发展环境，对于推进绿色技术创新的企业给予适当的税收减免政策，减轻企业绿色技术发展的资金压力；制定明确的绿色标准，对企业的产品进行绿色标识和绿色认证制度，既鼓励绿色产品的生产与流通，又打击假冒伪劣的非绿色产品

---

①　《邓小平文选》第 2 卷，人民出版社 1994 年版，第 333 页。

的肆意横行，提振消费者的消费信心。二是进一步修订完善生态保护法律法规，并对生态环境的监管进一步统一谋划、统一标准、统一政策、统一执法，提高管理效率和执行能力；建立健全跨区域的资源环境法院，负责审理跨行政区域的环境案件，有效避免地方保护主义干扰环境资源执法。三是加强生态环境教育，培育生态道德文化，形成生态文明的自觉。领导干部要带头遵从法律，习近平在2014年中央经济工作会议上指出："一些地方和部门还习惯于仅靠行政命令等方式来管理经济，习惯于用超越法律法规的手段和政策来抓企业、上项目推动发展，习惯于采取陈旧的计划手段、强制手段完成收入任务，这些办法必须加以改变。领导干部尤其要带头依法办事，自觉运用法治思维和法治方式来深化改革、推动发展、化解矛盾、维护稳定。"① 当前，我国的环境非政府组织（NGO）发展不充分，公众的环境诉求缺少沟通的有效渠道，需要扶持其发展，当前对于全社会的生态法治教育，要从领导干部做起，自上而下推动，带动全社会营造生态文化的良好氛围。

总体上看，要科学立法，实行生态文明决策、考核和审计制度，构建"善治"框架；严格执法，常抓不懈地推行河长制湖长制，加强中央环境保护督查，强化环境治理的政治责任；公正司法，严守生态保护红线、底线，让制度成为"带电的高压线"；坚持政府主导，构造全社会环

---

① 《习近平关于全面依法治国论述摘编》，中央文献出版社2015年版，第115页。

保"自律体系"，规约社会消费行为，通过上下联动，确保和谐共生理念落地生根。将生态制度体系建设融入政治、社会、经济全过程，形成全社会共同参与生态治理的法治文化环境。

五　安全屏障——优化生态安全体系

生态安全是人类永续发展的自然基础，关乎人类文明的兴盛与覆灭。恩格斯在《劳动在从猿到人的转变中的作用》曾有详细论述。当前，在资本驱动的现代化的冲击下，生态全球安全面临严峻挑战，伦敦光化学烟雾事件（1952 年）、美国三里岛核电站泄漏事故（1979 年）等环境污染事件以及受污染的海岸线、森林的退化与沙尘暴等跨越国界，影响着国际安全和人类生存，自然资源的冲突也成为引起国际冲突的重要原因之一。

从历史上看，楼兰古国曾水草丰美、富庶美丽，由于当时人们的毁坏山林行为，导致孔雀河改道而衰落，美丽的绿洲变成不毛之地，丝绸之路也因为塔克拉玛干沙漠的不断蔓延而中断，全球像这样的例子还有很多。生态安全，包括粮食、水、能源等安全制约着国家和经济社会的可持续发展。因此，生态安全成为政治安全、军事安全、经济安全等传统国家安全领域之外的新领域。对此，联合国环境署于 2003 年发起"环境与安全倡议"（ENVSEC）。国务院早在 2000 年印发《全国生态环境保护纲要》，首次明确提出"维护国际生态环境安全"。2014 年，中央国家安全委员会召开第一次会议，要求"既重视传统安全，也重视非传统安全，构建集政治安全、国土安全、军事安全、经济安全、文化安全、社会安全、科技安全、信息安全、生态安全、资源安全、核安全等于一体的国家安全体系"①，把生态安全纳入国家安全体系之中。2016 年，在《"十三五"生态环境保护规划》中，专章规划了包括系统维护国家生态安全、建设"两屏三带"国家生态安全屏障、构建生物多样性保护网络等国家生态安全蓝图，构建生态安全体系成为我国国家安全体系的重要组成部分。2020 年 10 月，在《中共中央关于制定国民经济和社会发展第十四个五年规划和二○三五年远景目标的建议》中，要求强化国土空间规划和用途管制，落实生态保护、基本农田、城镇开发等空间管控边界，减少人类活动对自然空间的占用。坚持山水林田湖草系统治理，构建以国家公园为主体的自然保护地体系。实施生物多样性保护重大工程。加强外来物种管控。② 构建生态安全体系，需要实现山水林田湖草自然资源体系的完整性、生态系统具有自我修复能力的稳定性与环境生产力的功能性。

优化全球环境协同治理。生态系统具有完整性，生态安全具有不可逆性，资源衰竭、生态退化造成的生态环境危机，需要一代人乃至数代人来弥补和改善，有些大错更是不可挽回。地球是全人类的共同家园，生态安全的危害

①　习近平：《坚持总体国家安全观　走中国特色国家安全道路——在中央国家安全委员会第一次会议上的讲话》，《人民日报》2014 年 4 月 16 日第 1 版。

②　《中共中央关于制定国民经济和社会发展第十四个五年规划和二○三五年远景目标的建议》，人民出版社 2020 年版，第 28—29 页。

也是整体的、全球性的。全球性重大生态灾害，如地震、海啸、洪涝、干旱、火山喷发、泥石流、土地荒漠化、工业污染、湿地减少、物种灭绝、海洋原油泄漏、艾滋病、禽流感、口蹄疫等，这些由全球气候变化与人类经济活动引发的灾害已经对人类的生存和国家的安全造成严重威胁，保护包括大气、土壤、森林、植被、海洋、水等在内的地球生命系统不受破坏关涉国际社会的共同利益，需要全人类共同努力。生态全球化与经济全球化要实现平衡发展，需要把资源永续利用和生态系统良性循环作为发展目标。各国政府和国际组织需要加强生态技术交流，既保护知识产权，又要构建合理可行的转让机制。对于生态安全的国际谈判，要共同努力，最大限度地关注发展中国家的基本发展权益和小岛国家的生存权益的利益关切，按照"共同但有区别的责任"原则，提升国际社会应对环境问题的效度，国际社会议而不决、签署协议却又拒绝履行的做法要得到有效纠正，发达国家应根据其历史责任和人类能否存续的高度对发展中国家进行环境技术和环境治理资金的援助，并得到切实有效的执行。

构建人类命运共同体，破解国家间、地区间环境污染转移难题。伴随着经济全球化，发达国家会凭借经济优势和科技优势"合法"地向发展中国家转移高能耗、高污染、低附加值的"夕阳产业"和种类繁多的"洋垃圾"。发展中国家的环境标准与发达国家的要求有很大差距，环保产业的技术水平总体上低于发达国家。随着激烈的国际贸易竞争，发达国家挤占甚至全面控制发展中国家的环保产品及其环保服务的市场份额，导致发展中国家在解决本国生态环境问题上频繁出现政府调控失灵。因此，发展中国家与发达国家相比，环境治理的比较优势在拉大，环治理境能力在减弱。在发展中国家内部，由于区域发展的不平衡，存在经济发达地区向经济较落后地区转移污染产业的可能性。以我国为例，西部欠发达地区，特别是三江源地区是中华民族的"水塔"，但是生态环境脆弱，既面临发达国家对我国生态治理技术挤压的风险，也面临国内经济发展不平衡的现实困境，增加了保护的难度。因此，不仅要加大对生态涵养区的刚性保护力度，还需要区域之间综合发力，才能保住中华民族水源地的安全，维系国家的生态安全。

加强顶层设计，构建生态安全整体格局。依照主体功能区规划，划定生态保护红线，并将用地规模和生态服务功能落实到具体的地块上。根据国务院 2010 年发布的《全国主体功能区规划》，据开发方式划分为优化开发区域、重点开发区域、限制开发区域和禁止开发区域；据开发内容划分为城市化地区、农产品主产区和重点生态功能区。对于优化开发区域，侧重生态破坏的恢复，增强生态功能，保障生态安全；对于重点开发区域，按照生态用地规划着力推进工业化和城镇化；对于限制开发区域，坚持保护为主，发展特色优势产业，保护和恢复生态功能；对于禁止开发区域，依照法律法规强制性保护，遏制人为因素的侵害和破坏。对土壤保持生态功能区、生物多样性生态功能区、防风固沙生态功能区、洪水调蓄生态功能区等重要生态功能保护区要分类对待，综合施策。加强对自然保护区、风景名胜区、森林公园、地质公园和自然文化遗

产的有效保护，形成多级自然保护区体系建设。建设重点
生态功能保护区，涵养水源、调蓄水量、保持水土、保护
生物多样性。对于不同区域，因其自然条件、社会经济状
况差异大，生态保育的应对策略也不同。有学者指出，在
北方草原区，由于草地开垦、过度放牧，土地沙化严重，
应对策略应该是禁止滥采、乱挖和超载放牧。在南方山
区，由于陡坡开垦以及森林破坏等人为活动，导致地表植
被退化，水土流失和石漠化危害严重，应该禁止天然林的
砍伐，通过植被恢复，减少水土流失。在南方平原区，湿
地与湖泊较多，湿地萎缩、水污染严重，应该严禁围垦湖
泊湿地，退田还湖，并控制水污染，改善水环境。总之，
不同区域生态环境状况差异较大，所实施的管理战略也应
该存在差异。① 以上建议，提供了分类保护的思路方向和
初步的尝试。我们需要对全国各个区域进行总体资源的合
理配置，形成全国生态安全防护一盘棋的生态保护策略。

建立健全国家生态安全保障制度。当前我国面临的主
要生态安全问题，实际上是生态系统遭到破坏后，生态服
务功能的退化，影响到生态系统的稳定。生态服务功能既
包括食物、水等生态系统产品，还包括调节气候、涵养水
源、减轻干旱和洪涝、保持土壤肥力、环境净化（降解污
染物）等生态调节功能，以及非物质利益的文化景观服务
功能。首先，建立经济建设与生态保护的约束与平衡机
制，将生态保护效益纳入经济社会核算体系，建立国家生

---

① 欧阳志云、郑华：《生态安全战略》，学习出版社、海南出
版社 2014 年版，第 261 页。

态系统总值核算制度，即核算生态系统提供的产品、调节功能和景观美学价值的总和。完善生态补偿制度，调整生态保护者与受益者之间的利益关系，维系社会公平。根据美国、英国、德国、墨西哥、巴西、哥伦比亚、厄瓜多尔等国家的生态补偿经验，有如下的启示：补偿目标和载体要单一明确，易于操作实施；补偿对象明晰，谁保护谁受益，生态保护者得到直接的补偿；采取政府购买、市场竞争和激励机制等多种补偿方式。其次，实施生态灾难的预警通报机制，利用大数据监测，防止外来物种入侵，并通过生物技术消解入侵生物的破坏。中国的自然灾害种类多、发生频繁，由大气圈、水圈、岩石圈、生物圈、冰冻圈变异引发的自然灾害危害都很严重，需要加强对污染的监测与预警。对于水污染，对可能发生污染的领域进行事前管理，将隐患消灭于萌芽状态，提升监测的科学性与智能化水平。对于大气污染，要标本兼治，抓工业与生活的面源污染、自然扬尘、机动车污染等综合防治，抓好重点城市的大气环境质量。对于固体废物的污染防治，需要全过程控制，遵循集中处置与分散处置相结合的原则，生活垃圾资源化。最后，完善生态安全法律法规体系建设，创新法律制度，发挥法律的综合效力，建立健全国家生态安全管理体制，充分发挥新组建生态环境部和自然资源部的管理职责，引导全民生态参与的权利，构建国家生态安全的社会价值体系。加强生态安全体制机制建设，通过完善自然资源资产负债表与领导干部自然资源资产离任审计的制度安排，有效防止政策性危害生态安全的行为，提升各级政府和社会的协同性。

构建全民生态安全意识。一方面，变革以往唯 GDP 增长的思维方式，对包括政府、民间团体、商业机构、公共机构、私人机构、企业家以及个人进行"人与自然和谐共生"的生态安全教育，全民都是生态安全的保护主体，也是生态教育覆盖的对象。实质上，自然灾害是以"天灾"为表象的"人祸"，即人类不合理地发挥自己的主观能动性，过度地干预、开发和利用自然资源的结果。这就警示我们既要利用好自然，又要像爱惜自己的身体一样爱惜自然。人类必须尊重自然、顺应自然、保护自然，人类只有遵循自然规律才能有效防止在开发利用自然上走弯路。另一方面，树立科学的生态安全观，提升人类的环境良知和环境优先的生态意识。尊重自然规律和法律秩序，有效规制资本的片面性和短视性，区别"需要"（必需）和"想要"（欲望）的界限，高扬怜悯心与同情心等生态素养，养成勤俭节约和合理消费的习惯。例如，在保障重大建设工程的生态安全问题上，对于水电开发、交通、矿产资源开发等先进行环境影响评估，从源头上防范可能存在的重大生态安全隐患，特别是强化青藏高原、黄土高原、长江上游、黄河中上游、风沙干旱区等生态脆弱地区在建设公路铁路、大型水电工程、能源工程等重大基础设施中可能存在的生态风险的源头治理。

此外，要大力发展绿色循环的生态经济，转变经济增长方式，调整产业结构，发展绿色低碳的循环经济；推进绿色技术创新和生态安全科技支撑能力建设，将绿色技术纳入国家技术创新体系；保障生态功能，以自然恢复为主修复自然生态系统功能，破解当前存在的植被覆盖率提高而生态功能不断下降的困局；有步骤有计划地退耕还林还草，动态性封山育林以达到恢复生态系统、涵养水源、保持水土、防风固沙、保持生物多样性、保护湿地资源等生态功能。

解决全球生态安全问题，只能通过世界各国的合作。任何一个国家的个别行动都可能影响全球的生态环境，上游国家的河水污染势必影响到下游国家的水生态，碳排放造成的全球变暖直接影响到小岛国家的生存与全球各国的整体利益。只有发达国家与发展中国家协力有效合作，共同预防臭氧破坏与气候变暖，共同防止对地球进行抢掠性森林砍伐，共同加强国际绿色科技合作等，才能真正解决好全球生态安全问题。

结　语

　　自然本是五彩斑斓、生机勃勃的，因为人类不合理的开发，大自然悄然发生着人类意想不到的变化，不再有往昔的美丽与灵动。昔日的鸟语花香变得沉寂，大批物种远离人类而去，不再回来。高温、飓风、洪水、干旱、野火、极热、极寒等极端气候如影随形，曾经水草丰茂的牧场在逐渐缩小自己的躯体，巍然耸立的建筑物在洪水的肆虐下毁于一旦，龙卷风将人工制造物卷入高空撕得粉碎，新的疾病远超乎人类的认识大量出现，肆虐的新冠肺炎疫情远超过人类的想象。人类的生态足迹超越限度造成生态赤字，人类在工业文明时期羽翼逐渐丰满，创造了绚烂的物质文明，但与此同时，在自然灾害面前又是多么的脆弱和不堪一击！生存面临的挑战正在降临，人类文明覆灭的危险正在迫近。既然人的不当行为引发了生态危机、社会危机和人自身的危机，解决危机就需要人自身的革命，培育具有遵从自然法则、崇尚简约生活、提倡合理需求、标举生态精神的"生态人"。

　　第一，遵从自然法则。自然客观地存在着，并不具有伦理的维度，而人却在用道德伦理处理与他者的关系，乃至用伦理价值来审视人与自然的关系。只有人类用内心触摸并享受到"荒野"的完整性，对人来说才是真正幸福的，毁灭这种完整性就是亲手在毁灭人类自己的美好生活。自然法则即"道"，是天地万物的本原，人以其灵秀之气效法天地，不强加给自然万物的"无为"恰恰符合人性自然的本性，同时人以对自然规律的把握创造属于人类的美好生活，以"无不为"实现了人类的生存与发展。工业文明出现了危机，根源正在于征服、统治自然的错误理念。对此，我们需要正本清源，回归人类本性，遵从自然法则，在"无为"的基础上更好地实现"无不为"。

第二，崇尚简约生活。简约，是简单、节约，就是崇尚"小的就是好的"生活理念。自然是人的灵与肉的栖身之地，简约生活就是用实际行动来保卫人类的生存家园。地球是多么美丽的星球，如果缺少了可爱灵动的生灵，人类的高品质生活由何而来？少开一次燃油车，少用一个塑料包装袋，少用一度电，也必将是地球"退烧"的一剂良药。当我们选择家具的时候，天然的木纹光面，似乎更符合人类的审美选择，这根源于人需要实现自我的"任物自然"（葛洪《抱朴子·塞难》）的本性。人的生活活动本应符合生态学规律，而不是"资本逻辑"，即将原料从遥远的地方运输到机器加工车间再销往远方。一件从遥远的地方运输来的名牌产品不一定就是好的，相反，若是达到了生活的基本需要，本土化的产品更符合社会和生态的标准。崇尚简约，倡导绿色消费，采用低碳环保的消费方式，减少不可再生资源的使用强度，这本是适宜于人类本性的生活方式。

第三，提倡合理需求。秉持"够了就好"的生活态度，倡导适度合理消费。一是生活方式绿色化。以提高生活质量为目标，以满足基本需求为特征，倡导物质消费与精神消费一体发展的健康生活方式。二是生产方式绿色化。大力发展集生态效益、社会效益与经济效益于一体的绿色经济、循环经济和低碳经济。三是思维理念的绿色化。作为地球居民，人类要尊重自然、顺应自然、保护自然。减少人类的欲念，消弭对数字的累加、财富的满足、征服的欲望，代之以对人类自身的关注、对人的心灵及最根本的生活或者生存之关注。同时，分类对待不同的人群，对部分青年和城市居民的过度消费行为、对部分老年人和乡村居民过度节约进而影响到基本生活质量的做法，均要进行有针对性的引导。

第四，弘扬生态精神。人类不仅要有科学理性，还要拥有体验幸福美好的素养，有艺术体验的能力。倡导精神生活的质量，做感性的人，具备非自觉意识的丰富性和能动性，对秀美山川、旖旎风光、虫鸣蛙声的感知出自内心的真实感受，而不需要中介环节的生成过程，从而实现自己的本性与对象之间的同一。爱护自然、保护野生动植物、维护生物多样性成为人们的自觉意识和行动，生态道德得到社会的普遍认同。从生态价值的角度审视人与自然的关系和人的社会价值，既保留感性的形式，又达到理性的内容，在与世界的互动中生成自己、生成他人、生成万物。

人在世间，或执着于功名，或追逐于利益，或寄情于山水，或养心于天地，不一而足。而这只是表象。人的需要的背后隐藏着极其复杂的利益关系，需要通过一定的法律、道德、习俗等手段进行必要的约束与调节。人与自然的关系的和解与最终解决，归根结底要回到人与人的关系，因而生态道德作用的对象不是"物"，而是"人"——解决自然的生态危机需要营造公平正义的社会生态。进言之，人是社会的主体，也是生态建设的主体，建设美丽中国的根本出路在人——"生态人"的塑造。"生态人"是"自然人""经济人""社会人"的合体，是具有生态审美情趣、审美意识和审美能力的地球公民。"生态人"是经由异化并克服异化从而实现自然主义和人道主义的统一，是人面向自然的历史敞开，是自然主义向人自身的复归。只有实现了人类生态化才能更好地实现自然生态化，而只有人类社会经济的生态化才是解决环境危机的密钥所在；只有节制人的过度欲望，才能解决好生态环境日益恶化的问题，也只有将道德责任扩展至自然万物，才能成为利他主义意义上的真正的人。美的能力人人都有，美的意识只有付诸社会实践，才能得到巩固。因此，美好生活的理念与践行美的能力的实践是相辅相成的过程。

　　自由个性、生态人性的实现是人类的终极关怀。依照自然法则化育人性，按照这种人性来人化自然，才能达到自然的和谐平衡，也才符合人化自然的道德伦理。实现"美丽"中国梦，是每一个中国人民的梦想，也是对世界公民社会的贡献，每一个中国人都是"梦之队"的一员，每一个地球公民都是"梦之队"的一员。中国要实现长远发展，需要经济绿色化、政治民主化、社会和谐化、文化生态化、生态优美化，这是建设美丽中国的必由之路。总体上，做身心同一的"生态人"，促动"全球生态公民社会"的成长，美丽世界的"梦之队"队员们正行走在大路上。

参考文献

一　专著

《马克思恩格斯选集》第1—4卷，人民出版社2012年版。

《马克思恩格斯文集》第1—10卷，人民出版社2009年版。

《马克思恩格斯全集》第3卷，人民出版社1960年版。

《马克思恩格斯全集》第19卷，人民出版社1963年版。

《马克思恩格斯全集》第30卷，人民出版社1995年版。

《马克思恩格斯全集》第31卷，人民出版社1998年版。

《马克思恩格斯全集》第42卷，人民出版社1979年版。

《马克思恩格斯全集》第47卷，人民出版社1979年版。

《马克思恩格斯全集》第26卷，人民出版社2014年版。

马克思：《1844年经济学哲学手稿》，人民出版社2014年版。

恩格斯：《自然辩证法》，人民出版社1971年版。

《列宁选集》第1—4卷，人民出版社2012年版。

《列宁专题文集：论马克思主义》，人民出版社2009年版。

《列宁专题文集：论社会主义》，人民出版社2009年版。

《列宁全集》第 55 卷，人民出版社 1990 年版。

《毛泽东选集》第 1—4 卷，人民出版社 1991 年版。

《毛泽东文集》第 1—8 卷，人民出版社 1999 年版。

《毛泽东年谱》，中央文献出版社 2013 年版。

《毛泽东论林业》，中央文献出版社 2003 年版。

《周恩来经济文选》，中央文献出版社 1993 年版。

《邓小平文选》第 3 卷，人民出版社 1993 年版。

《邓小平文选》第 1—2 卷，人民出版社 1994 年版。

《邓小平年谱》（1975—1997），中央文献出版社 2004
　年版。

《邓小平思想年编》（1975—1997），中央文献出版社 2011
　年版。

《江泽民文选》第 1—3 卷，人民出版社 2006 年版。

《江泽民思想年编》（1998—2008），中央文献出版社 2010
　年版。

《江泽民论有中国特色社会主义》（专题摘编），中央文献
　出版社 2002 年版。

《胡锦涛文选》第 1—3 卷，人民出版社 2016 年版。

《习近平谈治国理政》，外文出版社 2014 年版。

《习近平谈治国理政》第 2 卷，外文出版社 2017 年版。

习近平：《知之深　爱之切》，河北人民出版社 2015 年版。

习近平：《摆脱贫困》，福建人民出版社 2014 年版。

习近平：《之江新语》，浙江人民出版社 2007 年版。

习近平：《干在实处　走在前列——推进浙江新发展的思
　考与实践》，中共中央党校出版社 2013 年版。

习近平：《携手构建合作共赢、公平合理的气候变化治理

机制》，人民出版社 2015 年版。

习近平：《在省部级主要领导干部学习贯彻党的十八届五
中全会精神专题研讨班上的讲话》，人民出版社 2016
年版。

习近平：《习近平二十国集团领导人杭州峰会讲话选编》，
外文出版社 2017 年版。

习近平：《决胜全面建成小康社会　夺取新时代中国特色
社会主义伟大胜利——在中国共产党第十九次全国代表
大会上的报告》，人民出版社 2017 年版。

《习近平关于全面深化改革论述摘编》，中央文献出版社
2014 年版。

《习近平关于全面依法治国论述摘编》，中央文献出版社
2015 年版。

《习近平关于社会主义生态文明建设论述摘编》，中央文献
出版社 2017 年版。

《习近平关于社会主义经济建设论述摘编》，中央文献出版
社 2017 年版。

《习近平关于社会主义社会建设论述摘编》，中央文献出版
社 2017 年版。

《三中全会以来重要文献选编》上，人民出版社 1982
年版。

《十五大以来重要文献选编》中，人民出版社 2001 年版。

《十六大以来重要文献选编》上，中央文献出版社 2011
年版。

《十六大以来重要文献选编》中，中央文献出版社 2011
年版。

《十七大以来重要文献选编》上，中央文献出版社 2013
　　年版。

《十八大以来重要文献选编》上，中央文献出版社 2014
　　年版。

《十八大以来重要文献选编》中，中央文献出版社 2016
　　年版。

陈来：《中华文明的核心价值》，生活·读书·新知三联书
　　店 2010 年版。

陈业新：《儒家生态意识与中国古代环境保护研究》，上海
　　交通大学出版社 2012 年版。

杜维明：《现代精神与儒家传统》，生活·读书·新知三联
　　书店 2013 年版。

费孝通：《文化与文化自觉》，群言出版社 2010 年版。

管仲：《管子译注》，刘珂、李可和译注，黑龙江人民出版
　　社 2003 年版。

辜鸿铭：《中国人的精神》，北京联合出版公司 2013 年版。

冯友兰：《中国哲学简史》，北京大学出版社 1996 年版。

冯友兰：《中国哲学史新编》，人民出版社 2007 年版。

冯友兰：《中国哲学之精神》，江苏人民出版社 2014 年版。

李泽厚：《中国古代思想史论》，生活·读书·新知三联书
　　店 2008 年版。

李泽厚：《中国近代思想史论》，生活·读书·新知三联书
　　店 2008 年版。

李泽厚：《中国现代思想史论》，生活·读书·新知三联书
　　店 2008 年版。

李泽厚：《华夏美学·美学四讲》，生活·读书·新知三联书店 2008 年版。

李泽厚：《美的历程》，生活·读书·新知三联书店 2009 年版。

李泽厚：《人类历史本体论》，译文出版社 2012 年版。

吕不韦编撰：《吕氏春秋译注》，张双棣、张万彬等译注，北京大学出版社 2000 年版。

老子：《老子今注今译》，陈鼓应注译，商务印书馆 2003 年版。

乐黛云：《跨文化对话——汤一介先生的学术与时代精神》，生活·读书·新知三联书店 2015 年版。

梁漱溟：《东西文化及其哲学》，商务印书馆 1921 年版。

梁漱溟：《中国文化要义》，上海人民出版社 2011 年版。

黎靖德：《朱子语类》，中华书局 1999 年版。

蒙培元：《人与自然——中国哲学生态观》，人民出版社 2004 年版。

汤一介：《新轴心时代与中国文化的建构》，江西人民出版社 2007 年版。

王守仁：《传习录上》，吴光、钱明、董平等编校，上海古籍出版社 1992 年版。

王守仁：《传习录校释》，萧无陂校释，岳麓书社 2012 年版。

王夫之：《周易外传》，中华书局 1977 年版。

朱熹：《四书章句集注》，浙江大学出版社 2012 年版。

朱熹：《朱子全书》，朱杰人、严佐之、刘永翔主编，上海古籍出版社 2010 年版。

臧知非注说：《论语》，河南大学出版社 2008 年版。

白华：《美学散步》，上海人民出版社 1981 年版。

朱光潜：《谈美》，北京大学出版社 2008 年版。

曹孟勤：《人向自然的生成》，上海三联书店 2012 年版。

曹荣湘：《生态治理》，中央编译出版社 2015 年版。

陈学明、马拥军：《走近马克思：苏东剧变后西方四大思
　　想家的思想轨迹》，东方出版社 2002 年版。

陈先达：《走向历史的深处：马克思历史观研究》，中国人
　　民大学出版社 2010 年版。

陈金清：《生态文明理论与实践研究》，人民出版社 2016
　　年版。

陈宗兴主编：《生态文明建设》，学习出版社 2014 年版。

陈嘉明：《现代性与后现代性十五讲》，北京大学出版社
　　2006 年版。

陈建成、于法稳：《生态经济与美丽中国》，社会科学文献
　　出版社 2015 年版。

成复旺：《中国美学范畴辞典》，中国人民大学出版社
　　1995 年版。

董强：《马克思主义生态观研究》，人民出版社 2015 年版。

丰子义：《发展的反思与探索——马克思社会发展理论的
　　当代阐释》，中国人民大学出版社 2006 年版。

范鹏主编：《统筹推进“五位一体”总体布局》，人民出
　　版社 2017 年版。

高清海：《马克思主义哲学基础》，北京师范大学出版社
　　2014 年版。

高翔：《生态文明与美丽中国》，中国社会科学出版社 2014 年版。

郭湛：《主体性哲学》，云南人民出版社 2002 年版。

郭艳华：《走向绿色文明：文明的变革与创新》，中国社会科学出版社 2004 年版。

韩庆祥：《马克思人学思想研究》，河南人民出版社 1996 年版。

胡建：《马克思生态文明思想及其当代影响》，人民出版社 2016 年版。

黄承梁：《新时代生态文明建设思想概论》，人民出版社 2018 年版。

侯才：《青年黑格尔派与马克思早期思想的发展——对马克思哲学本质的一种历史透视》，中国社会科学出版社 1994 年版。

姜春云：《中国生态演变与治理方略》，中国农业出版社 2004 年版。

姜春云：《姜春云调研文集——生态文明与人类发展卷》，中央文献出版社、新华出版社 2010 年版。

姬振海：《生态文明论》，人民出版社 2007 年版。

李景源：《中国特色社会主义的哲学基础》，合肥工业大学出版社 2012 年版。

李景源：《认识发生的哲学探讨》，中国社会科学出版社 2016 年版。

李世东等：《美丽国家：理论探索、评价指数与发展战略》，科学出版社 2015 年版。

李晓西、潘建成：《2013 中国绿色发展指数——区域比较》，北京师范大学出版社 2013 年版。

李晓西：《绿色抉择：中国环保体制改革与绿色发展 40 年》，广东经济出版社 2017 年版。

李宏伟：《马克思主义生态观与当代中国实践》，人民出版社 2015 年版。

李培超：《伦理拓展主义的颠覆：西方环境伦理思潮研究》，湖南师范大学出版社 2004 年版。

廖福森等：《建设美丽中国理论与实践》，中国社会科学出版社 2014 年版。

刘湘溶：《我国生态文明发展战略研究》，人民出版社 2012 年版。

刘仁胜：《生态学马克思主义概论》，中央编译出版社 2007 年版。

刘增惠：《马克思主义生态思想及实践研究》，北京师范大学出版社 2010 年版。

刘本炬：《论实践生态主义》，中国社会科学出版社 2007 年版。

刘叔成等：《美学基本原理》，上海人民出版社 1987 年版。

卢风：《享乐与生存——现代人的生活方式与环境保护》，广东教育出版社 2000 年版。

卢风：《从现代文明到生态文明》，中央编译出版社 2009 年版。

卢风：《人、环境与自然》，广东人民出版社 2011 年版。

欧阳志云、郑华：《生态安全战略》，学习出版社、海南出版社 2014 年版。

庞元正、杨信礼：《哲学视野中的发展与创新》，中共中央党校出版社 2004 年版。

秦书生：《社会主义生态文明建设研究》，东北大学出版社 2015 年版。

曲格平：《我们需要一场变革》，吉林人民出版社 1997 年版。

曲福田、孙若梅主编：《生态经济与和谐社会》，社会科学文献出版社 2010 年版。

任俊华、刘晓华：《环境伦理的文化阐释：中国古代生态智慧探考》，湖南师范大学出版社 2004 年版。

孙伯鍨：《探索道路的探索》，南京大学出版社 2002 年版。

孙伯鍨、张一兵：《走进马克思》，江苏人民出版社 2012 年版。

孙正聿：《哲学通论》，复旦大学出版社 2015 年版。

孙道进：《环境伦理学的哲学困境——一个反驳》，中国社会科学出版社 2007 年版。

陶良虎、刘光远、肖卫康：《美丽中国：生态文明建设的理论与实践》，人民出版社 2014 年版。

吴国盛：《科学的历程》，湖南科学技术出版社 1997 年版。

万以诚等选编：《新文明的路标——人类绿色运动史上的经典文献》，吉林人民出版社 2000 年版。

吴良镛：《人居环境科学导论》，中国建筑工业出版社 2002 年版。

余谋昌：《生态伦理学——从理论走向实践》，首都师范大学出版社 1999 年版。

余谋昌：《生态文明论》，中央编译出版社 2010 年版。

杨耕：《马克思主义历史观研究》，北京师范大学出版社

2012 年版。

王建辉：《马克思主义生态思想研究》，湖北人民出版社
　　2007 年版。

王曦：《国际环境法》（第二版），法律出版社 2005 年版。

王东：《马克思学新奠基：马克思哲学新解读的方法论导
　　言》，北京大学出版社 2006 年版。

王伟光：《创新与中国社会发展》，红旗出版社 2003 年版。

王雨辰：《生态学马克思主义与生态文明研究》，人民出版
　　社 2015 年版。

王治河：《后现代哲学思潮研究》，北京大学出版社 2006
　　年版。

王晓红：《现实的人的发现——马克思对人性理论的变
　　革》，北京师范大学出版社 2011 年版。

汪天文、王维国：《美丽中国与顶层设计》，国家行政学院
　　出版社 2014 年版。

解保军：《马克思自然观的生态哲学意蕴》，黑龙江人民出
　　版社 2002 年版。

解振华：《中国的绿色发展之路》（中文版），外文出版社
　　2018 年版。

徐伟新：《中国新常态》，人民出版社 2015 年版。

徐艳梅：《生态学马克思主义研究》，社会科学文献出版社
　　2007 年版。

徐崇温：《当代外国主要思潮流派的社会主义观》，中共中
　　央党校出版社 2007 年版。

俞吾金：《问题域的转换：对马克思和黑格尔关系的当代
　　解读》，人民出版社 2007 年版。

俞吾金：《意识形态论》，人民出版社 2009 年版。

俞可平：《生态文明系列丛书》，中央编译出版社 2007 年版。

杨通进：《环境伦理：全球话语，中国视野》，重庆出版社 2007 年版。

张一兵：《回到马克思》，江苏人民出版社 2009 年版。

曾繁仁：《生态美学导论》，商务印书馆 2010 年版。

曾建平：《环境公正：中国视角》，社会科学文献出版社 2013 年版。

曾文婷：《"生态学马克思主义"研究》，重庆出版社 2008 年版。

张慕薄、贺庆棠、严耕：《中国生态文明建设的理论与实践》，清华大学出版社 2008 年版。

周光迅、武群堂：《马克思主义生态哲学综论》，浙江大学出版社 2015 年版。

赵建军：《实现美丽中国梦　开启生态文明新时代》，人民出版社 2018 年版。

朱智文、马大晋：《生态文明制度体系与美丽中国建设》，甘肃民族出版社 2015 年版。

国家计划委员会：《中国 21 世纪议程——中国 21 世纪人口、环境与发展白皮书》，中国环境科学出版社 1994 年版。

北京大学中国可持续发展研究中心：《可持续发展之路》，北京大学出版社 1994 年版。

国家环境保护总局、中共中央文献研究室：《新时期环境

保护重要文献选编》，中共中央文献出版社、中国环境
科学出版社 2001 年版。

《中华人民共和国可持续发展国家报告》，中国环境科学出
版社 2002 年版。

中国可持续发展研究组：《2003 中国可持续发展战略报
告》，科学出版社 2003 年版。

贾治邦：《生态建设与改革发展：2009 林业重大问题调查
研究报告》，中国林业出版社 2010 年版。

中国生态学学会：《生态学学科发展报告（2009—
2010)》，中国科学技术出版社 2010 年版。

中共中央党校教务部：《十一届三中全会以来党和国家重要
文献选编》（修订本），中共中央党校出版社 2015 年版。

生态环境部：《2017 年中国环境状况公报》，中华人民共
和国生态环境部 2018 年版。

中共中央党史研究室：《党的十八大以来大事记》，人民出
版社、中共党史出版社 2017 年版。

中共中央宣传部：《习近平新时代中国特色社会主义思想
三十讲》，学习出版社 2018 年版。

中共中央组织部组织编写：《贯彻落实习近平新时代中国
特色社会主义思想在改革发展稳定中攻坚克难案例：生
态文明建设》，党建读物出版社 2019 年版。

《中共中央关于制定国民经济和社会发展第十四个五年规
划和二〇三五年远景目标的建议》，人民出版社 2020
年版。

中国社会科学院经济学部：《生态环境与经济发展》，经济
管理出版社 2008 年版。

〔美〕艾里希·弗洛姆:《健全的社会》,孙恺祥译,贵州
　人民出版社 1995 年版。

〔美〕艾伦·杜宁:《多少算够——消费社会与地球的未
　来》,毕聿译,吉林人民出版社 1997 年版。

〔美〕奥尔多·利奥波德:《沙乡年鉴》,侯文惠译,吉林
　人民出版社 1997 年版。

〔美〕安乐哲主编:《儒学与生态》,彭国翔、张容南译,
　江苏教育出版社 2008 年版。

〔美〕奥图尔·托马斯、席崇·马文:《二十一世纪生活预
　测》,大连出版社 1991 年版。

〔英〕阿诺德·约瑟夫·汤因比:《历史研究》,曹未风等
　译,上海人民出版社 1966 年版。

〔英〕阿·汤比因、池田大作:《展望二十一世纪》,国际
　文化出版公司 1987 年版。

〔英〕安东尼·吉登斯:《现代性的后果》,田禾译,译林
　出版社 2000 年版。

〔英〕安东尼·吉登斯:《气候变化的政治》,曹荣湘译,
　社会科学文献出版社 2009 年版。

〔德〕A. 施密特:《马克思的自然概念》,欧力同译,商务
　印书馆 1988 年版。

〔德〕阿多诺:《否定的辩证法》,张峰译,重庆出版社
　1993 年版。

〔意〕奥雷利奥·佩西:《人类的素质》,薛荣久译,中国
　展望出版社 1988 年版。

〔美〕巴里·康芒纳:《封闭的循环——自然、人和技术》,

侯文惠译，吉林人民出版社 1997 年版。

［美］巴里·康芒纳：《与地球和平共处》，王喜六等译，
上海译文出版社 2002 年版。

［英］比尔·麦克基本：《自然的终结》，孙晓春等译，吉
林人民出版社 2000 年版。

［加］本·阿格尔：《西方马克思主义概论》，慎之等译，
中国人民大学出版社 1991 年版。

［美］查伦·斯普瑞特奈克：《真实之复兴：极度现代的世
界中的身体、自然和地方》，张妮妮译，中央编译出版
社 2001 年版。

［美］丹尼尔·A. 科尔曼：《生态政治》，梅俊杰译，上海
译文出版社 2002 年版。

［美］丹尼尔·贝尔：《后工业社会的来临》，高铦等译，
商务印书馆 1984 年版。

［美］丹尼斯·米都斯：《增长的极限——罗马俱乐部关于
人类困境的报告》，李宝恒译，吉林人民出版社 1997
年版。

［美］大卫·格里芬：《后现代精神》，王成兵译，中央编
译出版社 2011 年版。

［英］戴维·佩珀：《生态社会主义：从深生态学到社会正
义》，刘颖译，山东大学出版社 2012 年版。

［英］戴维·麦克莱伦：《马克思传》，王珍译，中国人民
大学出版社 2016 年版。

［英］E. F. 舒马赫：《小的是美好的》，虞鸿钧、郑关林
译，商务印书馆 1984 年版。

［德］恩斯特·卡西尔：《人论》，甘阳译，上海译文出版

社 2013 年版。

〔德〕艾瑞克·弗洛姆：《逃避自由》，刘林海译，上海译
　　文出版社 2015 年版。

〔匈〕格奥尔格·卢卡奇：《历史与阶级意识》，杜章智等
　　译，商务印书馆 1996 年版。

〔德〕汉斯·萨克塞：《生态哲学》，文韬、佩云译，东方
　　出版社 1991 年版。

〔德〕黑格尔：《法哲学原理》，范扬、张企泰译，商务印
　　书馆 1961 年版。

〔德〕黑格尔：《美学》，朱光潜译，商务印书馆 1979
　　年版。

〔德〕黑格尔：《小逻辑》，贺麟译，商务印书馆 1979
　　年版。

〔美〕赫尔曼·E. 戴利：《超越增长：可持续发展的经济
　　学》，诸大建等译，上海译文出版社 2001 年版。

〔美〕赫伯特·马尔库塞：《单面人》，左晓斯、张宜生、
　　肖滨译，湖南人民出版社 1988 年版。

〔美〕亨利·戴维·梭罗：《瓦尔登湖》，李继宏译，天津
　　人民出版社 2013 年版。

〔美〕霍尔姆斯·罗尔斯顿：《哲学走向荒野》，刘耳等
　　译，吉林人民出版社 2000 年版。

〔美〕霍尔姆斯·罗尔斯顿：《环境伦理学：大自然的价值
　　以及人对大自然的义务》，杨通进译，中国社会科学出
　　版社 2000 年版。

〔德〕康德：《实践理性批判》，韩水法译，商务印书馆
　　1999 年版。

［英］卡尔·波普尔：《历史主义的贫困》，何林、赵平译，社会科学文献出版社1987年版。

［英］卡尔·波普尔：《开放社会及其敌人》，陆衡等译，中国社会科学出版社1999年版。

［美］蕾切尔·卡逊：《寂静的春天》，吕瑞兰、李长生译，吉林人民出版社1997年版。

［美］理查德·瑞吉斯特：《生态城市：重建与自然平衡的城市》，王如松、于占杰译，社会科学文献出版社2010年版。

［英］罗宾·柯林伍德：《自然的观念》，吴国盛、柯映红译，华夏出版社1999年版。

［英］伯特兰·罗素：《西方哲学史》，何兆武、李约瑟译，商务印书馆2016年版。

［英］伦纳德·霍布豪斯：《社会正义要素》，孔兆政译，吉林人民出版社2006年版。

［德］路德维希·费尔巴哈：《费尔巴哈哲学著作选集》下卷，荣震华、王太庆、刘磊译，商务印书馆1984年版。

［德］路德维希·费尔巴哈：《基督教的本质》，荣震华译，商务印书馆1984年版。

［德］马克斯·韦伯：《新教伦理与资本主义精神》，康乐、简惠美译，广西师范大学出版社2010年版。

［德］麦克斯·施蒂纳：《唯一者及其所有物》，荣震华译，商务印书馆1997年版。

［美］罗德里克·纳什：《大自然的权利》，杨通进译，青岛出版社1999年版。

［英］马丁·雅克：《当中国统治世界：中国的崛起和西方世界的衰落》，张莉等译，中信出版社 2010 年版。

［美］乔尔·科威尔：《自然的敌人》，杨燕飞、冯春涌译，中国人民大学出版社 2015 年版。

［英］乔纳森·休斯：《生态与历史唯物主义》，张晓琼、侯晓滨译，江苏人民出版社 2011 年版。

世界环境与发展委员会：《我们共同的未来》，王之佳等译，吉林人民出版社 1997 年版。

［美］唐纳德·沃斯特：《自然的经济体系——生态思想史》，侯文惠译，商务印书馆 1999 年版。

［美］托马斯·库恩：《科学革命的结构》，金吾伦、胡新和译，北京大学出版社 2003 年版。

［美］沃德·杜博斯：《只有一个地球》，曲格平译，石油工业出版社 1976 年版。

［英］威廉·莫里斯：《乌有乡消息》，黄嘉德等译，商务印书馆 1981 年版。

［加］威廉·莱斯：《自然的控制》，岳长玲、李建华译，重庆出版社 1993 年版。

［美］约翰·福斯特：《马克思主义的生态学：唯物主义与自然》，刘仁胜、肖峰等译，高等教育出版社 2006 年版。

［美］约翰·福斯特：《生态危机与资本主义》，耿建新等译，上海译文出版社 2006 年版。

［美］约翰·博德利：《人类学与当今人类问题》，周云水等译，北京大学出版社 2010 年版。

［美］约翰·罗尔斯：《正义论》，何怀宏译，中国社会科

学出版社 1988 年版。

［美］亚当·罗姆：《乡村里的推土机——郊区住宅开发与美国环保主义的兴起》，高国荣、孙群郎、耿晓明译，中国环境科学出版社 2010 年版。

［美］詹姆斯·奥康纳：《自然的理由：生态学马克思主义研究》，唐正东、臧佩洪译，南京大学出版社 2003 年版。

［日］岸根卓郎：《环境论——人类最终的选择》，何鉴译，南京大学出版社 1999 年版。

［俄］车尔尼雪夫斯基：《生活与美学》，人民文学出版社 1956 年版。

［俄］海因里希·格姆科夫：《恩格斯传》，生活·读书·新知三联书店 1976 年版。

［日］岩佐茂：《环境的思想》，韩立新等译，中央文献出版社 1997 年版。

［韩］全京秀：《环境人类学》，崔海洋、杨洋译，科学出版社 2015 年版。

二 论文

习近平：《生态兴则文明兴》，《求是》2003 年第 13 期。

习近平：《大力发展循环经济建设资源节约型社会》，《管理科学》2005 年第 7 期。

习近平：《关于〈中共中央关于全面深化改革若干重大问题的决定〉的说明》，《求是》2013 年第 22 期。

陈寿朋：《生态道德建设浅议》，《求是》2005 年第 14 期。

陈学明：《"生态马克思主义"对于我们建设生态文明的启

示》，《复旦学报》（社会科学版）2008 年第 4 期。

陈学明：《评生态学的马克思主义与后现代主义的对立》，《天津社会科学》2002 年第 5 期。

崔建霞：《构建人与自然和谐关系的"两种尺度"——自然生态规律与人的内在需求》，《理论学刊》2009 年第 5 期。

邓子纲、贺培育：《论习近平高质量发展观的三个维度》，《湖湘论坛》2019 年第 1 期。

董振华：《共享发展理念的马克思主义世界观方法论探析》，《哲学研究》2016 年第 6 期。

杜秀娟：《马克思恩格斯生态观及其影响探究》，《中州学刊》2005 年第 6 期。

范慧、乔清举：《儒家生态哲学研究综述》，《理论与现代化》2015 年第 2 期。

方世南：《建设人与自然和谐共生的现代化》，《理论视野》2018 年第 2 期。

方世南：《社会主义生态文明史对马克思主义文明系统理论的丰富和发展》，《马克思主义研究》2008 年第 4 期。

丰子义：《如何理解和把握人的全面发展》，《北京社会科学》2002 年第 4 期。

丰子义：《生态文明的人学思考》，《山东社会科学》2010 年第 7 期。

冯留建、管靖：《中国共产党绿色发展思想的历史考察》，《云南社会科学》2017 年第 4 期。

龚天平、饶婷：《习近平生态治理观的环境正义意蕴》，《武汉大学学报》（哲学社会科学版）2020 年第 1 期。

龚万达、刘祖云：《生态环境也是生产力——学习习近平关于生态文明建设的思想》，《教学与研究》2015 年第3 期。

郭家骥：《生态文化论》，《云南社会科学》2005 年第6 期。

郭剑仁：《探寻生态危机的社会根源——美国生态学马克思主义及其内部争论析评》，《马克思主义研究》2007年第 10 期。

郭学军、张红海：《论马克思恩格斯的生态理论与当代生态文明建设》，《马克思主义与现实》2009 年第 1 期。

郭亚红：《"美丽中国"生态文明制度体系建构与实践路径选择》，《理论与改革》2014 年第 2 期。

韩立新：《马克思的"对自然的支配"——兼评西方生态社会主义对这一问题的先行研究》，《哲学研究》2003年第 10 期。

韩立新：《马克思的物质代谢概念与环境保护思想》，《哲学研究》2002 年第 2 期。

韩庆祥、陈曙光：《中国特色社会主义新时代的理论阐释》，《中国社会科学》2018 年第 1 期。

何爱平、安梦天：《习近平新时代中国特色社会主义绿色发展思想的科学内涵与理论创新》，《西北大学学报》（哲学社会科学版）2018 年第 5 期。

何萍：《生态学马克思主义：作为哲学形态何以可能》，《哲学研究》2006 年第 1 期。

侯才：《马克思的"个体"和"共同体"概念》，《哲学研究》2012 年第 1 期。

侯才：《现代性的危机与哲学的重建》，《天津社会科学》2015 年第 4 期。

侯惠勤：《习近平新时代中国特色社会主义思想的哲学意蕴》，《马克思主义研究》2018 年第 5 期。

侯书和：《论马克思恩格斯的生态观》，《中州学刊》2005 年第 6 期。

胡鞍钢、鄢一龙：《建设美丽中国绿色中国》，《国情观察》2009 年第 6 期。

胡鞍钢、周绍杰：《绿色发展：功能界定、机制分析与发展战略》，《湖南社会科学》2012 年第 7 期。

胡鞍钢、周绍杰：《绿色发展：功能界定、机制分析与发展战略》，《中国人口·资源与环境》2014 年第 1 期。

郇庆治：《多样性视角下的中国生态文明之路》，《学术前沿》2013 年第 1 期。

郇庆治：《社会主义生态文明观与"绿水青山就是金山银山"》，《学习论坛》2016 年第 5 期。

郇庆治：《生态文明建设的区域模式——以浙江安吉县为例》，《贵州省党校学报》2016 年第 4 期。

郇庆治：《西方生态社会主义研究述评》，《马克思主义与现实》2005 年第 4 期。

郇庆治、马丁·耶内克：《生态现代化理论：回顾与展望》，《马克思主义与现实》2010 年第 1 期。

黄承梁：《论生态文明融入经济建设的战略考量与路径选择》，《自然辩证法研究》2017 年第 1 期。

黄承梁：《走进社会主义生态文明新时代》，《红旗文稿》2018 年第 3 期。

黄继锋：《"政治经济学"——"生态学的马克思主义"的一种观点》，《国外理论动态》1995 年第 22 期。

黄志斌等：《邓小平绿色发展思想的历史考察》，《安徽史学》2016 年第 3 期。

金国坤：《从"新时期"迈向"新时代"：宪法视角下的改革开放 40 周年》，《新视野》2018 年第 5 期。

金民卿：《中国特色社会主义新时代的历史坐标》，《云南社会科学》2018 年第 5 期。

雷毅：《生态文化的深层建构》，《深圳大学学报》（人文社会科学版）2007 年第 3 期。

黎祖交：《关于资源、环境、生态关系的探讨——基于十八大报告的相关表述》，《生态经济》2013 年第 2 期。

李建华、蔡尚伟：《美丽中国的科学内涵及其战略意义》，《四川大学学报》2013 年第 5 期。

李景源：《唯物史观与中国特色社会主义理论的确立》，《哲学动态》2017 年第 9 期。

李景源：《治理中国要"以道莅天下"》，《江淮论坛》2015 年第 5 期。

李鸣：《绿色财富观期：生态文明时代人类的理性选择》，《生态经济》2007 年第 8 期。

李培超：《论生态文明的核心价值及其实现模式》，《当代世界与社会主义》2011 年第 1 期。

李仙娥、闫超：《习近平的绿色财富观及其理论创新探析》，《生态经济》2017 年第 3 期。

李永杰、刘青为：《论人与自然和谐共生思想的生态哲学意蕴》，《马克思主义哲学论丛》2018 年第 4 期。

刘奇葆：《弘扬塞罕坝精神　大力推进生态文明建设》，《党建》2017 年第 10 期。

刘权政：《对建设美丽中国的思考》，《西藏民族学院学报》（哲学社会科学版）2013 年第 1 期。

刘同舫：《新时代社会主要矛盾背后的必然逻辑》，《华南师范大学学报》（社会科学版）2017 年第 6 期。

卢风：《论生态文化与生态价值观》，《清华大学学报》（哲学社会科学版）2008 年第 1 期。

卢风：《生态文明与绿色消费》，《深圳大学学报》（人文社会科学版）2008 年第 5 期。

卢风：《整体主义环境哲学对现代性的挑战》，《中国社会科学》2012 年第 9 期。

陆树程、李佳娟：《试析习近平美丽中国思想的提出语境、主要内容和基本要求》，《思想理论教育导刊》2018 年第 9 期。

欧阳康：《建设性的后现代主义与全球化——访美国后现代思想家小约翰·科布》，《世界哲学》2002 年第 3 期。

潘家华：《环境成本：新的贸易壁垒》，《国际经济评论》1996 年第 2 期。

潘家华：《加强生态文明的体制机制建设》，《财贸经济》2012 年第 12 期。

庞元正：《新时代我国社会主要矛盾转化需要深入研究的若干问题》，《哲学研究》2018 年第 2 期。

乔清举：《天人合一论的生态哲学进路》，《哲学动态》2011 年第 8 期。

乔清举、曹立明：《论儒家生态哲学的范畴体系》，《道德与文明》2016 年第 4 期。

秦书生、胡楠：《习近平美丽中国建设思想及其重要意义》，《东北大学学报》（社会科学版）2016 年第 6 期。

任保平、李梦欣：《新时代中国特色社会主义绿色生产力研究》，《上海经济研究》2018 年第 3 期。

任俊华：《孟子的生态伦理思想管窥》，《齐鲁学刊》2003 年第 4 期。

商志晓：《"新时代"的由来、确立与达成——科学把握中国特色社会主义新的历史方位》，《东岳论丛》2018 年第 6 期。

佘正荣：《论生命共同体中的伦理正义》，《学术论坛》2008 年第 12 期。

沈满洪：《努力建设美丽中国》，《中共浙江省委党校学报》2012 年第 6 期。

孙道进：《哲学座架下的"人类中心主义"梳理》，《南京林业大学学报》（人文社会科学版）2006 年第 12 期。

孙正聿：《现代化与现代化问题——从马克思的观点看》，《马克思主义与现实》2013 年第 1 期。

孙忠良：《〈1844 年经济学哲学手稿〉中的生态文明思想》，《边疆经济与文化》2009 年第 6 期。

汤一介：《论"天人合一"》，《中国哲学史》2005 年第 2 期。

田宪臣：《建设生态文明　绘就美丽中国》，《学习论坛》2013 年第 1 期。

王春梅、李世平：《实然、应然、本然》，《人文杂志》2007 年第 3 期。

王立军等:《河北省塞罕坝机械林场改革发展调研报告》,《林业经济》2015 年第 3 期。

王世涛、燕宏远:《"生态学马克思主义"论析》,《哲学动态》2000 年第 2 期。

王小会:《后现代生态思想的构建——生态后现代主义理论再审视》,《东北大学学报》(社会科学版)2017 年第 5 期。

王晓广:《生态文明视域下的美丽中国建设》,《北京师范大学学报》2013 年第 2 期。

王晓丽:《共同但有区别的责任原则刍议》,《湖北社会科学》2008 年第 1 期。

王艳峰:《习近平新时代中国特色社会主义思想传播方略研究》,《宁夏党校学报》2018 年第 6 期。

王艳峰:《奏响人与自然和谐共生的时代乐章》,《实践》(思想理论版)2018 年第 11 期。

王艳峰、杜利英:《建设美丽中国的时代方位》,《学习论坛》2020 年第 4 期。

王艳峰、徐伟新:《马克思恩格斯生态观及其当代启示》,《科学社会主义》2019 年第 2 期。

王艳峰:《习近平总书记"两山"重要论述的科学内涵及时代意义》,《人民论坛·学术前沿》2021 年第 4 期(下)。

王雨辰:《论生态学马克思主义的生态价值观》,《北京大学学报》(哲学社会科学版)2009 年第 5 期。

王治河:《斯普瑞特奈克和她的生态后现代主义》,《国外社会科学》1997 年第 6 期。

吴海江、徐伟轩：《习近平新时代生态文明思想的三重逻辑》，《思想教育研究》2018 年第 9 期。

吴宁、刘玉新：《论习近平总书记对生态文明建设重要论述的创新及其意义》，《湖南社会科学》2018 年第 2 期。

吴晓明：《马克思主义哲学与当代生态思想》，《马克思主义与现实》2010 年第 6 期。

吴晓琴、毛波杰：《生态文明：社会发展的生态动力、环境保障和资源支撑》，《毛泽东邓小平理论研究》2007 年第 11 期。

谢炳庚、陈永林、李晓青：《基于生态位理论的"美丽中国"评价体系》，《经济地理》2015 年第 12 期。

谢昌飞、韩秋红：《面向生态文明的建设性后现代主义——兼论建设性后现代的逻辑进程》，《河南社会科学》2002 年第 2 期。

许瑛：《美丽中国的内涵、制约因素及实现途径》，《理论界》2013 年第 1 期。

薛勇民、马兰：《论儒家仁爱思想的生态伦理意蕴及其当代意义》，《学习与探索》2015 年第 3 期。

严耕：《生态环境是双重生产力》，《中国三峡》2013 年第 11 期。

严耕：《生态文明评价的现状与发展方向探析》，《中国党政干部论坛》2013 年第 1 期。

杨凤城：《历史视阈下的中国特色社会主义新时代》，《求索》2017 年第 12 期。

杨耕：《关于马克思实践本体论的再思考》，《学术月刊》2004 年第 1 期。

杨世迪、惠宁：《国外生态文明建设研究进展》，《生态经济》2017 年第 5 期。

叶平：《"人类中心主义"的生态伦理》，《哲学研究》1995 年第 1 期。

叶平：《生态哲学的内在逻辑：自然（界）权利的本质》，《哲学研究》2006 年第 1 期。

于潇、孙悦：《全球共同治理理论与中国实践》，《吉林大学社会科学学报》2018 年第 6 期。

余谋昌：《生态文明：建设中国特色社会主义的道路——对十八大大力推进生态文明建设的战略思考》，《桂海论丛》2013 年第 1 期。

曾建平：《环境正义：发展中国家的视点》，《哲学动态》2004 年第 6 期。

曾建平：《中国梦与美丽中国》，《井冈山大学学报》（社会科学版）2014 年第 3 期。

张建云：《新时代的内涵阐释》，《学术界》2018 年第 9 期。

张莉：《发展中国家在气候变化问题上的立场及其影响》，《现代国际关系》2010 年第 10 期。

张世英：《中国古代的"天人合一"思想》，《求是讲坛》2007 年第 7 期。

张曙光：《"类哲学"与"人类命运共同体"》，《吉林大学社会科学学报》2015 年第 1 期。

张小枝、高乐田：《建设家园　诗意栖居——大卫·格里芬生态伦理思想研究》，《社会科学论坛》2014 年第 10 期。

张孝德：《分享经济：一场人类生活方式的革命》，《人民论坛·学术前沿》2015 年第 12 期。

张孝德：《阻碍生态文明建设的"四个不均衡"》，《人民论坛》2018 年第 16 期。

张永缜：《"中国梦"开辟了马克思主义中国化的新境界》，《理论月刊》2014 年第 4 期。

张永缜：《共生的伦理学考察》，《新疆社会科学》2009 年第 3 期。

张云飞：《社会发展生态向度的哲学展示——马克思恩格斯生态发展观初探》，《中国人民大学学报》1999 年第 2 期。

张云飞：《实现"美丽中国梦"的主体选择》，《理论学刊》2014 年第 6 期。

张云飞：《试论生态文明的历史方位》，《教学与研究》2009 年第 8 期。

张云飞、李娜：《习近平生态治理新理念的科学意蕴》，《湖湘论坛》2016 年第 4 期。

赵欢春：《"人类命运共同体"思想的哲学意蕴》，《江苏社会科学》2018 年第 5 期。

赵建军：《人与自然的和解："绿色发展"的价值观审视》，《哲学研究》2012 年第 9 期。

赵建军、胡春立：《美丽中国视野下的乡村文化重塑》，《中国特色社会主义研究》2016 年第 6 期。

赵建军、杨博：《"绿水青山就是金山银山"的哲学意蕴与时代价值》，《自然辩证法研究》2015 年第 12 期。

赵巍、崔赞梅：《习近平新时代中国特色社会主义生态思

想的丰富内涵与逻辑理路》，《河北学刊》2018 年第
4 期。

赵笑蕾：《新时代坚持以人民为中心的基本方略》，《中国
特色社会主义研究》2018 年第 5 期。

郑慧子：《环境哲学的实质：当代哲学的"人类学转
向"》，《自然辩证法研究》2006 年第 10 期。

周宏春：《试论生态文明建设理论与实践》，《生态经济》
2017 年第 4 期。

周生贤：《积极建设生态文明》，《求是》2009 年第 22 期。

周生贤：《建设美丽中国走向社会主义生态文明新时代》，
《环境保护》2012 年第 23 期。

周生贤：《中国特色生态文明建设的理论创新和实践》，
《求是》2012 年第 9 期。

周生贤：《走和谐发展的生态文明之路》，《学习与研究》
2008 年第 2 期。

周穗明：《生态社会主义述评》，《国外社会科学》1997 年
第 4 期。

诸大建：《建设生态文明：需要深入勘探的学术疆域——
深化生态文明研究的 10 个思考》，《探索与争鸣》2008
年第 6 期。

祝小茗：《刍论建设美丽中国的五重维度》，《中央社会主
义学院学报》2013 年第 8 期。

邹绍清、孙道进：《唯物史观视野中的生态学马克思主
义》，《马克思主义研究》2012 年第 3 期。

左静：《中国特色发展道路的新创举——建设美丽中国》，
《南京理工大学学报》（社会科学版）2013 年第 2 期。

约翰·科布:《建设性的后现代主义》,《求是学刊》2003
　　年第 1 期。

董强:《马克思主义生态观研究》,博士学位论文,华中师
　　范大学,2013 年。

杜秀娟:《马克思恩格斯生态观及其影响探究》,博士学位
　　论文,东北大学,2008 年。

郝栋:《绿色发展道路的哲学探析》,博士学位论文,中共
　　中央党校,2012 年。

刘希刚:《马克思恩格斯生态文明思想及其在中国实践研
　　究》,博士学位论文,南京师范大学,2012 年。

刘会强:《可持续发展理论的哲学解读》,博士学位论文,
　　复旦大学,2003 年。

商继政:《马克思自由观研究》,博士学位论文,电子科技
　　大学,2012 年。

燕芳敏:《中国现代化进程中的生态文明建设研究》,博士
　　学位论文,中共中央党校,2015 年。

曾建平:《自然之思:西方生态伦理思想探究》,博士学位
　　论文,湖南师范大学,2002 年。

周娟:《马克思恩格斯生态文明思想研究》,博士学位论
　　文,安徽大学,2012 年。

三　报纸

习近平:《弘扬人民友谊　共创美好未来——在纳扎尔巴
　　耶夫大学的演讲》,《人民日报》2013 年 9 月 8 日第
　　3 版。

习近平：《坚持总体国家安全观　走中国特色国家安全道路——在中央国家安全委员会第一次会议上的讲话》，《人民日报》2014年4月16日第1版。

习近平：《共创中韩合作未来　同襄亚洲振兴繁荣——在韩国国立首尔大学发表重要演讲》，《人民日报》2014年7月5日第2版。

习近平：《在出席二十国集团领导人第九次峰会第二阶段会议时的讲话》，《人民日报》2014年11月17日第1版。

习近平：《在云南考察工作时的讲话》，《人民日报》2015年1月22日第1版。

习近平：《在参加十二届全国人大三次会议江西代表团审议时的讲话》，《人民日报》2015年3月7日第1版。

习近平：《迈向命运共同体　开创亚洲新未来》，《人民日报》2015年3月29日第2版。

习近平：《谋共同永续发展　做合作共赢伙伴》，《人民日报》2015年9月27日第2版。

习近平：《携手构建合作共赢新伙伴　同心打造人类命运共同体》，《人民日报》2015年9月29日第2版。

习近平：《在接受路透社采访时的答问》，《人民日报》2015年10月19日第1版。

习近平：《在中央财经领导小组第十二次会议上的讲话》，《人民日报》2016年1月27日第1版。

习近平：《改革既要往增添发展新动力方向前进也要往维护社会公平正义方向前进——在中央全面深化改革领导小组第二十三次会议上的讲话》，《人民日报》2016年4

月 19 日第 1 版。

习近平:《深化伙伴关系　增强发展动力》,《人民日报》
　　2016 年 11 月 21 日第 3 版。

习近平:《共担时代责任　共促全球发展》,《人民日报》
　　2017 年 1 月 18 日第 3 版。

习近平:《共同构建人类命运共同体》,《人民日报》2017
　　年 1 月 20 日第 2 版。

习近平:《在纪念马克思诞辰 200 周年大会上的讲话》,
　　《人民日报》2018 年 5 月 5 日第 2 版。

习近平:《倡导人人爱绿植绿护绿的文明风尚　共同建设
　　人与自然和谐共生的美丽家园》,《人民日报》2021 年 4
　　月 3 日第 1 版。

孙秀艳、贺勇等:《美丽中国:执政理念新发展》,《人民
　　日报》2012 年 11 月 12 日第 10 版。

陈华洲、徐杨巧:《美丽中国三个层次的美》,《人民日
　　报》2013 年 5 月 7 日第 7 版。

王毅:《坚持正确义利观　积极发挥负责任大国作用》,
　　《人民日报》2013 年 9 月 10 日第 7 版。

周宏春:《美丽中国的空间特征应各具特色》,《中国经济
　　时报》2013 年 4 月 26 日第 5 版。

严耕:《生态环境是双重生产力》,《北京日报》2013 年 8
　　月 12 日第 19 版。

任俊华:《孔子"弋不射宿"的资源节用观》,《学习时
　　报》2014 年 8 月 11 日第 9 版。

《中共中央国务院关于加快推进生态文明建设的意见》,
　　《人民日报》2015 年 5 月 6 日第 1 版。

徐伟新：《科学认识新时代中国的历史方位》，《学习时报》2018 年 5 月 21 日第 1 版。

潘家华、庄贵阳、黄承梁：《开辟生态文明建设新境界》，《人民日报》2018 年 8 月 22 日第 7 版。

杜尚泽、李晓宏：《习近平出席联合国气候变化问题领导人工作午餐会》，《人民日报》2015 年 9 月 29 日第 1 版。

郇庆治：《生态马克思主义研究回顾与展望》，《中国社会科学报》2016 年 4 月 12 日第 1 版。

周宏春：《"两山"论是可持续发展的精髓》，《中国环境报》2017 年 7 月 13 日第 3 版。

董峻、高敬：《生态环境质量持续改善 美丽中国建设日新月异》，《人民日报》2018 年 5 月 23 日第 1 版。

任勇：《关于习近平生态文明思想的理论思考》，《中国环境报》2018 年 5 月 29 日第 3 版。

黄承梁：《从战略高度推进生态文明建设》，《人民日报》2017 年 6 月 21 日第 7 版。

黄承梁：《为生态文明建设注入经济学思想动力》，《中国环境报》2019 年 8 月 12 日第 3 版。

黄承梁：《不畏浮云遮望眼 乱云飞渡仍从容——2020 年中国生态文明建设述评》，《中国环境报》2020 年 12 月 31 日第 3 版。

黄承梁：《把碳达峰碳中和作为生态文明建设的历史性任务》，《中国环境报》2021 年 3 月 25 日第 3 版。

王艳峰：《人与自然和谐共生：新时代生态文明建设的旨归》，《学习时报》2019 年 2 月 27 日第 7 版。

王艳峰：《湿地公园建设的功能定位及应对之策》，《学习时报》2020 年 6 月 10 日第 7 版。

王艳峰:《建设美丽中国应重视草原生态治理和保护》,《学习时报》2020 年 10 月 7 日第 7 版。

王艳峰:《GEP 核算如何落地?》,《学习时报》2021 年 8 月 25 日第 7 版。

后　记

　　这是我在不惑之年，转换新工作以来的第一本专著。有朋友至今还在问一个问题：放弃公务员，去当书生做老师，值吗？显然，回答是肯定的。哲学是弘"道"的学问，是对人生终极价值的探索与拷问，有了哲学思维才能正确地"观世界"，才不会人云亦云、稀里糊涂过日子，也只有站立在这个层面来看待人生、度过人生，人生才更有价值、更有滋味；面对困难挫折才会心中有数、泰然应对。

　　本书付梓之际，不觉感慨万千。回想艰难而美好的求知路，就像在昨日。不能忘记，中央党校各位名师大家的精彩授课；不能忘记，读博期间披星戴月参加中国社会科学院、清华、北大等校经典原著的课程，在奔忙中充实地度过；不能忘记，同学们一起徜徉于书海与先哲对话交流，脚踏实地与同学们学术探讨，演绎着一段真学真信真用经典的丰富生命历程；更不能忘记老师们的谆谆教诲，开阔了我的视野，引领我提升了个人的理论素养……此时此刻，需要感谢的人实在是很多。感谢中央党校和马克思主义理论骨干人才培养计划，我可以自觉自愿地重新书写生命历程；感谢授业恩师徐伟新教授把我引入博士学习的殿堂，要求做博学、慎思、审问、明辨、笃行的读书人，过好每一段人生的历程；感谢中国社会科学院的李景源研究员，他为人和善、学养深厚，对书籍内容的撰写提供了大量的指导和帮助；各位名师大家的治学风范和人格魅力深刻影响着我，鞭策着我；感谢我的家人，全力支持我完成学业，进而完成本书的写作；感谢各位挚友专门为我把关、校对，增强了学术规范性……要感谢的人有很多，我的书稿的完成凝结着恩师、挚友和家人们的共同付出，是共同努力和共同智慧的结晶。

特别要感谢读书会的同学们。自创建"青年马克思主义经典研读小组"读书会以来，连续三年组织学习研讨活动，组织博士生100余名参加。读书会让同学们"读前有期待、读时有收获、读后有底气"，是研读经典、谈古论今、碰撞思想、切磋学问的平台。先后精读了《1844年经济学哲学手稿》《德意志意识形态》《1857—1858年经济学手稿》《共产党宣言》《资本论》等经典著作，采用了句读研讨学、专长互补学、师生互动学、资源共享学、微信群聊学、分工预习学等丰富的载体和形式，旨在打造学术共同体。因为有了这个学术共同体，同学们在互相讨论、互相启发中学习，进步都很快。大家普遍反映，过去一个人读书，读不懂读不通容易草草放过，但是在大家的集体智慧下就加深了对文本的理解，感受到了共同学习的无限乐趣，提升了学术的素养和能力。

王孙草色正如烟，艳色鲜如紫牡丹，峰外楼台天外立，能将意气慰当年——这是我的忘年交牟国相老师在19

年前赠送的一首藏头诗，一直刻在我的心里。也正是一种坚韧的、不忍虚度人生的书生意气使我没有被岁月消磨，萌生了重返校园的念头。博士学习和工作重新归零，是磨砺心智的历程，是空乏其身的历程，是不断成长的历程。经过这一段人生之旅，我深切感到自己的心智成长了，视野开阔了，遇事多了几分从容与镇定——身体的成长、婚育生子，不是成人的标志，心智的渐趋成熟，才标示着一个人的成长。

　　还要感谢中国社会科学出版社的喻苗老师提供了大量的支持和帮助。书籍完稿之时，不觉念起读博的美好记忆！美丽静谧的校园，镌刻"实事求是"的文化石和经典马克思主义者的雕塑，还在那里；这里风光独好的银杏林、风光旖旎的掠燕湖，还在那里；湖中游弋着的成群结队的鱼群，带着小宝宝在水中漫步的黑天鹅，还在那里……所有的这一切都将成为我永恒的记忆。

2021 年于泉城济南